창의설계입문

창의설계입문

창의설계교육연구회
강보선 · 김영철 · 류동일 (가나다순)

전남대학교출판부

21C 산업현장의 문제들은 사회 전반에 직접적으로 영향을 미치는 모습을 띠고 있다. 그러한 문제로는 산업표준에 관련한 것이 대표적이지만 사회적, 환경적, 때로는 문화적인 것도 찾아볼 수 있다. 우리들은 이러한 문제를 공학교육에 어떻게 반영할 수 있을지 고민해왔는데 현재까지는 2000년 경 도입된 공학인증이 가장 근접한 해법이라고 생각한다. 공학인증은 산업현장에서 발생하는 문제를 창의적으로 해결하게 만드는 교육프로그램으로 평가받고 있다. 그리고 지난 10여 년은 새로운 공학인증 콘텐츠가 한국의 공학교육에 확산되는 과정이었다.

창의설계입문은 공학인증의 핵심 교과로서 창의성, 팀워크, 의사소통, 아이디어 창출, 아이디어 다듬기, 아이디어 판정 등을 포함한다. 우리는 공과대학 학생들에게 설계입문교육을 적용할 때 단순한 공학지식보다 창의적 사고가 더 중요하다고 보았다. 수준을 조금만 높여도 규모가 방대해지는 문제를 피하여 기초설계로 내용을 한정하고 기존 저술과 차별화를 도모하였다.

이 저술은 전남대학교 공과대학이 2006년부터 시작한 창의설계입문과 관련한 교육 콘텐츠를 개선하기 위한 노력의 산물이다. 그 시발점은 공저자인 김영철 교수의 Workbook이었다고 생각한다. 공과대학은 2차에 걸쳐 강의안 개발을 추진하였고 그 이후 강의교재 완성으로 목표를 전환하였다. 2013년 들어서면서 시안 작성이 시작되었지만 상당한 시간이 지나서야 마무리하게 되었다. 지난 몇 년간 공학교육혁신센터를 이끌었던 두 분(강성주 교수, 강대욱 교수)의 꾸준한 지원이 없었다면 출간이 쉽지 않았을 것이다. 이 지면을 통해 두 분께 깊은 감사를 표한다.

집필초기 우리는 연구회 활동을 통해 강의에 참여하는 교수님들의 경험을 수합하여 이를 원고에 반영하고자 하였다. 본문 초벌원고는 세 명이 분담하여 작성하였다(1~4장; 류, 5~7장; 김, 8~10장; 강). 최종 단계에서 3명의 학부생(노혜림, 강유, 정찬희)이 그림 작성에 협력하였다. 보완과정을 거쳐 마무리에 이르렀지만 내용은 아직 부족하기 짝이 없다. 체제가 미흡한 부분이 있다면 이는 전적으로 편집을 주관한 내 불찰이다. 그렇지만 지속적으로 개선하고자 하니 독자제현의 기탄없는 가르침을 부탁드린다.

2014. 7.

편저자를 대표하여 류 동 일 씀

목차

CHAPTER 3 의사소통(Communication)

CHAPTER 4 팀워크(Teamwork)

CHAPTER 5 공학윤리

CHAPTER 6 문제발견

CHAPTER 7
아이디어 창출 (확산적 사고)

CHAPTER 8
아이디어 다듬기 (수렴적 사고)

CHAPTER 9
아이디어 판정 및 실행

CHAPTER 10
추가 보완

부록

CHAPTER 01

창의성

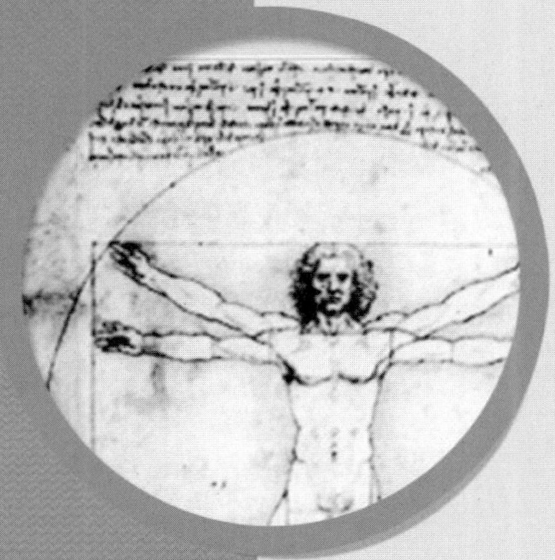

제1장에서는 공학설계의 바탕이라고 할 수 있는 창의성을 다룬다.

먼저 창의성이 무엇인지를 다루고 그로 인한 결과, 창의성과 연관된 뇌의 특성 등을 살펴본다.

강의진행

1교시	교과소개, 교과내용(창의성), 성격검사, 팀 활동소개, 자기소개 준비/순번결정
2교시	자기소개(진행)

설계는 당면한 문제를 파악하고 도출된 아이디어를 구현하는 여러 단계를 포함한다. 따라서 설계의 전 과정은 창의성을 바탕으로 하는 접근이 필요하다. 일상적인 용어로 설계를 전인미답의 세계로 들어가 길을 만드는 과정으로 비유한다면 창의성은 그 길을 가장 효과적으로 찾아가는 지혜라고 하겠다.

이 책과 유사한 문헌들도 설계과정을 여러 단계로 세분하고 있다. 백지상태에서 이를 접하면 익히는 과정이 번거롭다고 느끼고 시간도 많이 소요될 것이다. 그렇지만 일단 몸에 배면 좋은 습관이라는 것을 인정하리라 본다. 특히 첫 단계에서 흥미와 꾸준함을 잃지 않는다면 누에가 비단실을 잣는 것처럼 자연스럽게 창의성을 발현하게 될 것으로 믿는다.

1.1 창의성이란?

설계과정에서 가장 중요한 개념인 창의성 발현에 대해 먼저 생각해보자. 창의성이라는 용어가 일상에서 범람하고 있으며 창의적인 문제해결이나 기술혁신 등의 사례도 무수히 찾아볼 수 있다. 그렇지만 기발한 생각이 떠올랐다고 하여도 구체화 과정은 또 별도의 과제라고 하겠다. 무엇보다도 창의성을 발현할 수 있는 환경이 중요하다. 예를 들어 창의적인 아이디어를 얻고도 잘못된 해결방안 설정, 문제 분석기술 부족, 폭넓은 지식이나 정보의 부족, 핵심 사항에 대한 타협이나 절충, 제한된 재원이나 시간과 같은 난관을 극복하지 못하면 창의적인 생각은 사장되고 만다. 지금까지의 연구에 따르면 창의성은 일부 천재들의 전유물이 아니라 인간이 지니는 보편적인 성향이라고 한다.

세부 특성

창의성은 의식과 무의식 세계를 포함하는 활동으로 간주된다. 창의성에 관련한 영역에서는 무의식에 속한 내용을 끌어내어 의식 세계에서 다룰 수 있는 기질이 유리하다. 예컨대 몽상적인 성향에다 현실적인 추진력을 갖는 경우라고 하겠다. 광의의 창의성은 아이디어를 창출할 뿐 아니라 그 아이디어를 적용하여 뚜렷한 결과를 얻는 모든 내용을 포함한다.

이를 종합하면 창의성이란 문제해결과정에서 해결방법의 수준을 높이는 그 무엇으로 정의하는 것이 타당하다. 창의성을 높이기 위해서는 자기 자신과 다른 사람의 경험에서 얻어진 아이디어를 어떤 형태로든 적용할 필요가 있다. 심지어 창의성은 정의할 수 없다는 주장까지 나온 바 있다. 이렇듯 창의성을 정의하기란 쉽지 않지만 다음과 같은 내용들을 포함하는 개념으로 알려져 있다[1].

창의성 관련 특성

- 새로운 것을 찾아내는 특성
- 아이디어나 개념을 구체화하는 과정에서 나타나는 정신적, 사회적인 측면
- 상상력의 활용
- 고정관념을 부수기
- 새로운 관점 찾기

창의성과 관련한 연구는 매우 다양하다[2]. 20세기 중반 길포드J.P. Gilford는 창의성을 설명하는 과정에 확산적 사고divergent thinking 개념을 도입하였다. 가드너H. Gardner에 따르면 지능검사에 의해 똑똑하다고 인정된 사람들은 주어진 자료나 문제에 대해 일정한 대응방법을 생각하지만 창조적인 사람들은 다양한 방식으로 연상하며 그중 일부는 엉뚱하기까지 한 반응을 보인다고 한다. 길포드는 이처럼 유별난 해법을 도출하는 방식을 확산적 사고, 학교 시험에서 정답을 찾아내는 것과 같은 방식을 수렴적 사고convergent thinking로 구분하였다. 확산적 사고는 수렴적 사고에 비해 창의성과 더 큰 연관성을 지니는 것으로 보인다. 창의성이 확산적 사고와 연결되면 분석과 직관 등 기존의 인식체계와 결합이 가능하게 된다.

관련 도구

과학, 예술 분야에서 새로운 결과를 얻는 능력과 창의성은 어떤 상관관계가 있을까. 여러 의견을 종합하면 창의성은 비선형적인 특성을 지니며, 직관적이고 통합적인 사고과정을 포함한다. 우리는 다양한 문제 이해와 방법 도출에서 분석과 직관이라는 서로 다른 인식체계를 결합하여 창의적인 결과를 얻는다.

창조적인 작업을 하는 과학자, 수학자, 예술가들은 생각도구라는 공통된 연장을 사용한다. 이러한 도구로는 각종 신체 감각과 이를 종합한 사고 패턴 등이 있다. 구체적인 창의성을 불러일으키는 도구로는 루트번스타인 내외가 제시한 관찰, 형상화, 추상화, 패턴인식, 패턴형성, 유추, 몸을 이용한 생각하기, 감정이입, 차원적 사고, 모형 만들기, 놀이, 변형, 통합 등이 대표적이다[3].

세상의 모든 지식은 관찰과 인식을 통해 얻어진다. 신체 감각을 이용하여 보고, 듣고, 냄새 맡고, 맛을 보고, 몸으로 느끼는 것들이다. 이러한 감각을 심상으로 만들어 떠올리는 과정을 형상화라고 한다. 화가, 음악가나 과학자들은 실제로 보지 못하는 것을 마음의 눈으로 떠올리는 과정을 통하여 창의적인 활동을 한다. 그러나 구체적인 감각과 형상은 너무 복잡하기 때문에 일부 사람들은 이를 단순한 몇 가지 형식으로 압축하는 추상화를 사용한다. 이 단순화는 일정한 형태(패턴)로 회귀하는 인식작용을 유발한다.

일정한 형태를 반복하는 특성을 지니는 패턴인식 과정은 유추로 이어진다. 생각도구들은 언어와 상징 이전의 것으로서 몸을 이용한 생각하기나 감정이입과 긴밀하게 연결되어 있다. 공간적 경험의 것들은 다차원적 사고와 연결되며 구체적인 작업을 위해 스케치를 거쳐 모형을 만든다. 또 다른 통합도구로서 놀이는 생각도구 사이의 연결을 위해 변형이나 통합 과정에 도움을 준다. 통합은 생각도구들을 연결하는 최종적인 과정이라고 할 수 있다.

교육방법

창의적인 사람들에 대한 관찰을 통해 상상력이 생각도구의 숙달과 종합적인 인지에 도달하고자 하는 욕구에 의해 연마되는 것을 알게 된다. 그러나 이러한 내용을 기존 교육과정에서 얻기란 쉽지 않다. 현실적으로 다양한 생각도구를 숙달하기 위해서는 획기적인 교육방법이 요구된다[3].

창의적인 교육과정

- 지식의 습득에 더하여 보편적인 창조과정을 이해
- 창조과정에 필요한 직관과 상상력을 배양
- 예술과목을 과학과목과 동등한 위치에 두는 학제적 교육과정
- 혁신을 위한 공통 언어의 사용
- 한 과목에서 배운 것을 여러 분야에 응용
- 창조적인 사람들을 관찰하고 관련 기법과 통찰, 창조과정을 모방
- 모든 과목에서 창의성에 관련한 개념들을 여러 형태로 발표하는 학습
- 만능인을 양성하는 교육방법 개발

문제해결

창의성의 구현은 일반적으로 당면한 문제해결을 통해 가능하다. 창의적인 문제해결과정에 대한 모델은 몇 가지가 알려져 있다(표 1.1). 이들 모델은 대체로 몇 단계로 구성되면서 순환과정을 통해 해결수준이 개선되는 특징을 보여준다[2].

● **유달**Udahl: 그는 문제해결과정을 지적인 공간과 직관적인 공간을 넘나드는 과정으로 보았다. 또한 문제에 대한 인식recognition, 노력saturation과 준비preparation, 해결책이 나오지 않을 때 잠재적인 상태로 문제해결을 넘기고 마음을 비우는 부화incubation, 아이디어가 갑자기 떠오르는 조명illumination, 아이디어를 발전-실현 가능하게 만드는 검증verification이라는 연속단계로 이해하였다. 세부 단계로서 인식과 검증은 지적 공간, 부화는 직관적 공간, 그리고 인식과 조명은 두 공간의 경계에 위치하는 것으로 구분하였다.

● **맥킴**McKim(Stanford Univ.): 그는 보기seeing, 상상하기imagining, 그리기drawing로 이루어진 순환적 연속과정으로 표현하였다. 예를 들면 보기가 첫 순환에서 문제의 분석을 목표로 한다면 두 번째 순환에는 표현된 그림을 분석하는 것으로 심화된다. 상상하기는 새로운 것을 도출, 합성하는 것에서 설계를 개선하는 것으로 바뀐다. 그리기 또한 합성된 결과물을 구체화, 표현하는 것에서 개선된 설계를 다시 검토하는 단계가 되는 방식이다.

표 1.1 문제해결과정 모델

문제해결 과정 (모델)	내 용	비 고
Udahl	❶ 인식(recognition) ➡ ❷ 노력과 준비 ➡ ❸ 부화(incubation) ➡ ❹ 조명(illumination) ➡ ❺ 검증(verification)	– 지적 공간: ❷, ❺ – 직관적 공간: ❸ – 경계: ❶, ❹
McKim	❶ 보기(분석) ➡ ❷ 상상하기(도출, 합성) ➡ ❸ 그리기(구체화, 표현) ➡ ❹ 보기(분석) ➡ ❺ 상상하기(개선) ➡ ❻ 그리기(검토)	순환적 연속과정: 보기 ➡ 상상하기 ➡ 그리기
CDI	❶ 보기(지각, 해석) ➡ ❷ 상상하기(생성, 전환, 유지) ➡ ❸ 그리기(내적 표상, 외적 표상)	McKim의 모델을 세분화하여 재구성
Cross	❶ 탐색 ➡ ❷ 생성 ➡ ❸ 평가 ➡ ❹ 전달	4단계 해결과정

CDICreative Design Institute: 이 모델은 맥킴의 아이디어를 발전시킨 시각적 추론모델이다. 이때 보기는 지각perception, 분석analysis, 해석interpretation이 포함된 과정으로, 상상하기는 생성generation, 전환transformation, 유지maintenance가 포함된 과정으로, 그리기는 내적 표상internal presentation과 외적 표상external presentation으로 구현되는 과정으로 구분된다. 그러나 이러한 세분은 편의적인 것에 불과한데 실제 추론모델 8가지 요소들이 단계적으로 일어나는 것은 아니며 다양한 순서 또는 동시에 일어나기도 한다.

크로스Cross: 그는 탐색exploration, 생성generation, 평가evaluation, 전달communication이라는 4단계 과정으로 이해하였다. 여기서 탐색은 설계목적, 제약조건, 성공판정기준 등 해결해야 할 문제가 무엇인지를 파악하는 단계이고 생성은 기존 안의 개선이나 변경, 새로운 접근 등 요구사항에 대한 해결책을 제안하는 단계이다. 평가가 생성된 설계방안에 대한다면 평가라면 전달은 생각을 스케치로 표현하고 시작품 제작, 사용 시나리오 작성 등에 관련한 모든 매개물을 생성하는 단계라고 할 수 있다.

창의적 사람

창의적 사람은 어떤 특성을 지니는가에 대해 실마리를 제공한 연구자로서 칙센트미하이M. Csikszentmihalyi를 들 수 있다[4,5]. 그는 '창의성이 무엇인가'라는 문제를 '창의성은 어디에 존재하는가'로 대체하고 백여 명에 달하는 창의적 인물의 성격특성을 조사하여 다음과 같은 공통점을 발견하였다.

창의적인 사람의 성격특성

- 아주 강한 에너지를 지니지만 때로는 조용하고 비활동적
- 생기와 정열을 가지고 긴 시간 집중
- 머리가 좋거나 영리하지만 동시에 순진
- 장난기와 예절바름, 책임감과 무책임감 공존
- 상상과 공상, 그리고 현실감
- 외향성과 내향성의 양극
- 겸손하면서 동시에 거만
- 고정적인 성역할에서 탈피하여 남성적인 성격과 여성적인 성격 공유
- 전통적이면서 독립적이고 혁신적
- 정열적이면서 객관적
- 고통과 즐거움을 공유

창의적인 인물은 다면적이면서 이중적인 특성을 보인다. 또한 창의성은 창조적인 개인이 활동하는 특정 전문분야의 전문가들이 인정하는 성과물에서 찾을 수 있다. 이는 창의성을 직접 정의하기보다는 성과물에 근거한 판단이 용이하다는 것이다. 창의성의 실체는 생각이 아닌 실천에서 찾아 볼 수 있다. 예컨대 글쓰기는 쓰기, 미술은 그리기, 광고나 영화는 만들기, 음악이나 공연은 모두 하기에 해당하며 창의성 또한 하기를 통해 세상에 모습을 드러낸다. 또한 구체적인 모습을 나타내기 전에는 그 내용이 창의적인지 여부를 구분할 수 없다.

칙센트미하이는 창의성을 해당 분야 성과로 평가하여야 한다고 하였다. 이 교재의 주제인 공학설계 또한 창의성을 요구하며 구체적인 성과를 통하여 평가받아야 하는 분야라고 하겠다. 창의적인 사람이 갖는 공통 특성으로서 울만Ullman은 아래와 같이 여덟 가지 특성을 제시하고 있다.

창의적인 사람의 공통 특징

- 좋은 시각화 능력
- 풍부한 지식
- 부분적인 해결책을 서로 잘 연결해가는 능력
- 모험적으로 위험을 감수하는 능력
- 파격적인 행위를 건설적, 긍정적인 방향으로 표현
- 주변에 좋은 환경적 자원 보유
- 꾸준한 노력과 연습
- 세세한 부분에 대한 치밀함

루트번스타인 내외의 13가지 학습도구

루트번스타인 내외는 역사 속에서 가장 창조적인 사람들이 보여준 실재와 환상을 결합하는 방법을 조사한 끝에 상상력을 학습하는 13가지 생각도구를 제안하였다. 그에 따르면 창조적인 사람들은 때로는 학교성적이 형편없었지만 개념을 이해하고 활용하는 능력을 보여준다. 그러한 학습도구로는 다음과 같은 내용을 포함하고 있다[2].

상상력을 학습하는 13가지 학습도구와 그 내용

- 관찰: 적극적인 집중, 일상의 재발견, 마음의 훈련
- 형상화: 현상의 재현부터 추상화, 연상까지를 포함, 신체 감각(시각, 청각, 후각, 미각 등) 및 내면의 감각을 활용, 이미지들을 다른 전달수단으로 변환할 수 있어야 함
- 추상화: 대상 전체가 아닌 한두 개의 특성을 나타내는 것, 핵심적인 의미를 발견하는 과정으로서 현실은 모든 추상의 종합
- 패턴인식: 지각과 행위의 일반원칙을 이끌어내는 과정, 관찰결과와 경험을 예상의 틀 안에 끼워 넣어 패턴을 발견
- 패턴형성: 경험을 표현하고 경계를 짓고, 정의하는 과정을 거치면서 실제지식을 얻음, 모든 분야에서 혁신의 열쇠가 됨
- 유추: 둘 혹은 그 이상의 현상에서 기능적 유사성이나 내적 관련성을 알아내는 일, 기존 지식의 세계에서 새로운 이해의 세계로 도약할 수 있게 함
- 몸으로 생각하기: 사고하고 창조하기 위해 근육의 움직임과 긴장, 촉감 등을 떠올려 몸의 상상력을 작동시킴 (사고하는 것이 느끼는 것이고 느끼는 것이 사고하는 것이라는 자각)
- 감정이입: 다른 사람의 몸과 마음을 통해 세계를 지각하는 것, 문제 속으로 들어가 그 문제의 일부가 되는 과정

- 차원적 사고: 무게와 공간을 한 곳에 수렴시키는 발상, 3차원 물체가 가지는 다면성과 입체성이 2차원 평면에 묘사될 때 나타나는 한계를 대비시킴
- 모형 만들기: 사람이 즉각 인식할 수 있도록 실제를 축약하고 차원을 달리 표현하는 일, 실제상황을 염두에 두고 필요한 규칙, 자료, 절차를 이용하는 일종의 시뮬레이션
- 놀이: 목적이나 동기, 의무가 없는 행위, 내면적이고 본능적인 느낌과 정서, 직관, 쾌락과 창조적인 통찰을 줌, 게임과 규칙, 장난감, 퍼즐을 만드는 과정에 지식을 변형시켜 새로운 이해에 도달하게 하고 새로운 과학과 예술을 가능하게 함
- 변형: 변형적 사고는 음악, 유전자, 전신, 시, 수학 등 서로 다른 분야를 연결하는 메타패턴을 드러냄, 특정 영역에 치우친 사고보다 더 가치 있는 통찰을 낳게 함
- 통합: 생각은 본질적으로 공감각과 종합지를 지향하는 행위, 공감각이 미적 감수성의 가장 고급한 형태라면 종합지는 다양한 방식의 지식과 느낌을 가장 높은 수준으로 통합한 것

창의성의 활용

일상생활 전반에서 활용되는 창의성을 가장 강조하는 분야가 공학설계다. 공학설계는 자연현상을 적절히 이용하여 지금까지는 없었던 것을 인공물로 구현하는 창조적인 사고 행위이다. 공학 분야에서 창의성의 결합은 뜨거운 과제로서 이에 관련한 많은 연구가 이루어졌다. 특히 창의성을 공학설계에 적용하는 접근은 새로운 학문체계로 발돋움하는 계기가 되었다[6,7]. 여기에서 약간의 설명을 추가하자면 창조creation가 자연과학, 공학, 예술 분야까지 쓰이는 일반적인 개념인데 반하여 발명invention은 주로 산업분야에서 사용되는 개념으로 구분된다.

1.2 창의의 결과

인류 역사를 돌아보면 창의적 사고는 문화이자 사회적인 현상이라는 것이 확인된다. 근대에 들어서면서 창의적 사고는 그 권리를 제도적으로 보장하는 국가에서 지속적으로 신장되었다. 공학기술 분야에서 창의적 사고의 결과는 대표적으로 발명의 형태로 구현된다.

우리는 발명에 대한 법적인 권리를 지식재산권intellectual property으로 부른다. 지식재산

권이란 처음 창조되었을 때는 무형이지만 제품과 같이 형태로 가치를 갖는 아이디어, 발명품, 기술, 예술작품, 음악 및 문학을 지칭하는 개념이다. 기술적 혹은 예술적 문제를 해결하기 위해 창의적 사고를 상업적으로 적용한 것으로서 제품 그 자체가 아니라 그 뒤에 있는 특별한 아이디어를 말하며 아이디어가 표현되는 방법, 명명되고 서술되는 특별한 방법을 의미한다[8~10].

지식재산권은 경쟁자에 대한 시장진입장벽을 구축하고, 경쟁자의 공격으로부터 권리를 보호하며 마케팅의 이점과 함께 재산으로의 가치를 지닌다. 지식재산의 유형으로는

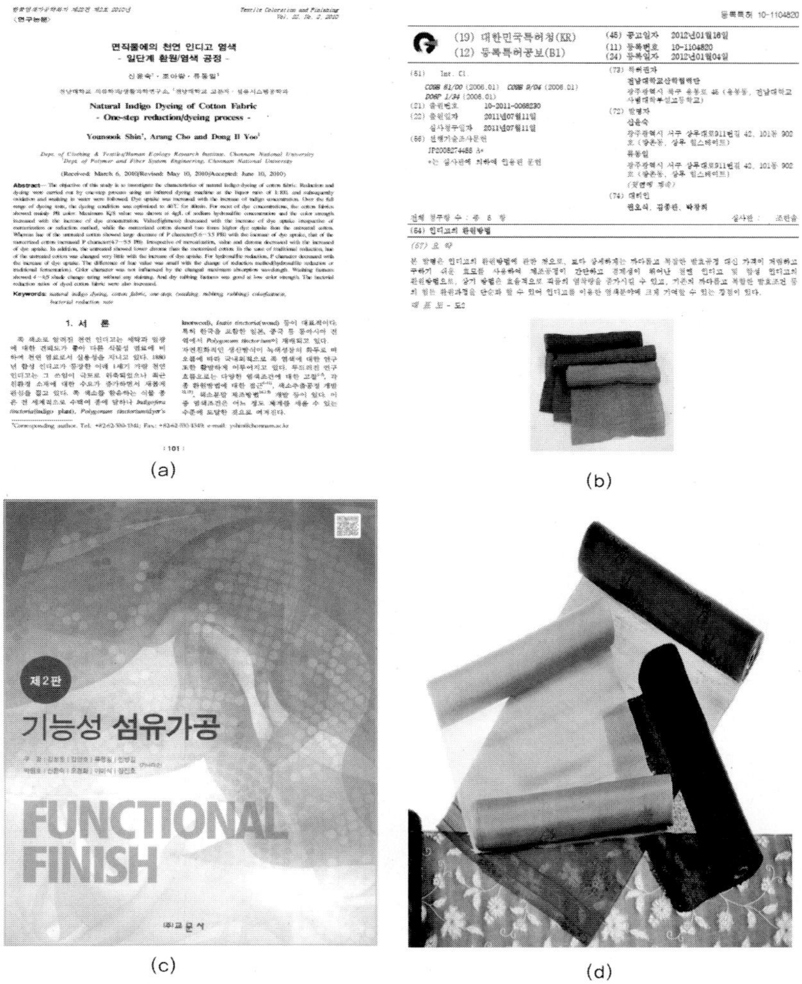

그림 1.1
창의적 결과물:
(a) 학술논문, (b) 특허,
(c) 저술, (d) 제품

문학적, 예술적, 과학적 작품, 공연 예술가의 공연, 전화나 전보, 방송, 인류의 노력이 들어간 모든 분야의 발명, 표장, 상품명, 고안, 산업, 과학, 문학 및 예술 분야의 지식 활동으로부터 나오는 모든 권리가 있다(그림 1.1)[8]. 이처럼 현대 문명을 구성하는 요소인 지식재산권은 다양하며 꾸준히 확대, 심화되는 추세를 보이고 있다. 공학설계를 포함하는 다양한 창의적인 사고도 일정한 요건을 충족시킬 때 법적인 권리를 가질 수 있다. 문명을 구성하고 확대하는데 활용되는 표준이나 부호와 같은 시스템적인 내용도 창의적 사고의 결과라고 할 수 있다[9].

발명

일반적으로 발명은 어떤 목적을 실천하기 위해 자연과학적 지식이나 법칙을 이용하여 새로운 방법이나 수단을 창조하는 것이다. 이처럼 존재하지 않았던 것을 새롭게 탄생시키는 발명은 자연에 있는 사실이나 법칙과 같이 이미 존재하는 것을 찾아내는 발견과는 차별화된 개념이라고 하겠다. 특허법 제2조에 따르면 "발명이란 자연법칙을 이용한 기술적 사상의 창작으로서 고도한 것"으로 정의된다. 법률적으로 특허는 다음 요소를 갖춘 발명이어야 한다[10].

특허의 요소

- 산업적 이용가능성(제29조)
- 신규성(제29조)
- 진보성(제29조)
- 선원주의(제36조)

발명에 해당하지 않는 경우로는 자연법칙 자체, 자연법칙을 이용하지 않는 것, 자연계에 이미 존재하는 물건이나 법칙의 단순한 발견, 자연법칙에 위배되는 것, 반복실시가 어려운 것, 미완성 발명 등이 해당된다. 신규성이 없는 발명이란 특허출원 전에 불특정인(비밀 준수 의무가 없는 일반인)에 대해 공지, 공용, 간행물에 게재, 전기통신회선에 의해 공중이 이용 가능하게 된 경우 등을 포함한다. 진보성의 판단은 통상의 지식을 가진 자를 기준으로 하는데 출원 시에 해당 분야의 기술상식을 보유하고 연구개발을 위하여 통상의 수단 및 능력을 자유롭게 구사하며 출원시의 기술수준과 발명과제에 대한 관련 지식을 보유한 자를 기준으로 한다. 끝으로 선원주의는 청구 항에 기재된 발명에 대해 발명자 또는 출원인이 동일한 경우에도 적용되며 가능한 빨리 출원하는 것이 중요하다[9].

발명과정에는 공통분모가 존재한다. 현재까지 알려진 내용으로는 기존요소를 새롭게 조합, 사물의 관련성을 찾아내는 재능, 일정한 패턴 존재, 끝까지 깊게 생각하는 자세, 실행을 수반, 강한 동기유발이나 문제의식 등이 있다. 더 나아가 이상과 같은 내용만으로는 충분하지 않다는 마음자세가 요구된다.

월리스Wallace와 영Young은 발명의 정석을 아래와 같이 넷 혹은 다섯 단계로 정리한 바 있다(표 1.2). 그러나 실제의 발명과정은 일직선으로 다섯 단계가 진행되는 경우보다는 일부 단계(예컨대 2~4)의 반복을 거친 경우가 일반적이다[7].

표 1.2 발명의 단계

단계	내용	비고
제1단계	자료수집과 준비	제1단계와 제2단계를 준비단계로 통합하기도 함
제2단계	자료검토(노력집중)	집중적 사고와 같은 의식적 활동
제3단계	부화(휴식)	무의식(잠재의식) 활동 상태에 있음
제4단계	계시(아이디어 탄생)	단시간에 심미적인 감각으로 무수한 조합 중에 최적 아이디어 선택
제5단계	검증(아이디어 구체화)	2~4 단계의 반복을 거쳐 구체적인 아이디어로 나타남

특허

2011년 애플은 캘리포니아 법원에 삼성전자가 자신의 휴대폰 관련 기술특허, 디자인특허, 트레이드 드레스, 상표권 등을 침해하였다는 내용의 소장을 접수하였다. 이러한 글로벌 기업 간의 지식재산권 분쟁은 대부분 기술특허 침해가 쟁점이 된다. 21세기에 들어선 지 10여 년이 지난 지금, 세상은 특허가 없는 비즈니스를 상상하기 어려운 시대로 바뀌었다. 이러한 상황에서 산업 현장에서 활동할 공학도들도 지식재산에 대한 철저한 이해가 요구된다고 하겠다[7~10].

우리 법체계에 따르면 지식재산권은 전통적 지식재산권과 신지식재산권으로 구분된다.

전통적 지식재산권은 다시 산업재산권과 저작권으로 나뉘며 특허는 실용신안, 디자인, 상표와 함께 산업재산권에 속한다. 특허권은 다른 사람이 만들거나 사용하거나 판매를 위해 제공 혹은 판매를 금지하는 발명에 대한 권리와 그와 같은 발명품이 수입되는 권리를 포함한다. 산업재산권의 존속기간은 특허 20년, 실용신안 10년, 디자인 20년, 상표 10년(등록갱신가능) 등으로 서로 다르다. 신지식재산권은 첨단산업 재산권(반도체 설계, 생명공학기술), 산업저작권(컴퓨터프로그램, 소프트웨어), 정보재산권(데이터베이스, 영업비밀, 뉴미디어), 그리고 기타(프랜차이징, 지리적 표시, 캐릭터, 인터넷도메인 네임 등)가 있다.

특허의 주 대상인 발명의 수준은 매우 다양한데 알트슐러G. Altshuller는 이를 다섯 단계로 구분하였다(표 1.3)[6,11]: 가장 높은 단계는 당시 학문 범주에 존재하지 않아 새로운 과학적 원리를 적용하여 얻어진 것으로서 시대를 구분하는 발견에 해당한다(5수준, 〈1%). 그 다음 단계가 해당 분야 밖의 지식을 응용하여 해결한 것으로서 통상적인 발명이라고 할 수 있다(4수준, 〈4%). 다른 분야의 지식을 이용하여 얻은 혁신(3수준, 15~20%), 해당 분야의 지식을 이용한 개선(2수준, 40~50%), 같은 세부 영역 내에서 해결책을 찾은 자명한 내용(~30%)로 구분한다.

표 1.3 발명의 수준

수준	내용 (시행착오 회수)	비율
레벨 1	기술시스템의 개선(자명함): 문제와 그 해결책이 직업 영역 내에 존재 (noninventive invention) (〈10^1)	~30%
레벨 2	기술적 모순의 해결(개선): 문제와 그 해결책이 하나의 산업영역 안에 존재하는 보통의 발명 (common invention) (10^2)	40~50%
레벨 3	물리적 모순 해결(혁신): 문제와 그 해결책이 하나의 과학(분야)의 범주 안에 존재 (10^2~10^3)	15~20%
레벨 4	새로운 기술개발: 문제와 그 해결책이 문제가 발생한 과학(분야)의 범주 밖에 존재 (macro invention) (10^3~10^4)	〈4%
레벨 5	새로운 현상의 발견: 문제와 그 해결책이 동시대의 과학 범주 밖에 존재 (먼저 새로운 발견이 있고 여기에서 발생한 새로운 과학적 데이터를 기반으로 문제를 해결, major invention) (〉10^5)	1%

표준 및 부호

제품의 안전과 서비스 신뢰성을 위해 표준standard이나 부호code 체계는 안전한 구조물, 통신 및 운송 시스템, 물과 공기의 품질 등에 대해 신뢰할 수 있는 제품과 서비스를 제공하도록 보장한다. 범지구적인 표준화기구는 세계화를 확대하기 위해서 다양한 표준을 제정한다. 이렇게 만들어진 표준과 부호는 제조업자가 생산하는 부품에 대해 균일한 크기를 갖도록 기능한다. 온 세계가 하나의 시장으로 통합되어가는 글로벌 경제에서 부품이나 시스템의 일치는 표준화와 관련한 중요한 요소이다. 이처럼 표준이나 부호는 공학 설계가 궁극적으로 지향하는 다양한 분야를 통합하는 과정이라고 할 수 있다.

패러다임 변환

창의의 결과는 변화와 혁신을 가져온다. 인류문명의 발전과정도 수많은 창의가 집적된 결과라고 하겠다. 변화와 혁신의 대상은 생활양식, 사고방식, 판단기준 등 다양하다. 문화나 문명을 구성하는 요소인 사상, 제도, 기술 등도 마찬가지며 수명이 다하면 새로운 형태로 대체된다. 쿤T. Kuhn은 이러한 개념을 "과학혁명의 구조"에서 처음 사용하였는데 특정 과학자 사회 구성원에 의해 공유되는 신념, 가치, 기술을 망라한다[12]. 쿤에 따르면 낡은 패러다임은 과학혁명을 통하여 새로운 패러다임으로 대체되는데 이 개념은 이후 의미가 변용되어 인문-사회과학에서도 널리 사용되면서 한 공동체가 공유하는 개념, 가치, 인식, 실천으로 이루어지는 총체를 지칭하는 것으로 진화하였다. 20세기에 과학기술 분야에서는 많은 패러다임 전환이 발생하였다. 대표적으로 공중전화는 휴대폰, 필름 카메라는 디지털 카메라, 타자기는 PC, 편지는 이메일/메신저, 재래시장은 홈쇼핑/인터넷 쇼핑 등으로 대체된 예를 들 수 있다.

공학적인 관점에서 하나의 패러다임은 일종의 문제해결의 방법론으로 볼 수 있으며 21세기에 들어서면서 IT 산업의 등장과 함께 세상은 아날로그 방식에서 디지털 방식으로의 대전환이 일어났다. 이러한 디지털 방식이 새로운 패러다임으로 되면서 기존 아날로그 기술과 생활방식을 대체하게 된 것이다. 기존 패러다임이 성숙기에 이르면 문제해결의 한계가 발생하면서 새로운 패러다임이 등장한다. 그림 1.2에서 보는 바와 같이 새로운 패러다임은 다시 발생기, 성숙기를 거치면서 기존 패러다임을 대체하게 된다.

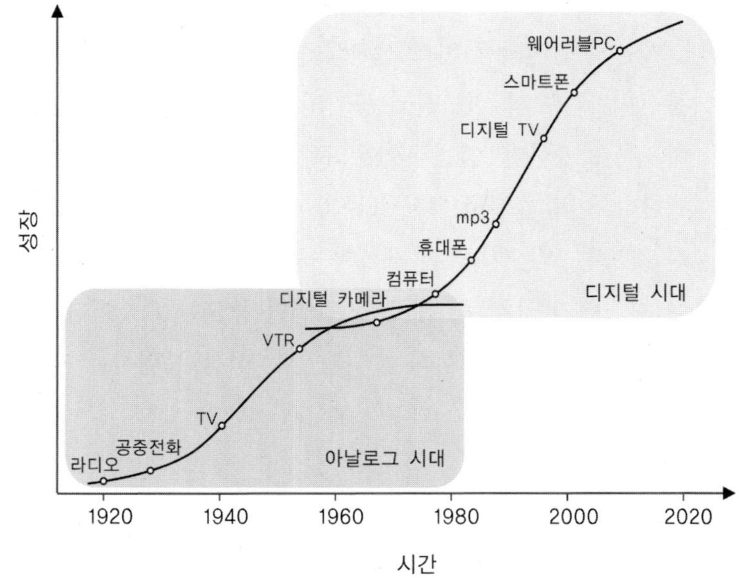

그림 1.2 패러다임과 패러다임 변환

1.3 창의적 두뇌

지능을 평가하는 대상으로서 분석적 지능(IQ)이 처음 등장하였는데 스턴버그R.J. Sternberg는 여기에 창조적 지능과 실천적 지능을 더하여 지능을 3차원적인 시각에서 바라보게 만들었다. 가드너H. Gardner는 이보다 한 걸음 더 나아가 지능을 언어, 논리수학, 음악, 신체운동, 공간, 대인, 자성, 자연 등 8가지 형태로 세분하였다(다중지능). 다중지능이론은 누구나 이 여덟 가지 지능을 가지고 있으며 상호작용한다는 개념인데 허만N. Hermann은 이를 기초로 하여 공학설계 분야에 적용하기 적합한 형태로 정립하였다.

성공지능

미국 예일대 교수인 스턴버그는 인간의 지능을 다중 구조로 이해하고 이를 지능증진 프로그램 개발에 활용하고자 하였다. 그는 지능을 분석적 지능, 창조적 지능, 실천적 지능의 3가지 측면으로 구분하였다[13].

- **분석적 지능**: 문제를 분석하는 능력으로서 종래의 지능검사(IQ)는 주로 이 지능에 치중
- **창조적 지능**: 해결해야 할 문제에 대해 창의적인 해결책을 고안
- **실천적 지능**: 문제해결책을 실제로 적용하는 능력

이에 따르면 3가지 지능은 서로 독립적이며, 분석적 지능에 더해 실천적 지능과 창조적 지능도 계발시킬 필요가 있다. 3가지 지능이 균형을 이룰 때 가장 효과적인 지적 능력을 보인다고 한다. 또한, 21세기와 같은 다양성의 사회에서 성공하기 위해서는 IQ보다는 분석력, 창의력 및 실천적 능력으로 구성된 성공지능지수successful intelligence quotient, SQ가 높아야 한다고 하였다.

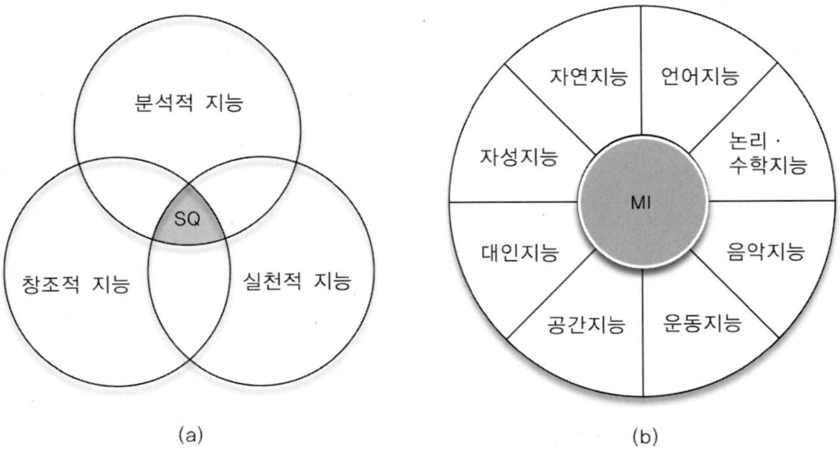

그림 1.3 지능 모델 (a) 스턴버그의 성공지능, (b) 가드너의 다중지능

다중지능

한편, 가드너는 스턴버그와 달리 지능이 8가지에 달하는 다수의 능력으로 구성된다고 보았다(표 1.4)[14]. 이 이론에 따르면 어느 지능이 더 많이 발달되고 덜 발달되었는지 정도의 차이가 있을 뿐 누구나 8가지 지능을 모두 가지고 있으며, 서로 상호작용을 한다. 그는 각 지능 사이의 관계를 이해하고 적절한 동기부여와 학습활동을 수행하면 다양한 지능이 통합된 독특한 지능을 개발할 수 있다고 보았다.

표 1.4 가드너의 다중지능

유형	특성	직업
언어 지능	언어에 대한 민감성, 언어 학습 능력, 언어 활용 능력	법률가, 작가, 시인
논리·수학지능	논리적 분석, 수학적 조작, 과학적인 방법으로 문제를 탐구하는 능력	수학자, 과학자
음악 지능	연주, 음악적 양식을 이해하고 작곡하는 기술	작곡가, 음악가
신체 운동 지능	몸 전체나 일부를 이용하는 능력	무용가, 배우, 운동선수, 기능공, 외과의사, 연구원, 과학자, 기술자
공간 지능	공간을 인지하고 다루는 잠재력	조각가, 건축가, 바둑기사, 외과의사, 그래픽 아티스트
대인 지능	타인의 욕구, 동기, 의도를 이해하고, 타인과 효과적으로 일을 할 수 있는 능력	판매원, 교사, 종교인, 정치가
자성 지능	자신을 이해하고 자신의 욕망, 두려움, 재능을 잘 다루어 효율적인 삶을 살아갈 수 있는 잠재력	철학자, 종교인
자연 지능	환경의 동식물군에 대한 인식과 분류에 탁월한 전문 지식과 기술	환경학자, 동식물 연구가

두뇌우성

허만은 창의성에 관한 연구를 통하여 활동방법에 따라 두뇌가 특성화된다는 것을 파악하였다[15]. 그에 따르면 두뇌를 대뇌와 대뇌변연계로 구분하고 다시 왼쪽과 오른쪽으로 나누었을 때 표 1.5, 그림 1.4(a)와 같이 4개의 부위가 각각 다른 사고특성을 갖는다(4분면 모델). 4분면 모델은 두뇌의 물리적 분할에 기초하여 구성되었지만 각각의 부위는 고유의 사고선호도를 지니며 문제해결방법이나 의사소통방법 등에서 차이를 나타낸다. 이 모델은 두뇌가 사고활동에서 얼마나 복잡하고 다양성을 지니는지를 보여주는 시각화 기법이라고 하겠다.

표 1.5 HBDI 두뇌 4분면의 사고특성

구분	왼쪽	오른쪽
대뇌	A: 이성적, 현실적, 정량적, 학구적, 수학적, 권위적, 분석적, 비판적, 실제적, 논리적, 재정적, 기술적	B: 공간적, 총체적, 연극, 상상, 전략적, 동시적, 예술적, 시각적, 개념적, 큰 그림, 변화 지향적, 위험을 감수하는
대뇌 변연	B: 지배적, 조직화된, 전술적, 위험회피, 보수적, 관리적, 예정된, 절차상의, 순차적, 믿을만한, 상세한	C: 직관적, 상징적, 가르치기, 표현이 풍부한, 외향적, 사교적, 정신적, 느낌, 음악

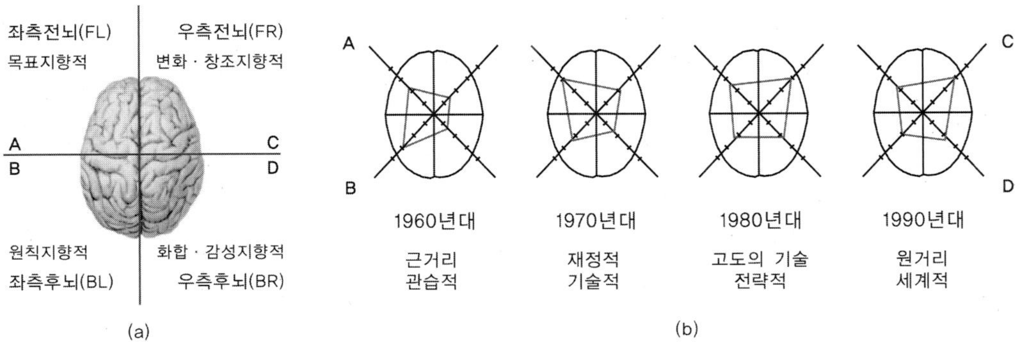

그림 1.4 허만의 두뇌우성모델: (a) 두뇌 구조, (b) 사고선호도 변화

허만은 대뇌의 사고특성으로부터 4분면을 구분하고 각각의 특성과 직업유형을 제시하고 있다(표 1.6). 그는 두뇌특성에 기초한 사고선호도를 진단하는 방법으로 두뇌우성분석도구Hermann Brain Dominance Instrument, HBDI를 개발한 바 있다.

표 1.6 두뇌 4분면과 직업유형

구분	왼쪽	오른쪽
대뇌	A (분석자): 수학적 모델의 응용, 사양의 계산, 다른 조건과 비교, 이익과 비용 계산, 통계정보로부터 추론, 개념적 설계 최적화, 정량적 결과 도출, 수학 모델로부터 예견, 자료 분석, 위험평가, 논리와 추론에 의한 의사결정, 물질적, 학구적, 권위적, 현실적, 성취지향, 성과위주, 선호과목(대수학, 미적분학, 회계, 과학, 공학, 기술과목), 법률가, 엔지니어, 컴퓨터 과학자, 분석가, 기술자, 은행가, 외과의사	D (합성가): 미래지향, 종합, 놀이, 꿈, 예견, 명랑, 위험주도, 엉뚱한 아이디어 브레인스토밍, 새로운 접근방법 생각해내기, 프로젝트나 목표에 있어서 은유적 표현 개발하기, 새로운 형태로 문제 정형화하기, 전체를 보아 비전을 가지고 이끌기, 시각적, 총체적, 혁신적, 은유적, 창의적, 상상력 풍부, 통합적, 개념적, 공간적, 직관적, 독립적, 선호과목(그림, 조각, 기하학, 설계, 시, 건축), 사업가, 탐험가, 예술가, 극작가, 연구와 개발에 관련한 과학자
대뇌 변연	B (관리자): 설계도에서 실수 찾아내기, 사양 검토, 기록 수합 정리, 프로그램의 잘못 찾아내기, 점검표 만들기, 서류 초안 작성하기, 설계절차 따르기, 설계프로젝트 조직, 시간 계획, 결과 구현, 현 상황유지, 구조적, 안전보장, 관료적, 신뢰성, 작업주도형, 선호과목(구조적이고 순차적으로 구성된 과목), 계획입안자, 관료, 관리자, 경리담당자	C (협동가): 팀원의 감정에 민감함, 설계 각 단계에서 효과적으로 의사소통함, 흥미를 유발시킴, 환경 친화적인 개념을 개발함, 팀워크, 윤리와 가치를 유지함, 감각적, 감성적, 감정적, 인간지향, 상징적, 느낌인지, 신체감각, 정신적인 가치, 음악, 양육, 대인관계, 선호과목(사회과학, 음악, 춤, 고난도 스포츠과목), 음악가, 교사, 간호원, 상담가, 간호원, 사회사업가, 교육자, 조련사, 아기엄마

HBDI에 기초하여 성공한 사람들의 사고선호도조사를 하였더니 60년대에는 B사분면, 70년대에는 A사분면, 80년대에는 D사분면, 90년대에 들어서는 C와 D사분면을 선호하는 변화를 확인하였다(그림 1.4). 현 시점도 여전히 C와 D사분면의 능력을 요구하고 있는 상황으로 판단된다[16].

1.4 성격유형

MBTI 성격유형검사

MBTI 성격유형검사는 인간의 성격을 융C.G. Jung의 성격유형이론에 따라 분석, 인간 이해를 위한 도구로 사용하고자 개발된 것이다. 이 검사는 일관적이지 않아 예측 불가능해 보이는 인간 행동이 매우 질서정연하고 일관성을 지닌다는 이론에 근거한다. 95문항에 달하는 설문을 종합하여 성격을 결정한다. 융은 주의초점, 인식기능, 판단기능, 생활양식 등 4가지 척도에 대해 선호 지표를 외향↔내향, 감각↔직관, 사고↔감정, 판단↔인식 등으로 세분하여 모두 16가지에 달하는 성격유형을 얻었다(표 1.7).

표 1.7 MBTI 성격유형

외향 (Extraversion)	E	폭넓은 대인관계를 유지하며 사교적이고 정열적이고 활동적이다.	**내향** (Introversion)	I	깊이 있는 대인관계를 유지하며 조용하고 신중하며 이해한 다음에 경험한다.
감각 (Sensing)	S	오감에 의존하며 실제의 경험을 중시하며 현재에 초점을 맞추고 정확, 철저하게 일처리를 한다.	**직관** (Intuition)	N	육감, 영감에 의존하며 미래지향적이고 가능성과 의미를 추구하며 신속, 비약적으로 일처리를 한다.
사고 (Thinking)	T	진실과 사실에 주 관심을 갖고 논리적이고 분석적이며 객관적으로 판단한다.	**감정** (Feeling)	F	사람과 관계에 주 관심을 갖고 상황적이며 정상을 참작한 설명을 한다.
판단 (Judging)	J	분명한 목적과 방향이 있으며 기한을 엄수하고 철저히 사전계획하고 체계적이다.	**인식** (Perceiving)	P	목적과 방향은 변화가능하고 상황에 따라 일정이 달라지며 자율적이고 융통성이 있다.

Holland 적성탐색검사

사람들은 자신과 유사한 직업적 흥미와 성격을 가진 사람들이 일하고 있는 직업 분야를 선택하려는 성향을 지닌다고 한다. 이를 바탕으로 미국의 심리학자 홀랜드Holland는 성격 특성을 진로와 관련시켜 진로발달이론과 직업흥미검사를 완성하였다. 이 검사기법은 학생들의 진로선택에 널리 활용되고 있다.

표 1.8 Holland 직업적 적성

R	현장형	– 신체적으로 기계나 생산품을 만들고 조립하는 일 – 남성적, 솔직, 단순한 성격	기계기사, 정비사, 농부
I	탐구형	– 자료, 실험을 통해 연구 – 논리적, 분석적, 합리적, 지적, 비판적, 신중, 높은 탐구심	화학자, 의사, 교수
A	예술형	– 독특하며 아름답고 창조적 작품을 만듦 – 상상력, 감수성 풍부, 자유분방, 독창적, 개방적, 강한 개성	시인, 미술가, 디자이너
S	사회형	– 사람을 헌신적으로 보살피고, 사랑하는 직업인 – 사람들과 어울리기 좋아함, 친절, 인정이 많음, 봉사적	사회복지사, 유치원 교사, 상담가
E	진취형	– 사람을 설득하고, 통솔해서 공익, 경제적 이익을 추구 – 지배, 통솔력, 능변, 설득적, 경쟁적, 야심적, 열정적	영업사원, 관리자, 정치인
C	사무형	– 사무행정, 계산, 정리정돈, 관리하는 일 – 반복되는 일, 지시에 따라 빈틈없는 일 추구 – 정확, 빈틈없고, 조심성, 계획성, 원리원칙주의, 보수적	은행원, 행정공무원, 경리사원

대부분의 사람들은 표 1.8과 같이 현장형, 탐구형, 예술형, 사회형, 진취형, 사무형 등 6가지 직업적 적성으로 분류된다. 각각의 적성은 개인적, 문화적, 환경적 요소 간 상호작용의 산물이며, 사회생활과 경험을 통하여 사람들은 특정 대상과 특정 행동을 선호하는 것을 학습하게 되고 강한 흥미를 느끼게 된다. 이러한 흥미들로 인하여 개인 특유의 관심분야와 기질이 형성되어 독특한 방식으로 생각하고, 지각하며, 행동하도록 만든다.

1.5 실습활동

제1장의 실습활동으로서 성격검사, 자기소개 준비 및 진행 등이 포함되어 있다. 보통 제1～2주차에 걸쳐 팀 활동에 들어갈 준비를 마쳐야 한다.

실습활동 1-1 (성격검사)

성격검사는 일반적인 형태를 선택하되 그 결과를 구두발표와 팀 구성에 활용할 수 있도록 한다.

실습활동 1-2 (자기소개)

❶ 자기소개에 필요한 발표내용 구상, 발표형식 선택에 이어 자기소개 순번을 결정한다.

❷ 팀 구성에 필요한 내용(성격유형, 개성, 장점 등)에 대해 적절한 형식(UCC/PP)으로 자기소개를 한다(2분 내외).

참고문헌

[1] 최인수, 창의성의 발견, 쌤앤파커스, 2011.

[2] 김용세, 창의적 설계입문, 생능, 2009.

[3] 로버트 루트번스타인, 미셸 루트번스타인 (박종성 옮김), 생각의 탄생, 에코의서제, 1999.

[4] 미하이 칙센트미하이 (최인수 옮김), 몰입, 한울림, 2004.

[5] 미하이 칙센트미하이 (이희재 옮김), 몰입의 즐거움, 해냄, 2007.

[6] 김효준, 생각의 창의성, 지혜, 2004.

[7] 카와모 케이시, 스마 마사오 (오환섭, 원시태, 이원 옮김), 과학적 방법론에 의한 창의적 공학설계법, 인터비젼, 2009.

[8] 폴 골드스타인 (오연수 옮김), 보이지 않는 힘, 지식재산, 비즈니스맵, 2009.

[9] 특허청·한국발명진흥회, 지식재산의 이해, 박문각, 2012.

[10] 정우성, 윤락근, 특허전쟁, 에이콘, 2011.

[11] 겐리흐 알트슐러 (박성균 옮김), 이노베이션 알고리듬, 인터비젼, 2006.

[12] 토머스 쿤 (김명자, 홍성욱 옮김), 과학혁명의 구조, 까치글방, 2013.

[13] R. J. 스턴버그 (송길연 옮김), 성공지능 가르치기, 시그마 프레스, 2004.

[14] H. 가드너 (문용린 옮김), 다중지능, 웅진지식하우스, 2007.
[15] N. 허만 (김병선 옮김), 홀 브레인 리더십, 이너북스, 2009.
[16] 에드워드 럼스데인, 모니카 럼스데인, 윌리엄 셀넛(명지대학교 창의공학연구회 역), 창의적 문제해결과 공학설계, 파워북, 2000.

CHAPTER 02

설계기초

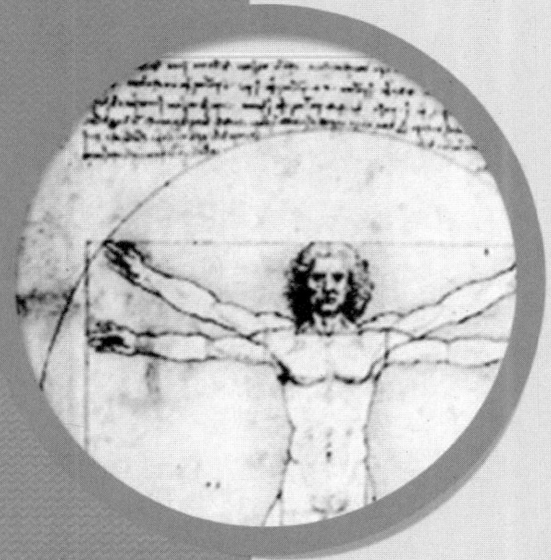

제2장에서는 설계과정 전반을 이해할 수 있도록 설계의 정의, 설계단계, 설계방법, 설계 관련 역사, 교육요소, 설계를 위한 준비 등을 다룬다. 이 장의 학습목표는 설계의 정의, 과정과 방법 등을 이해하고 자기소개, 팀 구성 등을 마치는 것이다.

강의진행

1교시	자기소개(계속)
2교시	자기소개(계속), 팀 구성(30명 내외의 분반은 6～7명/팀, 6개 팀으로 구성)

설계란 당면 과제를 해결하는데 적용되는 체계적인 문제해결방식으로 정의된다. 좁게는 공학 분야에 적용되지만 인류의 생존에 관련한 지적활동 전반으로 폭을 넓힐 수도 있다. 공학설계 또한 단지 공학적인 문제해결에 머물지 않고 삶의 차원을 변화시키는 과정으로서의 의미를 지닌다. 그러므로 공학 분야에서 큰 성취를 이루고자 한다면 먼저 공학설계기법을 철저히 익히기 바란다.

2.1 공학설계

인류에 의해 도구가 발명된 이래 공학기술은 단계적으로 발전하였다. 한국공학한림원은 세상을 바꾼 공학기술로서 나침반, 종이제조기술, 렌즈, 화약, 기계시계, 인쇄술, 백신, 철도, 현수교, 직조기, 사진, 석유, 자동차, 전기, 무선통신, 합성의약, 제트엔진과 로켓, 핵폭탄, 컴퓨터, 중합효소 연쇄반응 등 20가지를 선정한 바 있다. 이러한 공학기술은 인류의 삶을 풍요롭게 하는데 큰 기여를 하였다. 현실적으로 공학과 과학기술은 함께 쓰이는 추세이다. 그렇지만 우리는 공학설계를 수행하면서 핵심 개념인 공학, 과학, 기술 등의 용어를 세분하여 사용할 필요가 있다.

- **공학**engineering: 과학이나 기술과 혼용되고 있지만 개념적으로는 뚜렷하게 구분되는 개념 – 과학적 지식과 기술적 수단을 이용하여 가장 경제적인 방법으로 인간의 욕구를 충족시키는 학문 체계

- **과학**science: 객관적이고 합리적인 방법으로 인간, 자연 또는 사회 현상을 이해하게 하는 학문 체계

- **기술**technology: 과학과 독립적으로 존재하며 지적 호기심보다 실질적인 유용성을 우선적으로 추구하며 연역적 방법을 사용하고 검증과정보다 실현과정을 중요시하는 자연, 인조물 또는 서비스를 변형, 생산하는 활동 또는 수단

정의

사전적인 정의에 따르면 설계design는 계획(안, 과제, 목적, 목표), 계획된 성과물, 작업을 하기 위한 밑그림 또는 모형이다. 흔히 설계는 미술품, 의류, 공학, 세공, 예술, 가구, 보석, 조각, 건축 등의 분야에서 자주 쓰인다. 공학 분야에 관한 한 건축이나 토목 분야에서 쓰이는 시공을 위한 설계, 기계 부품을 제조하는데 쓰이는 설계, 자동차나 비행기, 화공 플랜트를 만드는데 쓰이는 설계 등이 일반에게도 익숙한 개념이다. 그러나 다양한 재료들 중에서 최적의 재료를 선택하는 재료설계나 문제해결과정에 쓰이는 설계는 개방형(열린) 문제open ended problem의 특성을 지니고 있다. 개방형 문제는 수학 문제처럼 정확하게 하나의 답이 아닌 다양한 답이 가능한 문제로서 설계가 갖는 특성 중 하나이다. 이러한 공학설계engineering design를 포함하는 모든 설계과정은 무엇보다도 창의성과 직관을 중요시한다.

공학은 인류의 이익을 위해 과학적 원리를 응용하여 천연자원을 최적의 구조물, 기계, 시스템, 그리고 공정으로 변화시키는 것이다. 한편 공학설계란 필요한 것을 만들기 위해 시스템, 요소, 공정을 고안하는 과정으로서 기초과학, 수학, 공학을 적용하여 자원을 목표에 부합하도록 가공하는 의사결정과정이다. 공학설계의 요소는 목표와 기준을 설정하고 조합, 분석, 제조, 시험, 평가 등을 포함한다. 또한 공학설계는 시장의 욕구를 만족시키는 제품의 창조와 관련된 총체적 과정으로서 창의적 문제해결방법(아이디어 창출, 종합, 평가, 조사 등)과 의사소통능력이 필요하다. 일반적으로 엔지니어는 시험과 측정을 중시하지만 공학설계는 창조와 직관에 비중을 두고 있다[1]. 다르게 표현하자면 후자는 분석적 능력과 함께 창의적 능력을 요구하는 연계과정으로서 종합적인 사고를 요구한다고 하겠다.

학습성과

유능한 엔지니어가 되기 위해서는 자신이 속한 분야에서 문제를 해결하는 능력을 갖추어야 한다. 이러한 능력은 다음과 같이 전공교과 및 비전공교과를 포괄한다[2].

전공교과에 속한 내용

- 수학, 기초과학, 공학의 지식과 정보기술을 공학문제 해결에 응용할 수 있는 능력
- 데이터를 분석하고 주어진 사실이나 가설을 실험을 통하여 확인할 수 있는 능력
- 공학문제를 정의하고 공식화 할 수 있는 능력
- 공학문제를 해결하기 위해 최신 정보, 연구 결과, 적절한 도구를 활용할 수 있는 능력
- 현실적 제한조건을 고려하여 시스템, 요소, 공정 등을 설계할 수 있는 능력
- 공학문제를 해결하는 프로젝트 팀의 구성원으로서 팀 성과에 기여할 수 있는 능력†
- 다양한 환경에서 효과적으로 의사소통할 수 있는 능력†

전공교과를 벗어난 내용

- 공학적 해결방안이 보건, 안전, 경제, 환경, 지속가능성 등에 미치는 영향을 이해할 수 있는 능력
- 공학인으로서의 직업윤리와 사회적 책임을 이해할 수 있는 능력
- 기술환경 변화에 따른 자기계발의 필요성을 인식하고 지속적이고 자기 주도적으로 학습할 수 있는 능력

전공교과를 벗어난 지식(능력)에 전공교과에 속한 지식(능력) 중 마지막 두 항목을 더해 비기술적 자질(† 표기)로 구분하기도 한다. 전공교과를 벗어난 내용은 교양교과를 통하여 습득할 수 있지만 전공교과에 속한 현실적 제한조건을 반영한 시스템, 요소, 공정설계 능력, 복합 학제적 팀의 한 구성원 역할을 할 수 있는 능력, 효과적인 의사전달능력 등은 기존 교과과정에서 충분히 습득하기 어려운 내용이다. 한국공학교육인증원은 이러한 능력을 공학교육과정에 포함시킨 공학교육인증제를 추진하고 있다. 특히 공학교육인증제는 기존 교육과정이 다루고 있지 않은 세 항목을 포함한 공학설계 교과를 강조하고 있다.

설계교육

한국공학교육인증원은 현실적 제한조건을 반영한 시스템, 요소, 공정 설계능력을 습득하기 위해 교육과정에 개방형 문제open-ended problem, 팀워크team work, 의사소통기법communication skill 등을 포함시키고 있다.

공학설계에 요구되는 자질로는 창의성, 공학해석력, 기초공학 지식, 전문분야 지식, 타

전공 영역에서의 능력, 수학 지식, 결단력, 제조법에 대한 지식, 표현능력, 컴퓨터 관련 지식 등이 있다. 설계목표는 문제정의, 계획수립, 창의성, 분야통합, 수학적 모델개발, 경제성 분석, 의사소통, 학문적 지식을 실습으로 변환 등을 통하여 달성이 가능하다. 기본적으로 공학설계에는 호기심을 잃지 않을 것, 행동력을 발휘할 것, 건전한 불만을 가질 것, 유연성, 초지일관, 고객을 정보의 원천으로 생각하는 자세, 설계 범위의 축소, 시행착오를 두려워하지 않는 마음가짐과 함께 품질과 가격 등에 대한 고려가 필요하다.

또한 졸업논문 수준의 공학설계(종합설계)capstone design는 다음과 같은 구성요소와 제한조건을 갖추고 있어야 한다[2].

공학설계의 구성요소

- 목표설정
- 합성
- 분석
- 제작
- 시험
- 평가
- 제한조건 포함

공학설계의 제한조건

- 경제
- 환경
- 윤리
- 미학
- 보건 및 안전
- 생산성
- 내구성
- 산업표준

공과대학 교육과정으로서 공학설계는 보통 기초설계, 요소설계, 종합설계로 세분되어 있다. 기초설계는 창의력 배양이 핵심 목표로서 1학년 과정에 개설된다. 요소설계는 일부

설계요소와 제한조건을 선택하는 2~3학년 전공교과에서 운용되며 종합설계는 기술수요 조사, 산업체 요구사항 등 설계요소와 제한조건이 모두 포함된 주제를 다룬다. 전공 프로그램에 따라서는 종합설계 결과물을 4학년 졸업논문으로 대체하기도 한다.

2.2 설계내용

공학설계는 기본적으로 창의적 문제해결과정이다. 창의성이란 경제성, 간편성, 기능성, 효율성, 안전성, 환경적합성 등의 관점에서 새로운 가치 창출이나 개선을 이루는 것을 의미한다. 창의성은 누구나 선천적으로 갖고 있는 특성이나 후천적인 교육에 의해서도 관련 능력개발이 가능하다고 알려져 있다.

세부과정

일반적인 공학설계과정은 크게 문제정의, 아이디어 창출, 아이디어 분석-평가, 아이디어 선택, 아이디어 실행, 문제해결 확인의 순으로 진행된다. 그 첫 단계인 문제정의는 개선이 필요한 상태를 정확히 이해하고 목표를 제시하는 단계이다. 두 번째 아이디어 창출 단계에서는 브레인스토밍, SCAMPER, 형태학적 분석법, 유추, 은유, 연상, TRIZ 등 확산적 사고기법을 활용한다. 세 번째 단계인 아이디어 분석은 수렴적 사고기법을 활용한다. 아이디어 평가는 간이평가, 선정평가, 정밀평가 등을 활용하여 아이디어를 최종 선택하는 단계이다. 선택된 아이디어를 실행하고 그 결과를 확인하고 문제가 해결된 것을 파악하는 마지막 단계로 나뉜다. 설계입문에 해당하는 이 책에서는 첫 네 단계를 집중적으로 다룬다.

연구자에 따라서는 위와 같은 여섯 단계 공학설계과정 이외에도 다양한 설계과정을 제시하고 있다. 일반적인 공학설계과정은 고객의 요구와 평가기준을 확인하는 것과 같은 합의형성과 집단의사결정을 포함한다. 즉, 설계과제는 수학문제풀이와 같은 구조화된 절차가 존재하지 않는 개방적이면서 다양한 특성을 지닌다.

설계모델

단순한 공학설계는 개념설계와 제품설계로 구분하여 접근한다. 개념설계 단계에서는 제품의 필수요건을 충족시키는 여러 개념들을 더하여 개략적인 스케치나 압축된 글의 형태로 나타낸다. 일반적으로 개념설계의 폭이 넓을수록 실현 가능성이 큰 제품이 탄생하게 된다. 한편 제품설계 단계는 개념설계의 내용에 공학적인 도안과 제품생산을 위한 세부 계획을 추가한다. 지역이나 국가, 공학환경 등의 차이에 따라 공학설계모델engineering design model은 다양한 방식으로 구분하지만 큰 골격은 서로 유사하다(표 2.1)[3].

표 2.1 각종 공학설계모델

공학설계모델	세부 단계		
모델 1	개념설계	제품설계	
모델 2	개념설계	구체화설계	상세설계
모델 3	기초설계	형식설계	상세설계

개념설계란 개발과정에서 문제정의가 이루어진 다음 시행하는 과정으로서 정의된 문제와 관련한 해결방안 찾기, 각 해결방안을 분석하고 평가하기, 가장 좋은 아이디어 선정하기 등을 포함한다. 예컨대 자동차 설계에서 개념설계를 생각해보자. 어떤 수준의 사람이 탈 것인가, 배기량이나 승차인원을 고려한 차의 크기나 엔진의 성능은 어느 정도로 할 것인가 등을 판단하는 등 제품개발에서의 제조비용 대부분은 개념설계 단계에서 결정된다. 기초설계란 개념설계와 같은 의미의 설계과정으로서 하나의 제품에 대한 초기 구성단계라고 할 수 있다.

개념설계 다음 단계로서 제품설계, 구체화설계, 상세설계, 형식설계 등의 표현은 제조할 제품에 대한 세부 설계도(제품설계), 제품의 요소 부품의 배치와 형태를 결정하는 단계(구체화설계), 구체화설계와 같은 제품설계 초기단계(형식설계), 생산관련 세부사항, 재료, 제품의 모양, 부품의 기능 등을 최종 결정하는 단계(상세설계)를 의미한다. 설계입문을 학습하는 과정은 설계주제에 따른 개념(기초)설계가 일반적이지만 단순한 제품설계(구체화,

형식, 상세설계)에 도전하는 것도 가능하다고 본다. 공과대학 전체를 대상으로 하는 경진대회는 이러한 주제의 다양성을 시험해 볼 수 있는 장이 될 수 있다[3].

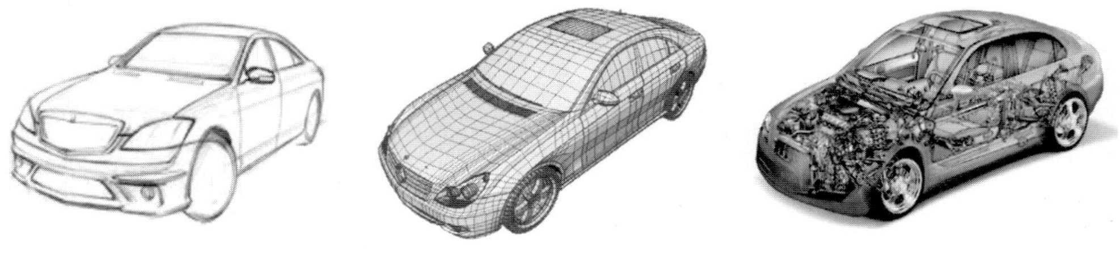

(a) (b) (c)

그림 2.1 설계 단계의 모습(자동차 설계): (a) 기초설계, (b) 구체화설계, (c) 상세설계

접근방법

학교에서 배우는 대부분의 문제해결은 분석적 사고를 요구하며 지식이나 경험을 통해 해결방법을 찾는다. 그러나 현실 사회에서 만나는 많은 문제들은 지식이나 경험을 통해 해결이 어렵고 복합적이며 문제 자체가 모호한 특징을 지닌다. 따라서 해결방안의 존재 여부가 명확하지 않으며 정보도 충분하지 않다. 이러한 문제는 통상적인 사고가 아닌 창의적인 사고를 통하여 해결하여야 한다.

기존 공학기술의 한계를 뛰어넘는 기술혁신에서는 창의적인 아이디어가 필요하다. 아직 해결방안을 모른다면 문제를 잘 정의하고 관련 특성을 잘 관찰해야 하며 창의적인 해결방안을 찾아낼 수 있어야 한다. 천부적인 창의성이 부족하다면 학습을 통하여 배양할 수 있다. 창의성 학습은 창의적 사고에 장애가 되는 마음가짐을 바꾸는 과정이다. 그러한 마음가짐으로는 창의성은 타고난 것이라는 생각, 정답이 하나라는 고정 관념, 규칙을 따라야 하며 바꿀 수 없다는 경직된 사고, 실패를 두려워하는 소극적 태도, 변화가능성을 생각하지 않는 안이함 등이 있다.

창의적인 교육환경은 도전정신을 존중하며 발상의 전환과 적극성으로 문제해결을 유도하는 긍정적인 분위기를 지닌다. 공학설계 분야에 적용되는 창의성 개선기법으로는 발명과 같은 문제해결 이론(TRIZ), 체계적 문제해결 사이클, 시각화(스케치, 마인드맵, 시각화 도면의 활용) 등이 쓰인다. 이중 TRIZ는 구 소련의 알트슐러G. Altshuller에 의해 주도적으로 개발되어 현재 강력한 문제해결 방법론으로 알려져 있다. 특히 40가지 발명원리는 TRIZ 기법으로 정리되어 있다(표 A2.1)[4,5].

2.3 설계단계

수학, 물리, 화학 등의 자연과학은 주어진 문제가 갖는 유일한 해를 찾기 위해 노력한다. 보통의 과학자들은 단 하나의 정답을 얻고자 하지만 일반적인 공학 문제는 다수의 실행가능한 해가 존재한다. 다만 실행가능하면서 최적인 해가 중요한 목표가 된다. 이러한 공학적인 문제해결과정은 분석적 사고를 요구하는 부분과 창의적 사고가 필요한 부분이 중첩되어 있다. 이러한 공학설계는 다음과 같은 과정으로 나타내기도 한다.

> 문제정의 (목표 설정) ➡ 과제계획 ➡ 아이디어도출 ➡ 개념설계 (분야통합) ➡ 타당성 검토 (경제성 분석) ➡ 환경적인 고려 ➡ 최적 설계내용 결정

순수과학, 응용공학, 공학설계분야의 문제해결 과정을 단계별로 비교하면 표 2.2와 같이 나타낼 수 있다[6].

표 2.2 분야별 문제해결방법

자연과학 분야	분석적 사고를 요구하는 응용공학 분야	창의적 사고를 요구하는 공학설계 분야
귀납법을 이용한 자료 분석, 가정	시스템을 정의하고 표현, 미지수 결정	(팀에 의한) 문제 정의, 현황 파악, 자료 수집과 분석
가능한 해의 유추	문제를 모형화	아이디어 창출과 평가
유추된 해를 시험	분석과 실험 수행	아이디어 판단 및 결정
가장 좋은 해를 적용	최종 결과 평가	해결방안을 실천

공학설계과정에서 엔지니어가 내리는 결정은 크게 기술적 측면과 경제적 측면을 갖는다. 기술적 의사결정은 수학과 과학지식을 응용하여 공학적으로 판단하여 최적 설계를 하는 과정이다. 이 내용은 시간경과에 따라 의사결정 변동사항이 발생하지 않는다. 그러나 경제적 의사결정은 제품의 가격을 결정하는 여러 비용에 대한 예측에 의해 투자가치를 결정하는 일이다. 이 예측치는 시장 상황에 따라 항상 변동 가능성을 지닌다.

문제정의

문제가 제기되면 먼저 달성해야 하는 해결내용(설계목표)을 구체적으로 표현하여야 한다. 문제를 표현하는 진술문을 작성하고 해결과정을 탐색한다. 가능한 경로를 많이 찾고 그 내용을 검토하면서 불완전한 경로를 제거해 나간다. 문제해결에 필요한 기술지식을 찾아 적용하여 해결내용을 정확히 파악하게 된다. 이 과정은 정보에 근거하여 진행하여야 한다. 설계명세를 정하고 시간, 자금, 인력 등의 자원계획을 수립한다.

일반적으로 문제정의는 다시 문제점을 파악하는 단계와 정의하는 단계로 세분할 수 있다. 문제점을 파악하는 단계는 문제와 관련된 자료수집과 분류, 중요도 설정, 기술적 언어로 전환 등을 포함하며 정의하는 단계는 문제정의, 지표설정, 일정수립 등으로 이루어진다. 문제정의는 단순히 말이나 문장의 형태로 서술하는 것에서 머물지 않고 검증할 수 있는 수치를 포함하는 구체적인 목표와 함께 일정, 방법 등을 제시하여야 한다.

문제를 명료하게 정의하는 것은 실제적인 해를 얻기 위해 매우 중요하다. 고객의 요구에 따라 적합한 공학용어로 전환되어야 하는 공학설계에서는 더욱 그렇다. 공학설계는 기본적으로 개방형 문제 혹은 제대로 정의되지 않은 문제이다. 대개의 수학이나 과학 교과에서 다루는 단일 해를 갖는 폐쇄형 문제들은 분명한 목표가 있으며 해를 찾는 방법 또한 정해져 있다. 반면에 개방형 문제는 애매하고 정확히 설명되어 있지 않고 명확한 제한조건이 제시되지 않는다. 이를 조합하면 공학설계란 가능한 해가 다양한 문제로 정의할 수 있다.

과제계획

설계과제가 원하는 수준에 도달하려면 최소한의 시간이 필요하다. 그 결과물은 보고서, 구두 발표, 혹은 설계모형일 수 있다. 때때로 중간보고서나 중간발표를 할 경우도 있다. 이처럼 과제 수행에는 일정한 단계와 결과물이 요구되므로 과제를 시작하면서 적절한 수행 계획을 먼저 세워야 한다. 가장 먼저 분명히 할 것들은 과제의 목적, 시작과 끝나는 시점, 중요 점검 일자, 최종 목표를 달성하기 위해 수행되어야 할 세부사항들, 세부사항에 대한 구체적인 내용, 세부사항 수행에 필요한 시간, 세부사항 수행 절차 등이다.

이러한 과제계획(일정)수립에 대한 다양한 방법들이 개발되어 있다. 가장 간단한 형태로서 간트 도표Gantt chart가 있다(그림 2.2). 이는 일종의 수평 막대그래프로서 가로축은 시간, 세로축은 수행하여야 할 세부과제를 보여준다. 간트 도표는 대학에서의 설계과제 수행과 같은 간단한 프로젝트에 적합하지만 보다 복잡한 내용이라면 임계경로분석, 프로그램 평가기술과 같은 방법을 이용하여 최적 일정을 수립하여야 한다.

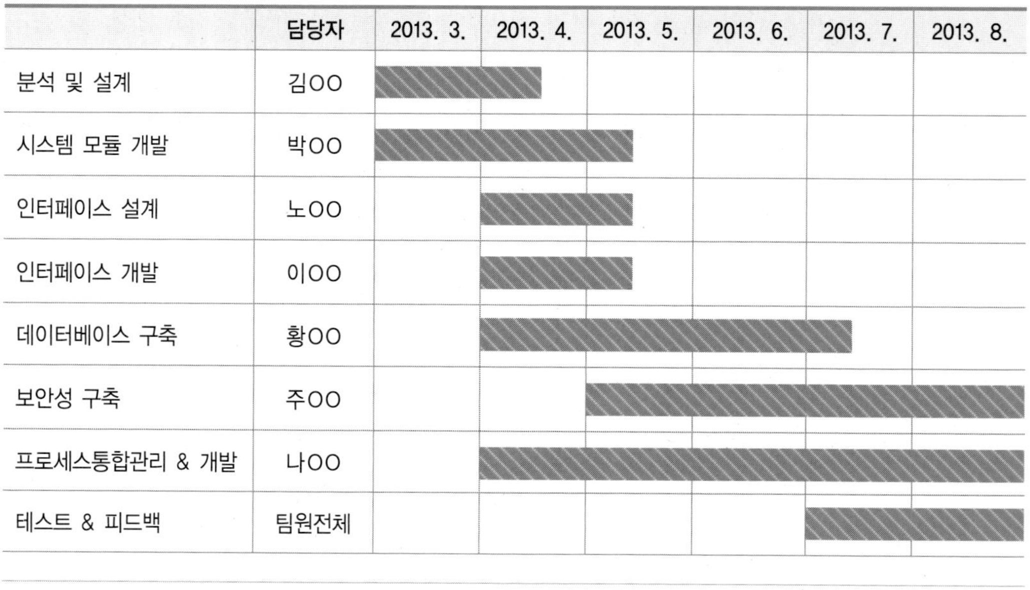

그림 2.2 간트 도표 작성 사례

아이디어 도출: 창의적 사고, 분야파괴

엔지니어는 이 단계에서 추상과 합성을 통해 문제의 윤곽을 잡고 세부 방안이나 대안을 찾는다. 공학설계는 공학교과에서 배우는 모든 분야의 개념을 총망라하여 진행된다. 열전달, 진동, 고체역학 등으로 구분지어 다루었던 학문의 경계가 공학설계과정에서 파괴된다. 몇 개의 가능성이 있는 해를 만든다. 어떤 내용을 포함할 것인지 혹은 수학적인 가정을 도입할 것인지를 설계자 자신이 결정한다. 때로는 이론적인 예측이 필요하지 않는 간단한 공식으로 충분한지 수학적으로 정교한 모델을 개발하여야 할지를 판단하여야 한다. 설계과제는 모든 공학학문, 순수과학 나아가 예술분야와 같은 범주를 뛰어넘어야 한다. 이러한 과정은 창의적 사고와 가능한 모든 도구를 사용한다.

아이디어 판단 및 결정: 분석 및 평가, 의사소통

아이디어 판단과 결정은 설계 대안들을 비교 평가하는 단계이다. 비교를 위한 객관적인 평가기준을 정하고 비판적인 시각을 유지한다. 제안된 해결과정이 윤리적인가, 설계목표를 만족시키는가, 내재하는 위험요소가 있는가, 요구사항을 만족시키는가를 평가한다. 시험 설계를 완성하여 시험, 평가, 개량의 과정을 진행한다.

대개의 공학설계에서 경제성이 가장 중요하다. 왜냐하면 시장에서 성공에 결정적인 영향을 미치는 것은 제품의 최종 가격이기 때문이다. 원가분석은 대개의 공학 분야에서 취급하고 있지 않으나 실제 산업현장에서는 매우 중요한 요소이다. 산업현장에서 기술은 엔지니어들에게 친숙하나 경제성은 인간사회의 복잡하고 불확실한 측면을 담고 있다. 일반적으로 엔지니어들은 기술적 요소에 치중하고 경제성을 소홀히 하는 경향이 있지만 주어진 과제를 성공적으로 수행하려면 기술적 측면과 경제적 측면을 모두 고려하여야 한다. 산업사회가 고도화되면서 엔지니어가 경영에 관련한 비중이 점점 더 커지고 있다. 실제로 산업현장에서의 원가분석은 설계과정의 성패를 가늠하게 한다. 이러한 제품의 최종 원가는 보통 개념설계, 제품설계, 제조공정, 원 재료 등 4가지 요소에 의해 결정된다. 엔지니어가 내리는 의사결정 가운데 경제성이나 경영에 관련한 사항들은 다음과 같다.

경제성, 경영 관련 의사결정

- 제품 생산비용에 대한 예측
- 제품설계나 제조에 대한 투자계획: 순환 비용 비율, 고정 비용 비율, 직접비 비율 등을 고려
- 미래 예측에 의한 투자결정
- 공학 프로젝트가 재무제표에 미치는 영향

문제해결의 핵심과정인 개념설계는 첫 단계인 문제정의가 이루어진 다음 시행하는 과정이다. 개념설계는 가능성이 있는 해결방법을 창안하기, 해결방법을 분석하고 평가하기, 여러 개념을 종합하여 최선의 개념을 선택하는 업무를 수행한다. 알트슐러는 일종의 설계과정으로서 발명과정을 체계적으로 연구한 끝에 아이디어 선택과정으로부터 40가지 발명유형을 도출하였다[7,8]. 그림 2.3은 그중 포개기에 관련한 발명 사례이다. 이처럼 당면한 문제를 발명유형에 적용하여 보면 40가지 유형 중 한 가지 이상에서 해결의 실마리를 찾을 수 있다.

읽기, 문서(도면, 도식 포함) 작성, 말하기, 듣기, 대인관계 등은 의사소통의 요소이다. 조직이 효과적으로 운용되기 위해서는 생각과 정보가 막히지 않고 흘러 다녀야 한다. 설계교과는 이처럼 공학설계에 중요한 의사소통능력, 팀 활동능력 등을 중점적으로 개발시키는 것을 목표로 한다. 설계과정은 정보를 분석하고 답변하는 능력과 함께 발표 자료나 보고서를 명료하게 작성할 수 있어야 하기 때문이다. 실제로 의사소통능력이 떨어지는 설계자는 전공실무에서 좋은 성과를 거두기 어렵다.

그림 2.3 TRIZ를 이용한 문제해결 (7번 포개기)

2.4 공학설계에 요구되는 능력

효과적인 공학설계에는 창의성과 함께 의사소통능력, 팀워크, 심적 장애 극복, 시각화, 기억법, 두뇌우성의 이해와 활용 등이 매우 중요하게 기능한다. 이들은 각각 이 책에서 장이나 절을 구성하고 있다. 여기에서는 세부적인 사항을 배제하고 공학설계를 구성하는 요소를 통합하는 관점만을 언급하고자 한다.

의사소통

창의적으로 설계과제를 수행하기 위해서는 제반 활동에 효과적인 의사소통이 가능하여야 한다. 기업이 효과적으로 작동하기 위해서는 모든 생각과 정보가 구성원 내부에서 자유로운 소통이 필요하다. 의사소통능력은 보통 읽기, 쓰기, 말하기, 듣기, 도면-도식 작성하기 등 광범위한 인간관계 상호작용을 포함한다. 유능한 엔지니어라면 정보를 분석하고 답변하는 능력을 기본으로 하며 나아가 과제 수행과정에서 팀 구성원간의 토론하는 능력을 갖추어야 한다. 또한 과제가 마무리되었을 때 명료하게 수행보고서를 작성하고 효과적으로 발표하는 능력이 요청된다.

의사소통능력을 개선하기 위해서는 먼저 현재의 능력을 평가할 수 있어야 한다. 다음 12 항목은 의사소통능력을 점검하는 목록으로서 '그렇다'가 얼마나 되는지 확인하기 바란다. 만일 9개 이상이면 아주 탁월하고 5~8개 수준은 대체로 훌륭한 수준이나, 그 미만은 능력 개선에 대한 관심과 함께 개선이 필요하다고 하겠다.

의사소통능력 점검

- 사람을 판단하기 전에 그를 알아보는 노력을 하는가?
- 침착하고 편안하고 개방적이며 친절하며 남에게 관심을 보이는가?
- 사람을 존중하며 있는 그대로 받아들이는가?
- 함께 시간을 보내고 일대일로 대화하는가?
- 이해적이고 협조적인가?
- 상대방의 관점을 청취하고자 하는가?
- 긍정적 태도를 지니고 있는가?

- 항상 리더가 되려고 하지는 않는가?
- 자신의 몸동작을 관찰하는가?
- 유머 감각을 가지려고 하는가?
- 공정한 논쟁 방법을 배우고 있는가?
- 대화 중재자를 가지려 하는가?

문서작성

실제 공학의사소통의 결과물로서 비중이 가장 큰 것이 문서작성이다. 기술문서에서 반드시 고려되어야 하는 사항은 다음과 같다.

기술문서 작성 고려사항

- 뚜렷함: 애매모호하지 않을 것
- 간결성: 명쾌함과 무관한 상세함을 피할 것
- 정확성-정밀성: 정확한 정보를 포함하고 불확실성을 제거할 것
- 논리적 구성: 작성하기 용이한 서식에 필요한 모든 정보를 포함할 것
- 독자에 초점: 정보 사용자에 기준을 둠
- 신뢰성: 연구, 분석, 종합, 시험결과를 포함할 것
- 시기 적절성: 사용 또는 납기 등 일정에 맞추어 작성할 것

기술문서 작성방법은 위의 고려사항을 바탕으로 다음과 같은 기준을 지켜 작성한다.

기술문서 작성원칙

- 약도 그리듯이 쉽게 작성할 것
- 읽는 사람을 고려할 것
- 결론을 부각시킬 것
- 전문용어 사용을 줄일 것
- 읽는 사람을 궁금하게 만들지 말 것
- 효과적인 글의 구조(논리적인 틀)를 갖출 것
- 간결하고 명확하게 작성할 것

설계노트

설계과정을 기록한 설계노트는 원천정보이며 설계활동의 필수 사항이다. 설계내용은 저작권, 지식재산권 등으로 구현되는 과정에서 기초자료가 된다. 따라서 설계과제, 제반 계획, 관찰, 실험, 시작품에 대한 내용이 재현될 수 있도록 상세히 기록되어야 하며 내구적이고 날짜가 매겨져 있고 쪽수가 연속적으로 된 것을 사용하여야 한다(그림 2.4). 일정과 회의, 참석자 명단 등을 기록하고 시작부분에 설계관련 중요 정보에 대한 색인을 만들어 둘 필요가 있다.

설계과정에서 사진보관자료, 인터넷을 통한 출력물, 협력기업의 카탈로그와 결과 데이터, 예비시험결과, 1차 계산결과, 특허자료, 회의록, 개념스케치, 개념평가지, 개념평가 매트릭스, 전문가 인터뷰자료 등이 수집되고 분석된다. 설계노트에 포함된 아이디어와 스케치 등은 특허공개, 등록상표, 저작권등록을 위해 사용된다. 손으로 작성된 스케치는 CAD에 비하여 빠르게 제작 가능하다. 레이아웃은 전체 아이디어를 그리기 위해 사용된다. 자세한 조립 스케치는 형태정보가 필요할 때 쓰인다.

설계노트를 포함하는 모든 문서는 별도로 기억에 의존할 필요가 없도록 치밀하게 작성한다. 특히 설계회의록은 논의과정과 새로운 발견을 기록하는 공간으로 활용되어야 한다.

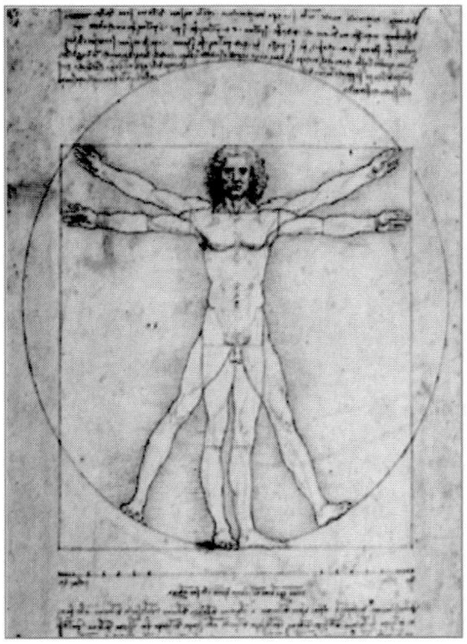

(a)

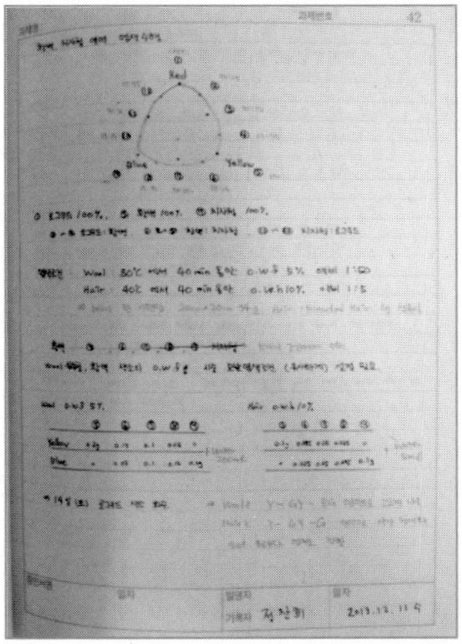

(b)

그림 2.4
설계노트 사례:
(a) 레오나르도 다 빈치,
(b) 연구노트

구두발표

21세기의 엔지니어는 팀 내부나 외부를 포함하여 다양한 발표의 기회를 갖는다. 구두발표는 중요한 의사소통의 형식이며 성공적인 구두발표를 하려면 효과적인 표현방법을 익혀야 한다. 다음은 효과적인 구두발표를 위한 점검사항이다.

구두발표 점검사항

- 발표목적을 이해하라
- 청중에 대해 분석하라
- 생각을 통해 얻어진 아이디어를 기록하라
- 발표형식을 정리하라
- 반복하여 연습하라
- 슬라이드, 삽화, 시청각 도구를 이용하라
- 질문을 예상하고 답변을 준비하라
- 무언으로 전달하고자 하는 메시지를 생각하라
- 발표 장소와 시설을 점검하라

발표기법은 다양하나 실제 구두발표에서는 다음과 같은 일반적인 요령을 적용하는 것이 바람직하다.

구두발표 요령

- 잘 조직된 정보를 내용으로 구성하라
- 하나의 슬라이드에 한 아이디어만을 담아라(예; 첫 번째 슬라이드에는 제목과 공동작업자 이름, 두 번째 슬라이드에는 발표 개요, 마지막 슬라이드에는 전달한 메시지 요약 등)
- 내용을 그대로 읽지 마라
- 처음 몇 분 동안 청중에게 예비지식을 전하라
- 발표 목적(문제와 결론)을 언급하는 것으로 시작하라
- 할당된 시간 내에 발표를 끝내고 문답시간을 확보하라
- 매 순간 청중에게서 눈을 떼지 마라
- 질문을 정확히 파악하고 논쟁적으로 반응하지 마라

팀 활동

창의적인 문제해결을 위해 팀은 여러 가지 요소를 구비하고 있어야 한다. 팀 구성원 한 사람은 그 모든 항목을 충족시킬 수 없지만 팀 구성원 전체는 그러한 특성을 지녀야 한다. 따라서 팀은 다양한 개성을 지닌 구성원이 필요하다. 창의적인 팀을 만드는 개인적인 특성을 요약하면 표 2.3과 같이 나타낼 수 있다.

표 2.3 창의적인 팀을 만드는 세부 요소

높은 지적 수준	관련 분야에 대한 전문성	다양한 경험
가정을 확인하려는 의지	강한 직업윤리, 헌신, 인내, 집중력	동료들과의 대화능력, 솔직한 토론능력
자신감과 동기 유발	열정과 에너지	새로운 생각에 대한 열린 자세
사고 탄력성, 모호함에 대한 인내	위험이나 실패를 두려워하지 않는 의지	호기심, 상상력, 창의력, 연구력, 비전
유머, 추진력	미적 관심, 정교함에 대한 이해	다양한 접근 방식에 대한 고려 및 명확함의 추구

2.5 공학설계 역사

일반적으로 설계는 계획, 목표, 작업을 하기 위한 밑그림이나 모형의 의미를 지닌다. 또한 부품이나 형태, 색 등을 배열하여 완벽한 예술품 또는 발명품을 만드는 것이나 완성된 결과 그 자체를 의미하기도 한다. 이처럼 설계는 복잡한 형상, 심미적인 감각, 감정 표현과 함께 수학, 논리, 언어에 이르는 다양한 분야의 능력을 필요로 하고 있다. 현대 공학설계에 국한하여 보면 콩코드 비행기, 시드니 오페라하우스, 애플 iPod 등은 과학과 예술이 결합된 대표적인 예라고 할 수 있다.

초기 공학설계

대부분의 생명체는 창의적인 본능을 가지고 있다. 집단적인 생활공간을 만드는 벌이나 개미, 댐을 만드는 비버, 둥지를 만드는 새 등에서 그러한 예를 본다. 이는 본능적인 행동으로서 외부 환경에 따라 쉽게 변화하지 않는다. 인간은 그러나 논리적으로 생각하고 새로운 문제에 대처하는 방안을 지속적으로 개발한다는 점에서 여타 동물과 다른 양태를 보인다. 즉 외부 환경에 창의적으로 대처하는 능력이 공학설계로 나타나고 있다.

원시시대부터 기원전 3,000년에 이르는 기간 동안 부싯돌, 활과 화살, 쟁기, 방추차 등이 출현하였는데 이들은 인류 문명을 이룩하는데 기초가 되는 발명이자 설계기술이라고 할 수 있다. 대략 5,000년 전, 중동에서 최초로 문자가 출현하였다. 문자를 기록하는 파피루스, 바퀴와 고온화로가 발명되었으며, 대수와 기하학에 기초한 토목공학에 의해 이집트에서 피라미드가 건설되었다. 제련 및 금속처리기술의 발견은 인류가 사용하는 도구가 복잡하고 내구적인 형태를 지니도록 만들어 지구상에서 가장 강력한 존재로 부상하게 만들었다.

공학의 출현

공학과 설계는 라틴어 ingeniare(고안)와 ingeniator(설계)에서 유래하고 있다. 이 두 단어의 뿌리는 타고난 재능이나 기술을 의미하는 라틴어 ingenium으로 거슬러 올라간다. 이러한 점을 생각할 때 공학과 설계는 같은 뿌리에서 나온 개념이라고 할 수 있다. 과학과 공학은 지향점이 다소 다른데, 과학은 순수한 지식을 얻는데 목표를 둔다면 공학은 이를 구체적으로 적용하기 위함이다. 일반적으로 공학자는 실제적인 문제를 해결하기 위해 예술과 과학에서 얻어지는 아이디어들을 조합하여 사용할 수 있어야 한다. 즉 엔지니어 활동에는 사회적, 기술적, 환경적 문제인식에 더해 새로운 공정과 발명이 가져올 성능과 비용의 예측을 독창적으로 다루는 내용을 포함한다.

공학설계는 중세시대까지 상대적으로 느리게 진보하다가 르네상스 시대에 접어들면서 빠르게 진전되었다. 동양과 서양의 문명이 교류하면서 동력을 발생시키는 수차와 풍차의 설계와 제작이 이루어졌으며 농기구, 선반, 금속활자와 같은 인쇄기술, 시계, 원운동에서 왕복운동으로 운동 방식을 바꾸어주는 링크기구가 출현하였다. 르네상스 시대는 중세와 현대를 잇는 가교 역할을 하였으며 이 기간에 예술과 과학에서 혁신적인 변화가 일어났다. 대표적인 르네상스인 Leonardo da Vinci는 예술과 과학에 엄청난 기여를 하였는데 그의 노트에는 볼 베어링, 탱크, 잠수함, 글라이더, 자동 수레, 물시계 등에 대한 개념설계가 담겨 있다.

설계교육의 도입

University of Bologna가 11세기 이미 설립되었으나 초기의 대학들은 대개 신학을 가르치기 위한 목적을 지니고 있었다. 공학교육은 16세기 초에 프랑스에서 출현하여 18세기에 도약기를 거쳐 제도적인 틀이 구축되었는데 이와 같은 프랑스 모델은 유럽 각국으로 확산되면서 다양성을 지니게 되었다[9]. 한편 공학설계를 다루는 교수직은 1965년에 독일에서 처음 설치되었고 이러한 흐름은 다른 독일 대학에서도 나타나 졸업생들에게 설계과정을 강하게 요구하는 전통을 만들어 독일 산업의 강점이 되었다.

미국의 공학교육 심의기구로서 공학인증협회Accreditation Board for Engineering and Technology, ABET가 있다. 이 기관은 공학교육과 공학설계에 대한 지침을 제시하고 교과과정 운용에 대한 비평을 한다. 10여 년 전, 한국에서도 ABET과 유사한 기능을 하는 기구인 한국공학교육인증원Accreditation Board for Engineering Education of Korea, ABEEK이 창설되어 공학교육에 관한 주도적인 역할을 하고 있다. ABET은 설계요소나 제약조건 등 공학설계를 위한 기본 전제를 다음과 같이 제시하고 있다. 즉, 교과과정에서 공학설계 요소로서 창의성 개발, 개방형 문제의 취급, 설계방법의 개발과 사용, 설계문제의 요구사항의 구체화, 대안을 고려할 수 있는 능력, 타당성 검토, 제조공정, 향상된 설계방법, 동시공학설계, 제품 수명에 대한 고려, 시스템 요소 설계, 설계과정에 다른 전공자들과의 교감 등을 포함하여야 한다. 또한 실제적인 제약조건들로서 경제적 요인, 안정성, 신뢰성, 미적 감각, 윤리관, 사회적 영향을 포함하여야 한다. 끝으로 설계 교과가 교과과정에 반드시 도입되어 공학 프로그램을 거치면서 설계능력을 지속적으로 향상시킬 수 있어야 한다.

설계과제의 수행

일반적으로 설계과목은 현장 실무를 모방한 팀 활동의 형태로 운용된다. 산업체는 보통 팀을 구성하여 과제를 수행하며 서로 다른 배경을 갖는 팀 구성원과 협력하는 능력은 전문성을 높이는데 매우 중요하다.

공학설계교과에서 팀 과제는 가상적인 산업 환경에서 정해진 시간과 예산 안에서 예정된 목표를 달성하도록 선정되어야 한다. 목표가 달성될 수 있는 시간과 함께 장기, 단기 목표가 반영된 작업일정을 결정하여야 한다. 과제수행에서 시간 관리는 가장 중요한 항목이다.

팀을 구성하면서 구성원들은 역할을 분담하고 팀 기본규칙을 정하여야 한다. 팀이 필요한 역할로는 팀장, 기록자, 촉진자, 과정 관찰자 등이 있으며 활동으로는 회의시간을 정하고 적절한 안건을 다루는 내용이 포함된다. 안건으로서 기본적으로 진척도, 문제, 제안 등이 있다. 회의는 기본적으로 이전 회의에서 정한 목표가 얼마만큼 달성되었는지 점검하고 그 과정에서 발생한 새로운 문제를 분석하고 그 문제를 해결할 수 있는 제안사항을 다루어야 한다. 아울러 다음 회의까지 팀원 각자가 수행하여야 할 과제를 명확하게 정하여야 한다.

팀과 단순한 집단은 과제수행역량의 측면에서 크게 다르다. 팀은 구성원들이 지도자를 자율적으로 선출하며 역할과 책임의 부여가 유연한 구조를 지니며, 모든 구성원들이 의사결정과정에 참여하고 토론을 통한 문제해결을 지향한다. 또한 자신의 의견을 자유롭게 표현하며 재능과 지식을 팀의 목표에 일치시켜 팀 성공에 기여한다. 한편 집단은 임명직 지도자가 강력한 권한을 지니며 역할과 책임의 부여가 경직되어 있으며 회의진행에서 효율성과 획일성이 강조된다. 의견제시가 활발하지 않으며 수직적인 지시에 의해 업무가 추진된다. 팀에 의해 추진되는 설계과제는 다음과 같은 다양한 사고과정을 거치면서 문제를 해결하도록 수행된다.

설계에서 요구되는 사고과정

- 확산적 사고: 다양한 가능성을 탐구, 아이디어 창출 brainstorming
- 수렴적 사고: 분석 (비교, 대조, 평가)
- 응용적 사고: 각 분야의 이론과 원리를 통합하고 적용

설계교육의 전개방향

21세기에 들어서면서 인류가 생존하기 위해서는 지구환경을 보존하여야 한다는 요구가 점점 강해지고 있다. 이러한 환경에 대한 문제의식이 녹색설계green design가 출현하는

계기를 만들었다[3]. 즉 제품구현과정에서 환경에 대한 고려가 반영되어 재료 추출과 정제, 제조, 판매, 사용, 폐기에 이르는 전 과정에 환경에 부담을 적게 주는 제품을 촉진시키는 규칙을 제정해 나가고 있다. 이러한 접근법을 적용하여 얻어진 결과물을 녹색 제품green product이라고 부른다.

녹색설계의 기본원칙으로서 제조과정에서 쓰레기 발생의 최소화, 재료소비의 저감, 사용수명의 연장, 재료의 리사이클링, 친환경 에너지 이용 등이 있다. 여기에는 사용수명을 보장하거나 수리가 쉽도록 설계하는 라이프사이클설계, 유지보수고려설계life-cycle design, design for maintenance, 부품을 표준화하여 여러 제품에 사용될 수 있고 분리가 용이하도록 하는 제조고려설계design for manufacturing and assembly, 고장을 적게 하고 성능수준을 보장하는 품질고려설계design for quality 개념 등이 포함된다.

여기에 더하여 보다 우수한 경쟁력을 갖는 제품을 생산하기 위해 설계과정에 신속설계 사이클faster design cycles, 무장벽공학engineering without walls, 수출고려설계design for export 개념 등이 도입되고 있다. 이러한 추세는 보다 나은 공학설계를 하기 위해 공학자가 세상변화에 대해 보다 창의적이고 열린 눈으로 대응하여야 함을 보여 준다.

교육요소

인류문명이 발전하면서 공학자가 갖추어야 할 자질도 점차 구체화되고 있다. 이를테면 새로운 업무에 대한 도전 정신, 경영자적 사고, 올바른 가치관과 폭넓은 인간관계, 미래를 위한 자기계발의 필요성에 대한 인식과 함께 기업의 이익 구조와 고객의 입장을 이해하고 체계적인 독서와 다양한 경험을 통하여 다른 분야의 지식을 갖추어야 한다. 아울러 다양한 문제 해결에 필요한 기본적인 공학원리를 잘 이해하고 평생학습을 통해 공학적 지식을 꾸준히 발전시켜 나가야 한다.

한국의 공학교육인증제는 엔지니어들에게 요구하는 학습성과 10가지를 제시하고 있는데 이들은 모두 창의적 공학설계를 수행하는데 필수적이다[2]. 창의성은 기존 산업의 발전과 신기술의 도입과정에서 공학자에게 절대적으로 요구된다. 창의적인 공학설계 능력은 사회 및 제도, 경제, 기술 및 국가 등 다양한 측면에서 중요하다. 사회와 제도적으로 산업 현장에서의 실무능력 부족, 신기술 분야의 수요 증대, 기존 산업의 정보화를 통한 지식기반을 구축하는데 필요하다. 경제적으로 설계기술 도입과정의 로열티 지출을 줄일 수 있으며 기술적으로 정보인프라 구축과 기업차원의 설계기술 확보에 활용할 수 있다. 또한 국가적으로 자유무역협정 도입에 따른 기술 격차를 줄이고 공학교육의 전문화에 따른 공학자의 상호인증제 도입에 초석으로 작용한다.

창의적 공학설계교육은 공학지식을 습득하는데 머물지 않고 산업현장에서 창의적으로 활용할 수 있는 엔지니어 양성에 그 목표를 둔다. 각종 학습 성과를 충실하게 갖춘 엔지니어는 연구, 개발, 설계, 생산, 건설, 운용, 시험, 판매 및 마케팅, 관리, 컨설팅, 교육 등의 분야에서 역할을 성공적으로 수행할 것으로 기대된다[5].

2.6 공학설계 준비

효과적으로 공학설계를 수행하기 위해서는 다음 몇 가지 사항에 대한 해결방안을 지녀야 한다[10].

시간설계

자신에게 주어진 시간을 어떻게 배분할 것인가? 먼저 자신이 수강하는 교과목의 수와 학점, 그리고 통학에 걸리는 시간은 어느 정도인지를 생각하라. 주당 평균적으로 수면과 통학과 같은 일상적인 활동에 소요되는 시간, 수강에 소요되는 시간, 예습/복습 등 학습에 배정된 시간, 독서 및 스포츠와 같은 자기계발의 시간, 친구나 가족과의 친목의 시간의 비율을 계산해 보라. 또한 공학설계를 하는데 필요한 팀 활동을 어떤 방식으로 할 것인가에 대해서도 생각하라.

학습방식

자신이 수강하는 교과목에 대한 예습과 복습을 하고 있는가? 우등생이 되고자 한다면 규칙적으로 예습과 복습을 하기 바란다. 또한 명심하여야 할 것은 강의 내용을 잘 이해할 수록 강의에 대한 흥미가 커진다는 사실이다. 강의 내용이 잘 이해되지 않으면 수업시간에 바로 질문하고 긴 시간이 요하는 질문이라면 교수연구실을 찾아가 도움을 요청하라. 도움이 필요하다면 머뭇거리지 말고 즉시 움직이도록 한다. 대부분의 교수들은 학생들의 면담요청에 기꺼이 응할 준비가 되어 있으며 그 학생들에게 호감을 갖는다는 것을 기억하라.

대개의 교과는 보고서나 시험에 의해 성취도를 평가한다. 학기 초 강의계획서를 통해 제시되는 보고서나 시험의 횟수를 파악하여야 한다. 예습과 복습의 과정을 제대로 수행하면 보고서와 시험에 대한 대비는 자연스럽게 하게 된다. 대개의 교수들은 학습범위에서 가장 중요한 사항들에 대한 이해를 중시하는 경향이 있다. 조금만 미리 대비하면 좋은 평가를 받게 된다는 점을 명심하라.

노트필기

당신은 강의를 듣는 도중이나 독서를 할 때 노트필기를 하는가? 만일 그러한 습성을 가지고 있다면 인생에서 성공을 거둘 확률이 상당히 높다고 하겠다. 노트에 모든 정보를 기록할 필요는 없다. 핵심적인 개념이나 요점을 기록해두는 습성을 길들이면 시간이 지나면서 점차 노트필기의 수준이 점차 향상될 것이다. 요즈음은 누구나 컴퓨터나 각종 IT 매체를 활용하고 있지만 노트필기는 여전히 그 무엇보다도 사고력을 키우는 강력한 방법이라고 할 수 있다.

와이어로 된 공책이나 낱장으로 이루어진 것은 분실의 위험이 크다. 그리고 노트는 매일매일 기록하여야 한다. 나중에 노트를 정리하는 경우, 시간이 지나면서 기억이 희미해지고 참신한 생각도 줄어드는 문제가 발생한다. 공학설계에 쓰이는 효과적인 설계노트 작성은 특허출원의 기초자료로 활용된다. 단순히 설계과정을 떠나 자연과학 전반에 대한 기록의 중요성은 너무도 잘 알려져 있다[11,12]. 다음은 실험노트 작성방법이다.

- 내구성이 좋고 쪽 번호가 연속적으로 매겨져 있을 것
- 과제 번호와 이름, 계획, 관찰, 개념설계, 시작품 완성 등 설계에 관한 모든 과정이 체계적으로 기록되어 있을 것 (출원내용은 제3자가 보고 재현할 수 있는 수준이어야 함)

- 과제 수행에 관련한 팀 활동 일정, 참석자, 내용 등을 기록
- 아이디어를 추가할 수 있도록 지면을 넓게 사용하고 여백에 추가 정보 기입
- 기록이 잘못되었을 때 찢어 없애지 말고 줄을 긋고 수정한 내용을 추가할 것

발표–토론

자신의 학습 내용을 어떻게 검증하고 있는가? 가장 효과적인 학습 방법은 공부한 내용을 표현해 보는 것이다. 학습내용을 동료를 대상으로 발표하는 일은 처음에는 상당한 시간을 요하지만 확실하게 이해하는 과정이다. 특히 내용을 분담하여 학습하고 그 내용을 발표와 토론을 하는 방식은 대학과정에서 효과적인 학습법으로 평가받고 있다. 같은 교과를 이수하는 친구들과 스터디 그룹을 결성하고 학습과제를 다루어 보라. 처음에는 효율이 낮지만 시간이 지나면서 그 효과를 체험하게 될 것이다. 그 과정에서 능동적으로 협력하는 것이 서로 유리한 생존방식임을 깨닫게 된다.

2.7 실습활동

제2장의 실습활동으로서 자기소개(계속)와 팀 구성(보고서 제출과제)을 포함한다.

실습활동 2-1 (자기소개: 계속)

팀 구성에 필요한 내용(성격유형, 개성, 장점 등)에 대해 적절한 발표형식(UCC/PPT)으로 자기소개를 한다(2분 내외).

실습활동 2-2 (팀 구성: 보고서 제출과제)

팀을 구성한 다음 팀 단위로 보고서를 작성한다[팀 명칭, 구성원 소개/역할(팀장, 기록자 등) 등이 담긴 내용을 A3(전후면 사용 가능, 수기) 1장에 작성할 것].

참고문헌

[1] N. Cross (김관배, 차주헌 역), 공학설계 방법론, 제3판, 범한서적, 2004.

[2] www.abeek.or.kr

[3] 브라이언 S 톰슨 (서영진 외 12명 옮김), 피어슨에듀케이션코리아, 2001.

[4] 김효준, 생각의 창의성, 지혜, 2004.

[5] 이경우, 김병재, 이태희, 황농문, 한송엽, 공학문제 해결입문, 시그마프레스, 2006.

[6] 에드워드 럼스데인, 모니카 럼스데인, 윌리엄 셀넛(명지대학교 창의공학연구회 역), 창의적 문제해결과 공학설계, 파워북, 2000.

[7] 겐리흐 알트슐러 (박성균 옮김), 이노베이션 알고리듬, 인터비젼, 2006.

[8] 겐리흐 알트슐러 (박성균 옮김), 창의성은 과학이다 -트리즈, 발명문제 해결이론, 2006.

[9] 김덕호 외, 근대 엔지니어의 탄생, 에코리브르, 서울, 2013.

[10] S. Moaveni (장동식, 박상성 옮김), 창의적 사고의 공학개론, 제2판, 한티미디어, 2007.

[11] 이재영, 탁월함에 이르는 노트의 비밀, 한티미디어. 2008.

[12] 마이클 R. 캔필드 편 (김병순 옮김), 과학자의 관찰노트, 휴먼사이언스, 2013.

CHAPTER 03

의사소통
Communication

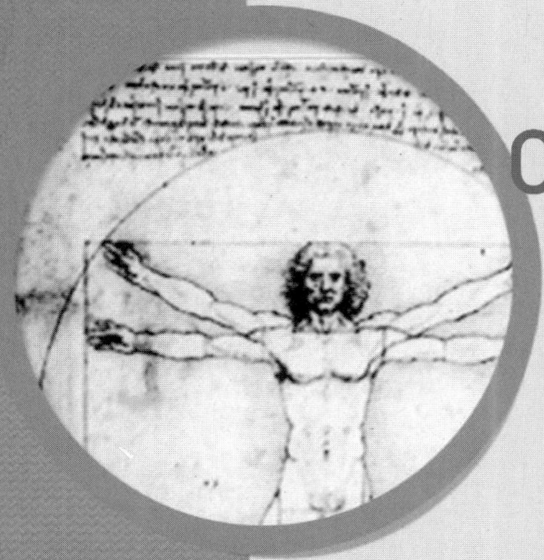

의사소통은 팀워크, 개방형 질문과 함께 공학설계의 필수요소다. 제3장의 목표는 의사소통에 관한 본질, 유형, 장애요인, 효과적인 방식을 이해하고 활용하는 수준에 이르는 것이다. 구체적인 실습활동으로는 구성된 팀 단위로 자기소개, 발표자료 작성 및 동영상 제작, 대중을 대상으로 하는 발표 등이 있다.

강의진행

1교시	교과내용, 실습활동(3-1, 3-2)
2교시	실습활동(3-3, 3-4), 보고서 작성 준비

누구나 의사소통의 달인을 꿈꾸지만 현실적으로 글쓰기, 말하기, 발표-토론 등 의사소통 모든 분야에 정통한 전문가는 찾아보기 어렵다. 그렇지만 의사소통 전문가가 되는 것이 아닌 기본 사항을 이해하고 활용하는 수준은 대학생이라면 누구나 보여줄 수 있다고 본다.

다양한 의사소통능력을 단기에 터득하기란 불가능에 가까운 만큼 우리는 공과대학생들에게 일정한 달성목표를 설정하고 꾸준히 노력하기를 권한다. 재학 중에 도달해야 할 목표로서 글쓰기는 학술지 초록이나 특허 문안을 작성할 수준, 말하기는 학술회의 구두발표 수준, 발표-토론은 학술 포스터를 작성하고 그 내용을 토론할 수 있는 수준 등이 있다.

3.1 의사소통이란?

집단생활을 영위하는데 의사소통은 절대적인 수단이며 '두 사람 이상의 관계에서 생각과 의견, 또는 감정 교환을 통해 공통적 이해에 도달하는 일련의 과정'이다. 이는 한 구성원이 다른 구성원들과 소통하면서 의미를 만들고 공유하는 방식이라고 하겠다. 예컨대 의미가 담긴 메시지 교환을 통해 의사, 아이디어, 정보, 태도, 감정 등을 전달한다. 그러나 메시지 왜곡이 없는 완전한 의사소통은 달성하기 쉽지 않다.

소통의 본질

소통의 본질은 신뢰이다. 말을 잘하는 사람이 모두 소통을 잘하는 것은 아니다. 오히려 자신의 마음과 상대방의 감성적인 면을 고려하는 사람이 단순히 말을 조리 있게 잘하는 사람보다 탁월한 소통능력을 보여준다. 즉, 소통을 잘한다는 것은 구체적인 내용과 함께 진정성을 지닐 때 효과적으로 의사를 전달할 수 있다[1]. 실제 공학설계와 관련한 아이디어 도출, 수렴, 의사 결정, 과제 수행, 역할 분담, 조정과 통제 등 모든 팀 활동 과정은 의사소통의 결과이다(표 3.1).

표 3.1 의사소통의 기능

세부 요소	관련 내용
통합과 조정	다양한 의견들을 하나로 수렴하는 기능
판단	정보와 자료 교환을 거쳐 판단에 이르게 하는 기능
동기 부여	구성원 전체가 목표와 성과를 공유하게 하는 기능 (내면 욕구를 충족시키고 소외가 발생하지 않도록 함)

기본 원칙

의사소통의 기본 원칙은 표 3.2와 같이 요약할 수 있다. 의사소통은 일방적이 아닌 상호적이어야 하며 양쪽의 적극적인 참여가 전제가 된다. 의사소통 요소로는 공감, 고정된 장벽을 제거하려는 자세, 피드백, 경청, 권력과 조작 금지, 일대일 관계 유지, 수용, 신뢰 등이 있다[2].

표 3.2 의사소통의 기본 원칙

세부 항목	관련 내용
명료(clearness)	체계화된 정보, 언어가 정확한 언어, 쉽고 간결한 문장(용어)
일관(consistency)	전후 정보 내용이 다르지 않을 것
분포(distribution)	정보가 필요한 대상에게 정확히 전달될 것
적시(timeliness)	필요한 시점에서 전달될 것
적량(adequacy)	정보의 양이 적절할 것
융통(adaptability)	개별적인 상황에 적응할 수 있고 전체로서도 어긋나지 않을 것
수용(acceptance)	정보에 대한 관심과 받아들이려는 자세

소통 기술

상대방 쪽을 향한 약간 고개를 숙인 자세와 다정한 몸짓 등은 효과적인 소통을 위해 추천할만하다. 이에 덧붙여 신체적으로 이완되고 편안하고 자연스러운 자세를 취하는 것이 좋다. 상대방과 부드러운 시선 접촉도 소통 기술로서 중요하다. 다른 소통 기술로는 관심 기울이기, 상대방의 생각 확인, 지각 확인, 경청하기, 공감하기, 긍정적 사고(능동적 자세) 등이 있다. 타인에게 관심을 보이는 기본적 행동으로서 좋은 자세, 시선의 접촉과 즉각적인 언어 반응 등이 있다. 듣는 태도에 따라서도 이해도는 크게 달라진다고 한다.

장애요인

의사소통은 팀 활동의 모든 부분에 영향을 미치며, 팀을 구성하는 요소들은 거꾸로 의사소통에 영향을 미친다. 대부분의 팀 구성요소들이 의사소통과 관계가 있으므로 팀에 참여하는 사람과 팀의 구조 및 팀을 둘러싼 사회·문화적 요인 등은 모두 의사소통의 장애 요인이 될 수 있다. 원리적으로 보면 의사소통은 전달자가 자신의 의견을 기호화해서 상대방에게 전달하고, 상대방은 전달받은 기호를 의사의 의미로 환원시켜 이해하는 과정이다. 그러나 발의, 전달, 수용 과정에 있어서 여러 가지 요인들이 작용하여 전달자의 의도를 제대로 전하기가 쉽지 않다. 그러한 장애요인으로는 과거 경험, 선입견, 고정 관념, 잠재적 의도, 물리적인 환경, 언어상의 장애, 환경조건, 거리감, 의식적 제한 등을 들 수 있다.

3.2 세부 분류

의사소통은 언어적인 것과 비언어적인 것으로 크게 구분된다. 언어적 방식이 말이나 문자에 의존하는데 반하여 비언어적 방식은 표정, 시선, 자세, 몸짓, 접촉, 거리감, 목소리 변화, 신체 언어body language 등을 포함한다. 실제 후자가 전자에 비해 메시지 전달에 보다 효과적인 수단으로 알려져 있다. 미국 UCLA의 한 연구에 따르면 메시지 전달은 의사소통의 7%에 불과하고 38%는 음정, 고저, 억양, 강조 등 말투로, 55%는 표정, 시선, 자세, 몸짓, 접촉 등 신체 언어로 이루어진다고 한다. 언어적 방식을 다시 공식적인 형태와 비공식적인 형태로 구분하기도 한다.

공식적(제도적) 의사소통

공식적 의사소통이란 어느 집단(팀)이 특정한 요건을 갖추어 누가, 누구에게, 무엇을, 어떻게 주고받을 것인가가 제도화된 소통 방식이다. 정보 흐름에 따라 하향적, 상향적, 수평적 의사소통 등으로 나눌 수 있다(표 3.3).

표 3.3 공식적 의사소통 방식

정보 흐름	세부 형태	비고
하향적 방식	(문서, 구두) 명령	조직의 업무 수행에 관련한 결정을 글이나 말로 전하는 방식 (지시, 훈령, 발령, 규정, 요강, 고시, 회람, 영달)
	일반적 정보	조직(팀)의 지식을 확장하는 업무와 관련된 사실이나 지식 (편람, 수첩, 게시판, 구내방송, 훈시, 훈련, 포스터 등)
상향적 방식	보고	업무 추진 내용을 상급자에게 전하게 하는 제도적 장치 (상급자는 이를 바탕으로 의사결정을 하거나 명령을 내림)
	제안	하급자가 업무 수행하는 과정에서 얻게 된 업무개선 방안, 착상을 상급자에게 전하는 제도적인 장치
	내부결재(품의)	어떤 사안 처리에 대해 하급자가 상급자의 의사결정을 요청하는 제도적인 절차
	의견조사	구성원의 사기 평가, 만족–불만족도 측정, 의사소통상의 문제점 발견을 위해 사용되는 방식
	면담	팀장이 구성원과의 소원해지기 쉬운 인간관계 극복, 인정 욕구 충족, 상황 파악
수평적 방식	사전심사제도	계획, 정책 등의 사안을 최종 결정하기 전에 관련된 조직, 개인에게 의견을 묻거나 정보 수집, 조정을 하는 방식
	회람	결정사항을 서류형태로 작성하여 구성원에게 알리는 방식
	의회–위원회	한 자리에 모여 논의, 정보와 의견 교환, 조정을 하는 방식 (제도적 장치)

비공식적(자생적) 의사소통

공식적인 절차를 통한 의사소통은 소통되는 정보의 극히 일부를 감당한다. 공식적인 의사소통은 경직되고 편협하기 쉬워 인간의 비합리적이고 다양한 욕구를 충분히 소화해 낼 수 없다. 그러므로 비공식적인 의사소통은 공식적인 의사소통의 한계를 보완하여 팀원의 진정한 요구를 충실히 반영할 수 있다. 다만 비공식적 의사소통은 팀에 유익한 경우도 있지만, 그렇지 않을 수도 있다는 점을 유의하여야 한다(표 3.4).

표 3.4 자생적 의사소통의 특징

장점	단점
• 구성원의 동태 파악이 용이 • 구성원의 정서적 긴장해소 • 공식적 의사소통에서 어려운 유익한 정보제공 • 관리자들의 딱딱한 명령이나 지시를 인간적이고 부드럽게 전달	• 풍문을 유포시킬 가능성 • 정보 전달의 오류에 대한 책임이 없음

관리자는 먼저 구성원 간의 비공식적인 관계를 우호적이고 협조적으로 만들어 그들의 자생적 의사소통이 팀의 능률적 활동에 이바지하게 하고, 그것의 장점과 단점을 올바로 인식하여 지혜롭게 다룰 줄 알아야 한다. 일반적으로 자생적 의사소통은 공식적 의사소통에 비하여 소통 속도가 매우 빠르며, 융통성을 가지고 있다.

3.3 발표 준비

이번 장에서는 바람직한 발표 방법을 익히기 위하여 3분에 걸친 자기소개를 대상으로 하는 주제발표(말하기 실습)를 진행한다. 말하기 실습은 자신의 습관을 돌아보고 문제점을 고쳐 나가는데 효과적이다.

일반적인 구두 발표는 기술적 발표(세미나, 회의), 면접(회사, 기자회견, 면담), 기타(구술시험, 강의)로 구분된다. 이들 발표는 청중과 함께 정보 전달내용이 있으며, 다양한 매체를 이용한다는 공통점을 지닌다. 구두 발표에 대한 간단한 지침은 제2장에서 언급한 바 있다. 구두 발표는 대개 토론을 거치게 되는데 발표 준비는 토론에 대응하는 기법과 요령, 문안 작성에 대한 세부 지침 등을 숙지하여야 한다[2~4]. 아울러 훌륭한 토론자가 되기 위해서는 발표 주제에 대한 전반적인 이해와 함께 쟁점 사항에 대한 공부가 필요하다고 하겠다.

발표 기법

발표를 잘하려면 무엇보다도 기본이 중요하다. 바른 자세는 명쾌하고 좋은 소리를 내는데 유리하며 밝은 음성과 자신감과 확신에 찬 말투는 믿음을 주게 한다. 또한 표준 어휘와 억양으로 정확하게 발음하되 대화하는 것보다 약간 느린 속도로 악센트를 주면서 말하는 것이 좋다. 눈빛 접촉, 표정 변화, 제스처 등 신체 언어도 강한 호소력을 갖고 있으니 이를 적절히 활용하라. 발표 내용을 잘 모르는 청중의 입장에서 발표 자료를 만들고 이해할 수 있는 방식으로 설명하라. 아울러 완벽해야 한다는 부담감은 자신감을 떨어뜨리고 경직된 발표를 하게 만드는 원인이니 이를 떨쳐야 한다.

일반적인 주제라고 발표가 쉬운 것은 아니다. 발표자가 청중과 삶이 비슷하다면 더욱 그렇다. 흔한 주제를 다뤄야 한다면 같은 사물이나 현상을 다르게 인식하고 표현하는 요령이 필요하다. 자기소개를 예로 들어보자. 우선적으로 좋은 이미지를 연출하여야 한다. 밝고 깨끗한 목소리, 환한 미소는 청중에게 좋은 이미지를 전달하는 데 결정적인 기여를 한다.

청중에게 기억되려면 남들과 차별성을 보여야 하며 체계적으로 정리된 이미지는 기본이라 하겠다. 개성을 표현하는 방식으로서, 독특하게 자기 이름을 해설하는 것도 좋은 방법이 될 수 있다. 성장과정에 대한 언급은 가급적 피하라. 회고가 아닌 능력에 대해 얘기하는 경우가 더 신선하게 비춰진다. 마지막으로 발표 문안을 낭독하는 것을 피하라. 특히 문어체를 사용하는 발표는 집중을 끌어내기 어려워 생동감이 없는 분위기가 되기 쉽다.

발표 자료

발표 내용을 제대로 전달하기 위해서는 먼저 발표 목적과 도달 목표를 분명히 이해하고 있어야 한다. 자료가 잘 준비되어 있을 때 핵심에서 벗어나지 않고 체계적이고 설득력이 있는 발표가 가능하다. 발표자는 청중을 가르치고, 전달하고, 설득하고, 즐거움을 주고자 한다. 즉, 발표에 의해 청중은 능력을 얻거나, 정보를 전달받고, 설득되거나, 즐거움을 얻는다.

일반적으로 발표 내용은 흥미로운 사실, 은유, 통계자료, 유머, 일화 등이 섞인 시청각 자료로 구성되어 있다. 다양한 방식으로 발표 준비를 할 수 있으나 많이 추천되는 방법은 마인드맵 기법이다. 이는 종이 한 장에 발표 제목을 가운데에 적고, 그 핵심 사항을 제목에서 뻗어 나오는 선에 각각 기록하는 방식이다. 그 선에 다시 새로운 가지를 그리고 부가 사항을 쓴다. 모든 내용이 다 기록되면 전달 순서를 번호로 표기한다. 여기까지 진행되었다면 대략적인 골격을 갖추었다고 하겠다.

발표 내용이 준비되었다면 이를 논리적인 순서로 배열하라. 짧은 시간에 많은 생각을 전달하려면 효과적인 발표 기법이 필요하다. 예컨대, 간단한 것에서 복잡한 것으로, 연대순으로, 일반적인 것에서 구체적인 것으로 전달하는 방식이다. 무미건조한 발표 내용에 청중들이 흥미를 잃게 되는데 이를 방지하기 위해 충격을 주는 접근, 돌발적인 행동, 질문, 인용, 경험, 일화, 유머, 시각자료, 결론부터 말하기 등의 기법을 사용하기도 한다.

유의사항

학술대회 발표 시간은 10분, 15분, 20분이 보통이지만 내용이 방대하거나 중요한 기조(초청)강연은 30분 이상일 경우도 있다. 학부 학생들의 발표 과제라면 3분에서 6분 정도가 보통이다. 능숙한 발표자가 아니라면 슬라이드 화면 1장당 30초에서 1분 정도의 시간이 소요될 수 있는 자료 준비가 필요하다.

● **발표 준비**: 충실한 내용이 담긴 슬라이드 화면 작성으로 발표 준비를 마친 것이 아니다. 그저 효과적인 전달을 위해 첫 단계를 통과하였다고 보는 편이 옳다. 발표 화면을 준비하였다면 전달하고자 하는 내용을 슬라이드별로 별지에 발표할 말을 정리하라. 그리고 발표 시간을 고려하여 그 내용을 크게 세 단계로 구분하라. 서론은 발표할 내용과 목적을 담되 발표 시간의 1/4 정도를 할애하라. 본론은 몇 개의 주제를 선택하여 다루어라. 이때 수식과 문자는 가급적 사용을 줄이고, 사진, 그림, 동영상 등으로 대체하는 편이 내용 전달에 유리하다. 끝으로 결론은 발표한 내용을 요약하되 발표 시간의 1/6 정도가 되도록 하라.

● **발표 연습**: 발표 자료가 준비되었다면 효과적으로 전달하기 위해 충분한 연습이 필요하다. 처음에는 혼자서 작성한 노트를 보며 소리 내어 연습하면서 시간을 측정하라. 내용

전달과 시간조절이 가능하게 되면 어느 정도 준비가 이루어진 상태로 보고 동료들 앞에서 리허설하면서 발표 시간을 조율하라. 이때 발표 장소와 유사한 환경에서 리허설을 하며 내용이 정확히 전달되는지를 중점적으로 점검한다[3~5].

◉ **발표 요령 1**: 발표를 위해 편안하고 단정한 옷을 선택하라. 발표 시간이 다가오면 심호흡을 하여 마음을 차분하게 한다. 스크린에 붙어서 청중을 바라보며 발표하라. 웃는 얼굴로 이해하기 쉽도록 간결하게 표현하라. 질문 시간을 고려하여 발표 시간을 철저하게 준수하라.

표 3.5 세부적인 발표 기법

중요 항목	관련 내용
효과적인 전달순서	▪ 관심 유도하기 ➡ ▪ 논점 제시하기 ➡ ▪ 제안하기 ➡ ▪ 특징 설명하기 ➡ ▪ 근거 제시하기 ➡ ▪ 요약하기
발표 요소	▪ 열정적으로 ▪ 개인적인 경험을 담아 ▪ 청중의 욕구에 초점을 두고 ▪ 반복하여 전달하고 ▪ 중요한 사항은 끝에 언급하되 ▪ 합리적인 순서로 ▪ 실행이 가능하도록 전달하고 ▪ 경청하라
세부내용 구성	▪ 사실 ▪ 통계자료 ▪ 구체적인 사례 ▪ 정의와 묘사 ▪ 전문가 증언 ▪ 사례 연구 ▪ 일화 ▪ 유추 ▪ 역사적 배경
슬라이드 작성기법	▪ 로드맵 사용 ▪ 슬라이드 하나에 구분되는 주제 ▪ 각 슬라이드에 제목을 붙일 것 ▪ 문장보다 그림으로
설득적인 언어표현	▪ 짧고 간결하게 ▪ 너무 세세하지 않게 ▪ 적극적으로 ▪ 정확하게 ▪ 단호하게 ▪ 감성에 호소하고 ▪ 운율을 담아 ▪ 은유를 활용하라
발표 유의사항	▪ 청중 파악 관심을 끌며 시작하되 ▪ 필요성 입증 특징이 아닌 이점을 전하라 ▪ 청중에 귀를 기울이고 ▪ 가장 중요한 사항은 마지막에 전달하라 ▪ 그림으로 표현하고 ▪ 근거를 제시하라 ▪ 시선을 마주쳐서 ▪ 확신하는 표현을 사용하고 ▪ 입장 표명을 분명하게 하라
각종 마무리 기법	▪ 이야기 ▪ 시 낭송 ▪ 핵심사항 요약 ▪ 시각자료 제시 ▪ 시작 부분 다시 언급 ▪ 음악 ▪ 결론 제시

발표 요령 2: 개요 슬라이드를 여러 장 이용하여 점진적으로 설명하라. 자료는 중요한 내용만 선택적으로 읽고, 나머지는 설명으로 대신하라. 한 슬라이드에 지나치게 오래 머무르거나 너무 빨리 넘겨서도 곤란하다. 발표의 끝부분은 결론 및 성과, 그리고 전망을 정리하라. 청중들에게 질문에 대한 답변이 끝나면 감사인사를 덧붙여라.

발표 요령 3: 긴장된 상태를 피하라. 긴장이 심하면 호흡이 가빠지고 생각도 떠오르지 않게 된다. 이럴 때에는 청중들에게 양해를 구하고 호흡을 크게 하며 마음을 차분하게 만들어라. 준비한 문안이 떠오르지 않을 경우 슬라이드 화면 중심으로 진행하되 발표 속도가 너무 빨라지지 않도록 유의하라. 청중들을 과대평가하거나 과소평가하지 말아야 한다. 농담으로 발표를 시작하면 청중들이 산만하게 되기 쉽다. 재미있는 이야기를 포함하더라도 집중력이 사라지지 않게 하라. 모르거나 예기치 않은 질문에 대해서는 생각을 정리하면서 간결한 답을 떠올려라. 그게 불가능하다면 솔직하게 모른다고 고백하거나 미처 생각하지 못했다라고 답하라.

발표 연습: 3분 발표

3분 발표에서는 팀 단위로 지난 2주에 걸친 발표 내용(자기소개)을 검토하여 팀원들의 발표 방법에 대한 문제점을 돌아본다. 발표 내용(자료)은 파워포인트를 활용하여 작성하라. 이 자료에는 팀원들의 자기소개 내용을 검토한 후 항목을 구분하여 평가한 내용과 개선 방안을 담는다. 발표를 마친 다음 팀 단위로 '효과적인 발표를 위한 10계명'을 정리한다.

효과적인 발표를 위한 10계명 (예시)

① 카리스마, ② 흥미로운 소재, ③ 충실한 발표 자료, ④ 자신감, ⑤ 눈높이를 고려한 발표, ⑥ 자료의 간결성과 명확성, ⑦ 사전 준비와 연습, ⑧ 공감대 형성과 집중 유도, ⑨ 자연스러운 표정과 행동, ⑩ 명확한 표현

3.4 UCC 제작

자기소개와 같은 발표에 동영상 기법이 활용되기도 한다. 동영상 기법으로는 사용자 제작 콘텐츠인 UCCUser Created Contents가 있는데 일반 디지털카메라에는 동영상 기능이 내장되어 있다. 동영상 촬영 전용 캠코더가 있으면 더욱 편리하게 동영상을 얻을 수 있다. 최근 출시되는 휴대폰엔 카메라/캠코더 기능이 포함되어 있어 이를 이용해서도 촬영이 가능하다.

동영상 제작(디지털카메라, 디지털캠코더)

동영상 제작은 크게 사전작업pre-production, 본 작업production, 후반작업post-production의 3단계로 이루어진다. 영상의 내용에 따라 세부 단계는 생략할 수 있겠지만, 철저한 기획과 구성을 거칠 때 완성도 높은 동영상이 얻어진다.

◎ 사전작업

기획단계에서 소재에 따라 기승전결을 갖추어 이야기를 꾸민다. 다만 이번 과제는 자기소개에 대한 내용으로 한정한다. 섭외 조사단계에서는 제작하고자 하는 영상의 주제에 대한 여러 가지 자료를 조사하고 촬영 장소를 섭외한다. 대본은 상황에 맞게 시나리오를 써야 생생한 영상제작이 가능하다. 대사는 가능하면 짧고 대화체의 문장으로 표현하는 것이 좋다. 대사가 길면 연기하기 힘들고, 일상적인 말투를 구어체로 표현해야 화면이 자연스럽게 느껴진다. 대본을 작성해야 할 필요가 있는 경우도 있다. 치밀한 사전작업이 있을 때 효율적인 작업이 가능하다.

◎ 본 작업 단계

캠코더를 이용해 실제 화면을 얻는 과정은 다음과 같다.

① 자신감을 가지고 적극적으로 촬영

② 카메라를 이리저리 옮기지 않고, 가능한 삼각대를 사용해서 안정되게 촬영

③ 소리는 영상의 반으로 중요하기 때문에 소리의 녹음에 주의

④ 역광을 피하려면 태양을 등지고 촬영

⑤ 화면의 구도를 생각하고 눈의 위치가 화면 상단 1/3의 위치에 오게 촬영

⑥ 같은 화면의 크기와 구도는 여러 번 잡지 않기

⑦ 롱 샷은 길게, 클로즈업 샷은 짧게 촬영

● 후반작업 단계

편집은 시나리오와 대본에 따라 효과적인 화면배열을 하는 과정이다. 첫 타이틀은 첫 인상과 같으므로 신경 써서 제작하고, 목소리에 맞춰서 자막처리를 한다. 중요한 영상의 주제를 놓치기 쉬운 화려한 전환효과에만 신경을 쓰기보다는 내용을 선별하여 배열하는 데 중점을 두고, 화려함보다는 감동이 있는 영상을 만드는 것이 중요하다.

현재 사용되고 있는 영상 편집 프로그램은 초보에서 전문가 단계까지 다양한 소프트웨어가 개발되어 있다. 편집 툴이 꼭 전문 프로그램일 필요는 없는데 초보 수준은 간단한 사용법만 익혀도 스스로 편집을 할 수 있다.

촬영한 동영상을 컴퓨터에 다운받기

디지털카메라나 캠코더로 찍은 동영상은 모두 메모리카드에 자동으로 저장된다.

- **PC와 기기를 직접 연결해 다운받기:** 기기의 전원을 끈 상태에서 PC와 연결하는 USB 케이블을 꽂는다. 그리고 기기의 전원을 켜고 모드를 '재생'으로 변환한다. 그러면 PC가 메모리카드내의 정보를 인식하며 그 이후 다운을 실행한다.

- **메모리카드로 다운받기:** 요즈음 컴퓨터에는 카드리더기가 내장되어 있다. 없는 경우에는 '메모리카드리더기'와 같은 일종의 어댑터가 필요하다. 카드리더기에 메모리카드를 꽂고 PC와 케이블만 연결하면 PC가 자동으로 인식한다.

- **핸드폰으로 찍은 동영상 다운받기:** 제조회사에 따라 제공하는 프로그램이 다르나 보통 핸드폰 단말기를 PC와 연동시키는 연결 케이블을 꽂은 다음 다운을 실행한다.

동영상 편집

동영상을 편집하려면 편집 프로그램이 필요하다. 포털 검색창에서 편집 프로그램의 이름을 검색하여, 무료로 다운로드 받을 수 있다. 이를 이용하여 자막 넣기, 오디오 음향 편집, 장면 자르고 붙이기 등을 시행한다. 또한 정보를 변형할 수 있는 도구들을 이용하여 제목부터 여러 가지 특수효과, 동영상 트리밍(자르기)하는 법, 자막 넣기, 배경음악 넣기 등을 할 수 있다. 음악을 배경으로 추가할 때는 저작권 침해 문제가 발생하지 않도록 주의하라. 허가를 받지 않았다면 상업적인 음악을 동영상 배경으로 사용할 수 없다. 다만 직접 연주하였거나 직접 부른 노래라면 삽입해도 좋다.

① Windows Movie Maker 실행
② 불러오기
③ 불러오기를 이용해서 사진을 불러오기
④ 원하는 순서대로 비디오라인에 장면을 삽입하기
⑤ '작업' ➡ '비디오전환'으로 장면 전환을 꾸미기
⑥ 꾸며진 영상을 '미리보기'를 통해서 확인
⑦ '오디오 또는 음악 가져오기'를 이용해서 음악 불러오기
⑧ 불러온 음악 타임라인에 집어넣기
⑨ 편집한 영상 저장하고 완료

휴대폰으로 자기소개 UCC 만들기

① 자기소개 발표를 위한 원고가 만들어지면 휴대폰으로 동영상을 촬영해 저장한다.
② 저장된 사진 또는 동영상을 '내 컴퓨터'로 불러온다. 순서는 다음과 같다.
휴대폰 제조회사가 제공하는 USB 전용 드라이버 설치 ➡ PC와 휴대폰을 USB 케이블로 연결 ➡ 해당 제조업체별 사진 및 동영상 다운로드 전용 프로그램 설치 ➡ 프로그램을 실행해 원하는 파일을 PC에 저장
③ 동영상 재생 전용 프로그램을 다운로드 받아 설치하고 플레이어를 실행한다. 동영상 파일을 'avi'라는 확장자로 바꿔서 저장한다.
④ avi 확장자 파일은 용량이 크므로, 윈도미디어인코더 등으로 'asf' 또는 'wmv' 파일로

압축·변환시킬 수 있다.

발표 훈련(피드백)

실습을 통하여 효과적인 발표 기법을 배우기 위해서는 우선 자신의 발표 문제점을 파악해야 한다. 한 가지 방법은 자기소개를 촬영하여 발표 모습을 직접 확인해보면 미숙한 점을 자각할 수 있다. 분석을 통해 문제점을 파악하고 이 결과를 파워포인트로 작성하여 두 번째 실습(말하기)을 진행하라[2]. 이 과정에서 발표 자료에 대한 개념과 작성법을 배우고, 논리적인 발표에 대한 경험을 쌓게 된다.

3.5 실습활동

제3장의 실습활동으로서 자기소개, 주제발표(효과적인 자기소개 기법)와 함께 의사소통 방식 관찰을 제시한다. 팀 활동 주제 중 3-2는 3분 이내의 발표를 준비하도록 하고 보고서 제출과제로는 3-1과 3-3 모두 혹은 택일할 수 있다(보고서 양식: A3(전후면 수기할 것) 1장에 작성.

실습활동 3-1 (자기소개: 보고서 제출과제)

최초의 팀 활동 주제로서 두 주에 걸친 팀원들의 자기소개 발표 내용을 분석하고 다음 사항에 대해 토론하라.

- 효과적인 자기소개에 필요한 사항
- 천편일률적인 발표를 피하는 요령
- 자신감이 넘치는 발표기법

실습활동 3-2 (팀 소개자료 작성)

팀을 소개하는 자료를 파워포인트 형식과 동영상 형식으로 작성하여 3분 이내로 발표한다. 이어 다른 팀의 발표를 듣고 어떤 발표가 좋은 발표인지에 대해 토론한다.

실습활동 3-3 (의사소통 방식 관찰: 보고서 제출과제)

2주에 걸쳐 자신의 의사소통 행동방식을 관찰하여 아래 의사소통능력 점검표를 매일 기록하고 개선이 필요한 사항을 5가지 선택하라. 또한 의사소통 방식을 자신이 판단한 관점과 팀원들이 보는 관점을 토의 및 정리하고 그 내용을 조합하여 팀의 특성을 표현하라.

의사소통 능력 점검표

- 사람을 판단하기 전에 그를 파악하고자 하는 노력을 하는가?
- 침착하고 편안하게, 개방적이고 친절하게 사람을 대하는가?
- 사람을 존중하며 있는 그대로 받아들이는가?
- 서로의 관점을 청취하는가?
- 자신이 리더(또는 조정자)가 되려고 하지 않는가?
- 유머 감각을 가지려고 하는가?
- 대화 중재자를 가지려 하는가?
- 함께 시간을 보내고 일대일로 대화하는가?
- 긍정적인 태도를 갖는가?
- 자신의 몸동작을 관찰하는가?
- 공정한 논쟁 방식을 배우고 있는가?

참고문헌

[1] 윤치영, 화술 노하우 총정리, 책이있는마을, 2006.

[2] D. 디레스타 (심재우 옮김), MBA에서도 가르쳐 주지 않는 프레젠테이션, 비즈니스북스, 2006.

[3] 김은성, 마음을 사로잡는 파워스피치, 위즈덤하우스, 2007.

[4] 폴 J 켈리 (김경태, 김창환 옮김), 스토리텔링 프레젠테이션, 멘토르, 2010.

[5] 박윤우, 서덕현, 엄태수, 조정래, 이공자연계를 위한 발표토론과 글쓰기, 역락, 2008.

CHAPTER 04

팀워크
Teamwork

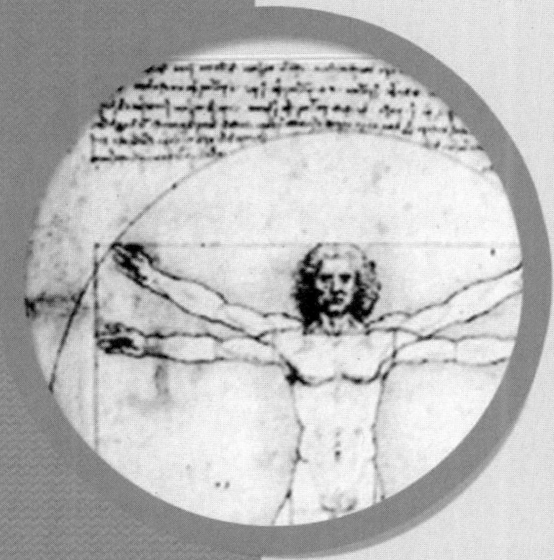

팀워크는 의사소통, 개방형 질문과 함께 공학설계 과정에 요구되는 필수적인 항목이다. 이 장에서는 팀 활동 전반에 대한 내용인 팀 구성, 팀워크의 요건, 팀 회의규칙 등을 다룬다. 아울러 효율적인 팀 운영을 위한 실습 활동을 진행한다.

팀워크 증진에 논리보다 감성이 먼저 요구된다. 팀이 하나가 되려면 팀원들이 목표를 공유하는 마음이 요청된다. 그러기 위해서는 초기 단계에서 적절한 수준으로 부대끼다가 도달할 수 있는 과제를 다룰 필요가 있다. 당연히 높은 수준으로 문제해결을 하려면 팀원들이 다양한 능력을 지녀야 하며 이를 아우를 수 있는 팀워크도 작용하여야 한다.

강의진행

1교시	교과내용, 실습활동(4-1)
2교시	주제발표(4-1), 실습활동(4-2, 보고서 작성 관련)

인류 문명은 집단적인 협력에 그 바탕을 두고 있다. 특히 공학은 다른 어떤 학문 분야보다도 팀 활동이 중요하다. 초기 단계의 공학학문은 걸출한 천재에 의해 등장하지만 체계화가 진전되면 협동에 근거한 집단지성의 비중이 점점 커진다. 따라서 공학학문이 지속적으로 발전하기 위해서는 전통적인 공학교육에 더해 팀 활동 능력을 키우는 학습법이 요청된다.

공학 학문이 분화되고 발전하는 과정에 집단적인 협력은 오랫동안 소홀히 취급되어 왔다. 그러나 정보화기술과 융합기술이 부상하면서 이 요소가 공학학문에 반영되어야 한다는 것이 점차 뚜렷해졌다. 아직 그 체계가 미완성이지만 꾸준히 발전하는 추세다.

4.1 팀 구성

팀team이란 두 사람 이상이 모여 하나의 목표를 갖고 일하는 집단을 뜻한다. 팀은 단순히 사람들의 모임이 아니며, 일정한 목적을 공유하는 활동 체제이다. 예를 들어, 대학은 교직원과 학생으로 구성되어 있고, 학문의 계승 발전을 목적으로 한다. 대학 내 동아리도 선배, 동료, 후배들로 구성되어 있고, 공통의 관심사를 다루고 배워가는 하나의 팀이라고 볼 수 있다. 그러나 팀은 그것을 만들어 놓은 것만으로는 제대로 움직이지 않는다. 팀에 생명을 부여하고, 원활한 활동을 하기 위해서는 모두가 팀의 일원임을 자각하면서 협력하는 마음자세가 절대적으로 필요하다.

동아리 활동에서 학우간의 신뢰만큼 중요한 것은 없다. 내가 상대를, 또 상대가 나를 신뢰하는 분위기를 만들기 위해서는 서로가 공동의 목표를 추구하는 동반자로서 본분을 다하는 것이 무엇보다 중요한데, 이것을 팀워크라고 할 수 있다. 야구에서 경기의 승패를 가름하는 투수의 호투는 포수와의 절묘한 팀워크에서만 가능하다. 우리의 전통놀이인 널뛰기도 팀워크의 형성 과정과 묘미를 잘 설명해주고 있다. 널뛰기는 가능하면 높이 뛰어오른다는 목표를 지니기 때문이다.

학생들은 학습을 통해 서로 가까워지고, 평생의 벗으로 발전하기도 한다. 같은 학교에 입학하여 같은 전공, 같은 과목을 수강하는 것은 매우 특별한 인연이다. 그렇지만 일정한 과정을 거쳐 팀이 구성되었다고 팀워크가 좋을 것으로 기대하는 것은 무리다. 진정한 팀을 이루기 위해서는 시련기를 거치면서 팀원들이 서로를 신뢰하고 자발적인 협력을 하는 순간까지 기다려야 한다. 이처럼 좋은 팀을 만드는 것은 오랜 숙성과정을 거쳐 얻어지는 와인 제조와 매우 유사하다.

발전적인 팀의 특징

- 공동 목표가 존재
- 구성원들이 상호의존적
- 외부와 내부를 뚜렷하게 구분하는 경계가 존재하며 오랫동안 안정적으로 유지됨
- 구성원들에게 자신의 작업과 내부 과정을 관리할 수 있는 권위가 부여됨
- 더 큰 사회 시스템의 일부

발전단계

팀이 구성되어도 기능을 제대로 할 수 있는 단계(활동)performing에 이르려면 구성forming, 시련storming, 안정norming 단계를 거쳐야 한다. 일반적인 팀은 구성 단계의 열정이 식으면서 많은 난관과 갈등에 봉착하게 된다. 이 단계에서 서로를 무시하거나 공격적인 모습을 보이게 되는데 이를 극복할 때 상대방을 존중하고 협력하는 명실상부한 팀으로 바뀌게 된다.

성공적인 팀 구성-운영 요령

- 서로의 사고방식이 다를 수 있다는 점을 인정하라
- 팀 운영에 관련한 기본 규칙을 제정하라
- 창의적인 대안 모색하라
- 추진방식을 결정하고 시간계획을 수립하라
- 순조로운 논의진행을 위한 회의규칙을 수립하라

기본규칙

팀 기본규칙은 일반적으로 의견수렴, 역할분담, 시간배분, 연락방법 등에 대한 내용을 담고 있어야 한다(표 4.1)[1].

표 4.1 팀 기본규칙 (예시)

(팀 명칭) 팀 기본규칙

우리는 팀 활동이 일관되고 탁월한 수준에 이르도록 다음과 같은 규칙을 제정한다.

1. 우리는 언제나 서로 존중하는 정신을 유지한다.
2. 합의에 의해 팀 운영방법을 결정한다.
3. 모임 일정이 정해지면 그 시간에 반드시 참석하되 부득이한 경우 이를 팀장 또는 서기에게 이를 알려야 한다.
4. 팀 활동 관련 연락은 사전에 정해진 방법에 따르며 팀 활동내용이 복잡한 경우 미리 충분히 전화나 E-mail을 통해 조정하는 것에 동의한다.
5. 팀 내의 역할은 팀 구성 초반에 정하며 필요에 따라 역할 교대가 가능하다.
6. 보고서 작성은 서기가 맡되 내용 정리는 팀원 전체가 적극 협력한다.
7. 팀을 효율적으로 운영하기 위해 필요하다면 기본규칙의 수정이 가능하다.
8. 미리 충분한 준비를 하고 회의에 참석한다.
9. 아이디어에 대해 발전적으로 비판은 가능하지만 인신공격과 같은 분열적인 행동을 금한다.

팀 기본 규정

- 전반적인 목표, 해결해야 할 과제, 운영방법
- 시간 계획표, 프로젝트 계획표
- 팀이 성취할 수 있는 내용과 일정 (진행보고서, 설계개념, 해결방안, 최종보고서 등)
- 예산 또는 비용과 관련한 제약 사항
- 회의일지(회의록) 양식

팀원 역할

우선적으로 팀 구성원의 역할을 세분할 필요가 있다. 이들 역할로는 팀장, 서기, 촉진자, 의견 발의자, 과정 관찰자, 정보제공자, 방향제시자, 평가자/비평가, 과정기술자, 진행자 등이 있다(표 4.2)[1]. 팀의 규모가 작다면 이들 역할을 별도로 구분하지 않고 한 사람이 여러 가지 역할을 수행하게 한다.

표 4.2 팀원 역할

역할	수행 임무	비고 (관련 기능)
팀장	역할과 책임 구분, 규칙과 지침 관리, 책임 부여	의견 요청, 격려, 화합
서기	올바른 정보 파악, 핵심 개념(용어)을 사용하고 결정사항을 기록, 정보의 순서(흐름) 유지	정보 점검
촉진자	쟁점사항에 대한 집중 유도, 참여 유도, 시간 사용 점검, 순조로운 의사일정이 되도록 방법과 절차 제안, 제안된 아이디어 보호	의견, 방향 제시
과정 관찰자	회의 과정, 임무할당에 대한 관찰, 팀 활동에 대한 내부 감사 기능	정보 점검, 평가, 비평
의장	전문성과 사고능력을 바탕으로 일정에 따라 회의 진행, 회의 진행 방법 변경에 대한 권한 보유	조정, 진행
정보 제공자	새로운 아이디어 제안, 문제 진단 및 상세 정보 제공	자료 배분/준비

4.2 팀 운영

상대방의 입장을 배려하고, 구성원 모두를 존중하는 데에서 팀워크team work가 발현된다. 열린 마음은 내가 지니지 못한 능력과 장점을 상대방에게서 발견하고 내게 꼭 필요하며 소중한 존재로 인식하게 한다. 혼자 추진할 때보다 팀 활동에서 더 큰 결실을 이루어내는 희열을 얻는다. 아울러 열정적인 역할 수행과 서로에 대한 존중심을 끌어내 두터운 신뢰감이 형성된다.

팀워크가 제대로 발휘되기 위해서는 자신의 역할을 적극적으로 수행하여 구성원들로부터 진정한 팀원으로 인정받을 수 있어야 한다. 서로 동일한 가치와 목적을 추구하는 동반자라는 인식과 함께 구성원 인격을 존중해야 한다. 무엇보다도 무시하거나, 뽐내거나, 험담하지 말아야 한다.

또한 공동의 목표를 추구하며 함께 일하는 능력이 필요하다. 이는 평범한 사람들이 협력하여 특출한 결과를 이루어 낼 수 있는 바탕이 된다. 팀워크 강화를 위해서는 자기보다 팀에 초점을 맞추어야 한다. 예를 들어, 축구에서 한 사람 스타플레이어의 활약보다는 선수 모두가 승리를 위해 적절한 순간에 더 쉽게 골을 넣을 위치에 있는 동료에게 패스를 하는 팀플레이 정신이 필요하다. 제 아무리 뛰어난 개인도 단합된 팀을 이길 수는 없다. 남극 대륙의 펭귄도 우리에게 팀워크란 무엇인가를 가르쳐 준다. 펭귄은 무리지어 있지 않으면 죽게 되므로 수천 마리의 수컷 펭귄들은 함께 몸을 움츠리고 서로의 체온에 의지해 혹독한 추위를 견뎌낸다. 또한 번갈아 가면서 무리 바깥쪽에 위치하여 안쪽에 있는 펭귄들이 잠을 잘 수 있게 한다.

팀워크를 위해 필요한 추가적인 사항으로는 팀원들의 역할 인식, 서로 이해하고 신뢰하는 관계, 친근감 공유 등이 있다. 아울러 공동의 과제를 수행하기 위해서는 서로 쌍무적 관계라는 점에 대한 인식과 함께 긴밀한 연락 체제 구축이 필요하다고 하겠다(표 4.3).

표 4.3 팀워크 유지에 긴요한 사항

핵심 사항	관련 내용
공동의 목표	팀원이 공유하는 팀의 목표
역할 인식	팀원 간 연관성 인식
이해와 신뢰	상대방 개성의 존중
쌍무적 관계	협력에 의해 팀이 유지된다는 점을 인식
연락체제 구축	필요한 정보 공유

팀워크를 위해서는 다양한 활동이 이루어지지만, 그 중에서 비중이 큰 것이 회의이다. 표 4.4는 팀 활동 과정에서 보는 단계별 회의 진행 절차이다.

팀 과제는 무수한 회의를 거쳐 추진된다. 회의 진행은 동의, 재청, 개의, 재청의 과정으로 진행한다. 동의(move, motion: ~ 의견을 의결할 안건으로 올린다) ➡ 재청(second: 안건으로 올리는 것을 찬성한다) ➡ 개의(amend: 올린 안건을 변경하여 다시 올린다) ➡ 재청….

표 4.4 단계별 회의진행

구분	세부 진행
회의 전	1. 적당한 시간과 장소를 정한다. 2. 회의소집 전에 회의의 목적을 확실하게 정한다. 3. 미리 논의할 내용(agenda)을 작성하여 나누어 준다. 4. 회의시간을 제한한다(90분 이내).
회의 중	6. 정시에 시작한다. 7. 참석자를 확인하고 기록한다. 8. 지난 번 회의록을 읽고 통과시킨다. 9. 지난 번 추진사항(action item)에 대해 추진 결과를 점검한다. 10. 토의사항은 차례대로 토의하고 의결이 필요한 것은 의결한다. 11. 동의 또는 개의 안건에 대해 토의를 거치고 의결을 한다. 12. 회의 내용을 요약하고, 다음 회의 때까지의 추진사항을 정리한 다음 회의를 마친다.
회의 후	13. 서기는 회의록(예시 표 4.5)을 작성하고 의장의 결재를 얻은 후 참석자 전원에게 배부한다. 14. 진척사항을 확인하고, 결정사항이 제대로 실행되었는가를 조사한다. 15. 회의목표 달성 여부를 점검하고 그렇지 못한 경우 언제 다시 회의가 가능한지 파악한다.

4.3 고려사항

협력학습collaborative learning 또는 학습공동체learning community라는 학습기법은 다수가 어울려 진행하는 방식으로서 1980년대 미국 초중고에서 유행한 바 있다. 1990년대에 들어 이 학습법이 점차 대학으로 확산되었는데 이는 혼자 공부하기보다 협력하여 학습하는 방식이 더 효과적이었기 때문이다. 팀 활동은 이제 실험이나 프로젝트 수행에 적용되는 단계를 뛰어넘은 것 같다. 이를테면 함께 모여 숙제를 하는 것부터 학기말 시험을 팀 단위로 치르는 사례까지 보고되고 있다.

팀 단위 학습의 장점은 다양하다. 팀 단위 보고서는 개개인이 준비한 것보다 훨씬 높은 품질을 나타낸다. 팀 단위 시험에서는 장터처럼 시끌벅적하면서 생동감과 에너지로 넘쳐나게 된다. 숙제나 프로젝트를 팀 단위로 받게 되면 교수가 다룰 과제물 양이 대폭 줄어드는 측면도 있다.

효과적인 팀을 만들기 위해서는 다음 몇 가지를 먼저 고민하여야 한다. 예컨대, 팀의 규모, 팀원 선택, 과제 평가, 평가방식(상대, 절대), 팀 활동에 대한 성적 반영비율 등이 그러한 것들이다. 이들은 각각 해결하는 방식이 다양하며 그 내용은 다시 팀 활동에 영향을 미친다. 현재로서는 이들에 대한 절대적인 기준이 없는 만큼 학습 내용, 교육 목표에 따라 다양한 선택이 열려 있다고 본다.

팀의 규모

팀 구성에서 팀 규모 결정은 매우 중요하다. 구성원이 많아지면 팀을 관리하는 부담이 줄어들지만 교육효과도 함께 줄어들게 마련이다. 팀워크는 구성원들 사이의 상호작

표 4.5 회의록 작성 예

회의명칭

장소:

일시:

1. 참석대상자: 이름, 소속, 전화, 이메일주소
2. 회의일정: 시간별 일정 및 일정별 주관자 기록
3. 지난 회의록 채택: 지난 회의록 첨부
4. 지난번 추진사항 및 추진결과 확인
5. 토의사항 #1
   토의사항에는 단순히 보고하는 사항 및 토론 후에 의결을 해야 하는 사항이 있다.
   참고자료는 첨부하고 여기에 〈별첨자료 #1〉과 같이 번호를 매김(회의일정 본문에 〈별첨자료 #1〉 참조로 기입)
6. 토의사항 #2 …
7. 기타 토의사항
   참석자들이 회의 종료 전에 토의에 부치고자 하는 사항들
8. 추진사항 정리
   다음 회의 때까지 누가 언제까지 무엇을 할 것인지를 정리
9. 회의종료 선언
   회의록 작성, 결재 및 배부(회의 시작 전에 회의록 작성 책임자를 미리 지정)

용의 결과로서 한 사람이 효율적인 관계를 맺을 수 있는 상대 수는 한계가 있다. 30~40명이 한 팀을 이루도록 하는 예도 있지만 설계과제나 숙제를 하는 경우 4~5명이 일반적이다.

예컨대 2명으로 구성된 팀은 매우 높은 학습 효과를 볼 수도 있으나, 팀 구성원 사이에 의견차이나 성격차이와 같은 문제가 생길 경우 해결이 불가능한 상황이 되기 쉽다. 따라서 중재 역할을 할 수 있는 제삼자가 필요하게 된다. 5명 이상이 되면 일반적으로 안건agenda에 대한 합의 및 공동 일정을 잡기 어려워 효율적인 팀 운영이 난관에 부딪히기 쉽다(표 4.5).

구성원 결정

팀 구성은 쉽지 않은 과제이다. 학생들이 자율적으로 정하면 교수의 부담이 없지만 교수가 정해주는 팀이 더 효과적이라는 연구결과도 보고되고 있다.

자율적으로 팀을 구성하면 친한 친구 중심으로 모여 구성원 중 한 명이 제 몫을 하지 않아도 눈감아 주는 일이 일어난다. 구성원의 수를 맞추기 위해 친구 아닌 다른 학생이 한 명 추가될 경우에는 따돌림이 발생하기도 한다. 팀에 여학생이 한 명인 경우 소외당하거나, 연락 담당이나 보고서 작성 등 보조 역할을 맡는 경우도 많다. 공부 잘하는 학생들이 같은 팀을 이루면 학업이 뒤쳐진 학생들은 처음부터 불리한 입장에 놓이기 쉽다.

팀 구성에서 특별한 고려 사항은 학생들의 학습능력과 성별이다. 여러 학과 학생들이 듣는 경우 학과 소속, 여러 학년 학생들이 듣는 경우 학생들의 학번(또는 나이)도 고려 사항이다. 남학생이 많은 수업에는 어느 팀에도 여학생이 외톨이가 되지 않도록 배려하여야 하고, 여러 학문분야가 참여하는 팀워크 경험이 중요하면 각 팀에 여러 학과 소속 학생들이 구성원을 이루게 한다. 다만 팀워크에 상당한 시간이 필요한 경우 교수가 정해준 팀 구성원들은 만날 수 있는 시간을 내기 어렵게 될 가능성이 크다. 이런 경우 학습 효과를 약간 손해 보더라도 학생들의 의견을 참고하여 구성원을 바꿔줄 필요가 있다.

팀원 성향이 비슷하면 의사소통이 쉽다는 장점이 있지만 너무 쉽게 주류 의견에 휩쓸

릴 우려가 있다. 그 반대로 다양한 배경을 가진 팀은 창의력이 요구되는 과제에 적합하지만 의견 수렴이 어려울 수도 있다. 이처럼 팀 구성 단계에서 활동수준이 결정될 가능성이 있다. 팀 규모나 구성원 결정은 다양한 기준이 존재하는 점과 한 학기 이내에서 운용이 마무리되는 점을 감안하여 유연한 접근을 권장한다.

팀워크 평가

효과적인 팀 활동을 끌어내려면 공정한 팀워크 평가가 필수적이다. 평가기준 설정은 교수의 권한이지만 팀 활동을 극대화하기 위해서는 지속적인 점검이 요청된다.

평가비중

팀워크가 요구되는 과제물의 평가비중이 20% 이상이면 학생들은 그에 관련한 팀워크 경험을 높게 평가한다는 연구 결과가 있다. 이는 평가비중이 20%에 미달하면 학생들이 과제물에 신경을 쓰지 않게 된다는 의미이다. 반대로 평가비중이 20%를 훨씬 웃돌면 학점이 다른 학생들의 실력이나 능력, 태도에 크게 좌우되어 조그만 대인관계 마찰도 큰 문제로 발전하기 쉽다. 이처럼 평가에 무신경한 것이나 지나치게 신경을 쓰는 것은 모두 문제라고 하겠다.

참여도

팀 활동에 참여하지 않는 구성원이 없도록 팀 멤버들끼리 참여도를 평가하는 방법도 있다. 이를 이용하여 팀 멤버들의 평가에 따라 성적을 차별화할 수 있다. 다만 이러한 내부 평가방식은 팀워크를 저해하는 요소가 될 수 있다는 점을 염두에 두어야 한다. 신뢰감을 유지하는 방안으로서 동료평가 대신 중간 보고서를 작성(역할 분담)하도록 하여 모든 학생들의 참여를 유도하는 방안도 있다. 프로젝트인 경우 학생들이 돌아가며 발표를 진행하거나 즉석 질문을 받게 한다[2]. 이 과정을 거치면 프로젝트에 100% 참여하지 않은 학생은 통과가 불가능하게 된다. 이는 팀워크의 학습 효과를 얻기 위해 개별적 책임을 지게 하는 방식이다.

상대평가

팀워크를 만들어가는 단계에서는 지나치게 상대평가를 강조하지 않는 편이 좋다. 이는 팀워크가 작동하기 위해서는 팀원들이 서로 긴밀하게 협력하여야 하기 때문이다. 팀 활동 초기에 자신의 성적이 상대적으로 낮게 평가될 거라고 생각하면 성심껏 협력하지 않게 되는 문제가 발생하기 쉽다.

4.4 실습활동

제4장의 실습활동은 과제수행을 위한 팀 구성(이미 구성된 시점이라면 팀에 대한 제반 내용)과 프로젝트 1 주제를 포함한다. 효과적인 팀 활동을 위해서는 팀을 운용하는 각종 규칙이 필요하다. 효과적인 규칙의 제정과 운용은 팀 활동의 수준을 결정한다. 학기 초반에 제정된 각종 규칙들은 고정된 것이 아닌 만큼 운용과정에 내용을 보완하고 추가하는 노력을 지속하여야 한다.

실습활동 4-1 (팀 구성: 보고서 제출과제)

팀 운영을 위해서는 각종 규정이 필요하다. 다음과 같은 팀 프로젝트 진행에 필요한 사항들을 토의하고 요약 발표하라.

- 팀 기본 규칙
- 임무목록
- 시간계획
- 회의록
- 기타 사항

실습활동 4-2 (프로젝트 1 주제 결정)

다음 판정기준에 따라 팀 단위로 프로젝트 1 주제를 압축하고 분반 주제를 최종 결정한다.

- 창의성
- 경진대회 요건
- 수행 절차
- 평가 방법
- 소요 경비
- 기타 사항

(가능하면 분반 단위로 하나의 주제를 선택하여 경진대회로 운영되도록 유도함)

참고문헌

[1] 이경우, 김병재, 이태희, 황농문, 한송엽, 공학문제 해결입문, 시그마프레스, 2006.

[2] 윤치영, 화술 노하우 총정리, 책이있는마을, 2006.

CHAPTER 05

공학윤리

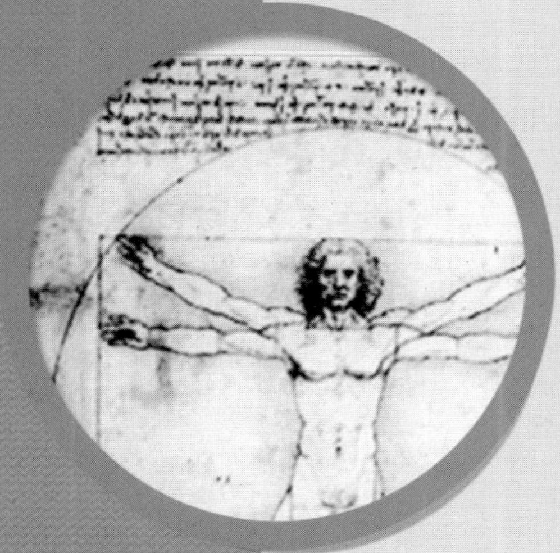

공학윤리는 엔지니어라면 반드시 이해하고 지켜야할 덕목이자 기본 소양이다. 이 장에서는 공학기술과 관련된 사고사례, 설계기준, 예방윤리, 정보공개, 의사결정, 내부고발, 윤리강령 등을 다룰 것이다. 아울러 실습활동으로서 윤리헌장을 작성한다.

강의진행

1교시	교과내용소개, 실습활동(5-1)
2교시	실습활동(5-2, 프로젝트 1 준비), 발표(5-2)

고도화된 기술을 통제하지 못한 결과 각종 사고가 발생하였는데 이러한 재난을 겪으면서 우리는 엔지니어들의 책임의식이 중요하다는 것을 깨닫게 되었다. 지난 세기 내내 지속된 개발을 강조하는 공학기술 흐름은 많은 윤리적 문제들을 일으켰고 더 이상 방치하기 어려운 상황에 이르렀다. 공학윤리는 이러한 공학기술 관련 문제를 예방할 수 있는 방안으로 여겨진다. 또한 인류 구성원으로서 반드시 갖추어야 할 기본 덕목으로 평가받고 있다.

5.1 도입배경

20세기 들어서 새로운 공학기술에 바탕을 둔 건물, 시설, 제품 등이 무수히 출현하였다. 그 결과 인류의 삶은 윤택하고 편리하게 바뀌었지만 삶의 환경이 복잡해지면서 대형 사고가 증가하였다. 특히 사회 시스템과 관련된 사고는 종종 심각한 사태로 발전하곤 하였다. 대규모 시설들이 노후화하면서 이런 경향은 점점 잦아지는 경향을 보인다. 이제 세상은 엔지니어들에게 설계, 제조에서 수리, 폐기에 이르는 모든 지식과 정보를 다루고, 시설들이 사회에 악영향을 미치지 않게 하는 윤리적인 판단능력까지를 요구하고 있다.

사고나 불량품에 의한 피해가 발생한 다음에야 안전성 문제는 주목을 받는다. 지금까지 사고가 발생하면 경영 또는 관리운영에 책임소재를 물었지만 엔지니어의 윤리를 문제시하는 경우는 드물었다. 그러나 이제 경영자나 관리운영 책임자뿐 아니라 엔지니어도 윤리적인 책임을 지녀야 한다는 인식이 대두되고 있다. 실제 엔지니어와 경영자는 다음과 같이 뚜렷한 사고방식의 차이를 보인다[1].

- **엔지니어의 사고방식**: 품질과 안전성에 대한 관심이 크다. 직업에 대한 소속감과 조직에 대한 충성심을 보이며 윤리기준을 준수하며 살아간다는 자긍심이 강하다.

- **경영자의 사고방식**: 품질과 안전성을 비용과 시장성 등의 요인과 비교 검토하고 거래조건을 생각한다. 재정, 계획, 공공 이미지, 종업원의 사기, 조직 운영, 고객 만족도, 마케팅 전략에 더 큰 관심을 갖는다.

의사결정이 대립되면 경영자가 엔지니어의 의견을 무시하는 일이 발생하곤 한다. 공학기술이 고도화되면서 윤리적인 판단이나 엔지니어의 의견은 기업의 미래를 결정짓는 경향을 보인다. 점차 엔지니어는 안전과 전문 윤리에 관련한 내용 그리고 경영자는 조직의 건전성에 영향을 주는 내용으로 판단과 결정이 이루어지고 있다.

공학기술이 선진화된 미국과 일본 등에서 공학윤리교육은 공학인증의 필수요소이다. 공학윤리는 미국에서 최초로 엔지니어교육의 일환으로 연구가 이루어졌는데 공학인증협회Accreditation Board for Engineering and Technology, ABET 활동이 대표적인 예이다. ABET는 미국전문기술인협회NSPE가 1981년에 책정한 기술자의 윤리강령을 기초로, 공학교육의 교과과정에 윤리교육을 도입하였다[2]. 한국공학교육인증원Accreditation Board for Engineering Education of Korea, ABEEK도 필수 학습성과 중 하나로 엔지니어로서의 직업윤리와 사회적 책임을 이해할 수 있는 능력을 명시하고 있다[3].

5.2 각종 사고사례

공학기술이 발전하면서 엔지니어 한 사람이 일을 전담하는 경우는 찾아보기 어렵게 되었다. 보편적으로 엔지니어는 기업의 구성원으로서 일을 분담하고, 조직에 대해서 헌신한다. 이윤추구가 목표인 기업도 21세기 들어서면서 사회적 책임과 도덕적 관점을 엄격히 평가받고 있다. 해당 전문분야에서 자신이 만든 시설물 및 제품의 안전성에 관한 판단을 하는 주체로서 엔지니어는 고객의 요구와 기업의 목표가 상반되는 경우가 생긴다. 이때 올바른 판단을 하기 위해 공학윤리에 대한 소양이 요구된다. 그러한 내용으로는 전문지식, 정보력, 적절한 판단력, 윤리관과 함께 안전에 대한 책임감 등이 있다.

엔지니어는 제품이나 시설의 설계에서 폐기에 이르는 전 사이클에 걸쳐 안전성과 함께 환경에 미치는 영향을 고려하여야 한다. 일반적으로 하나의 원인만으로 사고가 일어나는 경우는 드물고 여러 원인이 동시에 혹은 연속적으로 겹쳐서 큰 사고가 발생하곤 한다. 위험요소가 없는 시설물을 만드는 것은 불가능할지 모르지만 끊임없이 위험요소를 줄이는 노력을 지속하여야 한다. 궁극적으로 엔지니어는 자신의 업무가 좋은 상태보다 더 좋은 상태, 더 좋은 상태보다 가장 좋은 상태에 도달하게 하는 윤리의식의 실천이 필요하다.

포드자동차 사고

1978년 미국 캘리포니아 법원은 포드자동차 회사에 1억2,500만$에 달하는 배상금 지급을 명하였다. 당시 오일쇼크가 발생하여 연비가 좋은 자동차를 찾는 소비자가 많아졌다. 포드자동차는 소형승용차 '핀토'를 출하하여 인기를 끌었다. 그러나 캘리포니아에서 추돌하여 연료탱크가 폭발하는 사고가 발생하였다. 화재로 인해 17세 소년이 전신에 큰 화상을 입자 그 가족은 포드자동차 회사에 손해배상을 요구하는 소송을 제기한 것이다.

포드사는 기존 대형차와는 전혀 성격이 다른 소형차를 설계하는 과정에서 연료탱크의 안전성을 고려하지 않고 대형차의 설계기준을 그대로 답습하였다. 원고는 이러한 문제가 추돌과정에서 화재를 발생시킬 위험성을 내재하고 있었다고 주장하였다. 재판과정에서 판매초기에 연료탱크의 잠재적 결함을 알고 있었지만 안전대책을 태만한 점이 부각되었다. 재판과정에서 해직당한 부사장이 원고 측 증인으로 등장하여 포드사에 불리한 증언을 하였다. 그 내용은 결함이 있는 자동차를 회수하여 안전대책을 취하는 것보다 피해자에게 배상금을 지불하는 편이 경제적으로 이득이라는 것이었다. 이에 분노한 배심원들이 통상의 손해 배상에 징벌을 더해 큰 금액이 된 것이다. 그러나 최종 판결에서 손해배상금은 700만$로 조정되었다.

챌린저호 사고

챌린저호 사고는 관리자와 엔지니어의 권한이 충돌할 경우 어떻게 대처하여야 할 것인가에 대한 많은 문제를 제기한 경우였다[4]. 1986년 1월 28일 미국 우주왕복선 챌린저호가 10번째 발사 후 13초 만에 폭발하며 7명의 승무원이 사망하는 비극이 발생했다. 사고조사위원회의 발표에 따르면 사고의 원인은 주엔진에 부착된 두 개의 고체로켓부스터를 조립하기 위해 끼워 넣은 O-링ring에 있었다. O-링의 공급을 담당했던 모톤치오콜사의 Roger Boisjoly를 비롯한 몇 기술자들은 기온 12℃ 이하에서 O-링이 탄성을 잃는다는 점을 지적하면서 28일 발사시각의 예정기온은 영하 3.3℃이었으므로, 발사를 중지 혹은 연기해야 한다고 NASA에 권고했다.

NASA는 중지 권고를 받자 발사를 연기하지 않기 위해서 모톤치오콜사측에 데이터 재검토를 지시했다. 그러자 모톤치오콜사는 내부회의를 거쳐 발사중지 권고를 철회했고, 기온 12℃ 이하에서의 발사에 문제없다고 표명했다. NASA는 이것을 받아들였고, 다음날 아침 케네디우주센터에서 7인의 승무원을 태운 챌린저호가 발사되었다. 엔진이 점화된 직후 오른쪽 고체로켓부스터 접합부에서 연소가스 누출을 나타내는 검은 연기가 기록카메라에 포착되었다. O-링이 낮은 온도로 인해 탄성이 줄어들자 그 틈으로 새어나온 고온·고압 연료에 불이 붙은 것이다. 고체로켓부스터는 발사 후 2분 뒤에 분리되므로 그대로 2분만 버텨준다면 무사히 발사될 수도 있었다. 그러나 발사 59초 후 생긴 오른쪽 고체로켓부스터의 불꽃이 73초 후에 액체수소 연료탱크로 옮겨 붙으면서 챌린저호 본체가 압력을 이기지 못하여 그대로 공중 분해되는 대폭발이 발생하여 챌린저호와 함께 승무원 7명의 생명도 일순간에 사라졌다.

고위 관리자들은 O-링 같은 사소한 부품을 수용 가능한 위험으로 본 것 같다. 실제 엄청나게 많은 부품이 들어가는 우주왕복선이 수용할 수 있는 위험목록은 책 6권 분량이나 될 만큼 방대하다. 우주왕복선이라는 대규모 시스템 내에서는 언제나 수용 가능한 위험이 존재하며, 발사위험에 관한 논쟁은 NASA에서 일상적이었기에 그다지 큰 위험요소가 아니라는 결론을 내린 것이다. 거기에는 NASA 나름의 판단 근거가 있었다.

이전의 발사에서 기온과 O-링의 이상관계가 명확히 입증되지 않았다는 것이 첫 번째 이유였다. 또 O-링은 이전까지의 발사로 인해 어느 정도 손상돼 있었지만 손상의 정도가 30% 정도로 낮아 앞으로도 3배의 여유가 있다는 판단을 내렸었다. 당시 챌린저호의 임무는 인공위성의 궤도 투입을 비롯해 핼리혜성의 관측, 우주에서의 원격 강의, 기타 과학실험 등이었다. 그런데 며칠 후면 핼리혜성이 태양 뒤로 사라질 예정이어서 발사를 더 이상 늦추기 어려웠다. 발사가 계속 연기되면서 우주원격강의 계획도 차질을 빚고 있었으며, 그날 밤 레이건 대통령의 연두교서 연설에서 챌린저호에 관한 언급이 예정되어 있어서 발사일정을 더 이상 미루기가 매우 어려운 상황이었다. 이런 복합적인 요인이 더해져 NASA는 안전의 문제보다는 비행 계획을 실행하는 것이 우선이라는 판단을 내리게 된 것이다.

고속열차 사고

대중들이 이용하는 도로, 철도 등은 일상생활과 경제발전에 필수적인 시설들이다. 이들은 신속함, 편리함, 대량운송을 추구하며 엄청난 진보가 지속되었다. 이러한 진보와 함께 사고 또한 크게 증가하고 있다. 2011년 2월 11일 한국 광명역에서 일어났던 고속열차 KTX 사고가 그 예의 하나이다. 차량 10량 중 뒤쪽 6량이 선로를 이탈한 사고로서 기술자의 '안전 불감증'이 빚은 전형적인 인재였다. 선로전환기 케이블 보수공사를 하면서 유지보수 매뉴얼을 무시하고 임의로 보수했기 때문에 일어난 사고였다. 사소해 보이는 너트 한 개가 제대로 조여지지 않아 분실되면서 '선로전환기 불일치 장애'가 발생하였고, 그 결과 KTX 탈선으로 이어진 것이다.

같은 해 7월 중국에서도 고속열차 사고가 있었다. 20m 높이의 고가다리 위에서 고속열차 간 추돌사고가 일어나 네 량의 객차가 다리 아래로 추락했다. 추돌사고의 원인은 앞 열차가 벼락을 맞고 급정차한 것을 모르고 10분 간격으로 뒤따라오던 열차가 추돌한 것이다. 이는 앞차가 천재지변으로 인해 서행중인 것을 뒤 열차에 알리는 통신체계가 작동하지 않아서 발생한 사고였다.

후쿠시마원전 사고

2011년 3월 11일 오후 2시 46분 일본에서 규모 9.0의 도후쿠 지진이 발생했다. 지진 진동을 감지한 후쿠시마에 위치한 원자력발전소(원전)는 자동적으로 1, 2, 3호기의 반응로를 정지시켰다. 4, 5, 6호기는 점검 차원에서 이미 정지된 상태였다. 그러나 원자로를 식혀주던 긴급 노심냉각장치가 작동을 멈추자 노심용융으로 인한 4개의 원자로가 차례로 폭발하면서 방사성 물질을 포함하는 기체가 대량으로 외부로 누출되었다. 그 이후 냉각장치를 대신해 뿌렸던 바닷물이 방사성 물질을 포함하여 바다로 방출되면서 해양오염 문제가 발생하였다. 운영사인 도쿄전력은 이러한 사고가능성에 대한 사전 대비가 부족하였다는 질타를 받았다.

한편 독일은 일본의 후쿠시마원전 사고를 목격하고 이를 교훈삼아 2022년까지 자국의 원전을 단계적으로 폐쇄하기로 결정하였다. 그 과정에 17명으로 구성된 '안전한 에너지공급을 위한 윤리위원회'의 역할이 컸다. 메르켈 총리는 원자로안전위원회와 윤리위원회에 원자력발전소의 기술적이고 윤리적 문제에 대한 검토를 의뢰했다. 윤리위원회는 원자력 전문가나 과학자가 아닌 종교지도자, 철학자, 교수, 정당관계자, 경제인, 시민단체 대표 등 각 분야에서 추천한 인사들로 구성되었다. 독일은 원전 가동에 대한 반대 또는 찬성의 문제가 아니라 윤리의 문제로 판단한 것이다. 원자로안전위원회는 지진, 홍수, 항공기 추락 등에 의한 예상 가능한 원전사고, 즉 기술적인 부분을 면밀히 검토하고 평가하였지만, 윤리위원회는 파생될 수 있는 윤리적인 문제를 검토하고 이 같은 결정을 내렸다. 이들 위원회는 2개월여 논의과정에서 10시간이 넘는 TV 생중계 토론을 포함한 치열한 토론 끝에 원전 폐기로 의견을 모으고 보고서를 제출했다. 기술적·정책적 결론을 넘어서는 '윤리적' 결론을 내린 것이다. 여기서 주목할 점은 원자력을 단지 기술적인 측면 이외에 윤리적 문제로 파악하는 건전한 양식이다. 각 위원회는 정치적 중립성이 철저히 보장되었다. 메르켈 총리는 자신과 정치적으로 반대쪽에 있던 전 환경부 장관을 윤리위원회 의장에 임명했다. 객관적으로 독립성이 유지되도록 각 분야 전문가, 과학자, 철학자들로 윤리위원회를 구성한 것이다.

고리원전 사고

한국에서도 원전과 관련해서 크게 우려할 수준의 사고가 다수 발생하였다. 2012년 2월 9일 고리원전 1호기에서 약 12분 동안 전원이 완전히 끊기는 사고가 있었다. 발전을 멈춘 계획예방정비기간 중 외부전원 공급이 갑자기 끊겼고, 비상디젤발전기마저 가동되지 않아 발전소 전원이 약 12분 동안 끊겼다. 그 결과 원자로에 냉각수를 공급하는 펌프가 작동되지 않아 원자로 잔열을 낮추기 위한 냉각수 순환이 이뤄지지 않았다. 잔열이 낮춰지지 않아 원자로 노심의 온도가 올라 3,000℃ 정도에 이르면 연료봉(우라늄) 등 노심 자체가 녹을 수 있었다.

일본 후쿠시마원전 사고는 전원 공급 중단으로 냉각 시스템이 작동하지 않아 '노심 용융'으로 인한 폭발이 발생한 결과였다. 전문가들은 일본과 달리 안전성에 문제가 없다고 했지만 이 사건으로 인해 원자력발전의 안전성에 의문이 제기되었다. 뒤이어 원전에서 사용하는 부품의 시험결과를 조작하여 납품한 사건이 발생하기도 했다.

5.3 사회적 책임

공학기술 관련 사고에서 엔지니어에게 책임을 묻는 일차적인 이유는 공학기술이 전문 영역이라는 점이다. 전문가 집단은 일반인보다 더 많은 보수와 함께 존경을 받는다. 이들은 관련 분야에서 독점적인 영향력을 행사하며 이에 상응하는 의무와 책임을 진다. 그것은 엔지니어들만이 관련 분야에서 인명과 관련된 사고를 일으킬 수 있는 가능성을 미리 파악하고 예방할 수 있는 방법을 제시할 수 있기 때문이다. 그래서 엔지니어는 고등교육을 받은 엘리트로서 그 사회적 책임이 일반인보다 커서 사회에 대한 책임이나 국민의 의무를 모범적으로 실천하는 높은 도덕성이 요구된다Noblesse oblige. 즉, 엔지니어는 사회에 대한 책임이나 국민의 의무를 모범적으로 실천하여야 하는 존재이다. 무엇보다도 엔지니어 한 사람의 잘못된 행동, 근시안적 생각, 엉뚱한 의사결정은 사회 전반에 큰 피해를 끼친다는 점을 기억하여야 한다.

전문가의 일반 특징

- 전문가는 관련 분야에 대한 지식과 기술을 보유하고 있다. 이들은 지식과 기술을 정규 교육을 통해 획득하며 관련 분야에 대해 전문적으로 판단할 수 있는 능력을 지닌다.
- 전문가들에게는 개인적인 이익을 넘어 공익을 위해 행동할 것이 요구된다. 한 사회가 특정한 조직에 전문직이라는 지위를 허용하는 것은 그 조직과 구성원들이 공익이나 사회복리를 증진하는 방향으로 지식을 사용할 것으로 보기 때문이다. 전문 서비스는 자격증을 필요로 하는 독점적인 것이다.
- 전문가는 일반인에 비해 자율성을 갖는다. 그 분야에 속한 사람들이 특정한 조직을 구성하여 사회로부터 일정한 자율성을 부여받는다.
- 전문가 집단은 회원의 권리 및 의무에 대한 규정을 보유하고 있으며 윤리강령을 제정하여 자신들의 활동이 공익의 증진을 목적으로 삼고 있다는 점을 명문화하고 있다.

엔지니어의 특징

엔지니어는 전문가로서 제시되는 조건을 대체로 갖추고 있다. 엔지니어로서 원활한 활동을 하려면 상당한 지식이 요구되며 적어도 4년 동안의 고등교육이 필수적이다. 또한 기술 분야별로 학회 혹은 협회를 구성하는데 그러한 조직은 회원의 권리 및 의무 규정을 갖추고 있다. 엔지니어는 다른 전문직과 구분되는 특수성도 지닌다. 예컨대 엔지니어로 활동하는 데 자격인증은 대개 필수적인 것이 아니다.

- 엔지니어의 활동에서 자격증이 담당하는 역할이 상대적으로 미미하다.
- 엔지니어가 피고용인으로 기업과 같은 조직체에 고용되어 있는 경우 자율성이 부족하다.

엔지니어와 안전

전문직에 종사하는 엔지니어들은 우리 생활의 모든 영역에 그 영향력을 행사하며, 엔지니어의 판단은 일상적인 안전시스템의 기초가 된다. 엔지니어는 대형사고의 위험을 사전에 인지하는 전문지식을 보유하고 있기 때문에 사회적 책임을 우선적으로 고려해야 한다. 엔지니어의 사회적 책임이 강조되는 이유는 엔지니어가 기술에 대한 문제와 특별한 관계에 있기 때문이다. 즉, 엔지니어는 기술과 관련된 사회적 논쟁에서 쟁점을 명확하게 할 수 있는 존재이다. 그리고 기술이 지닌 현재적·잠재적 위험을 발견하고 평가하는 데 가장 먼저 참여한다. 발생된 문제가 기술적인 것일 때 중요한 역할을 하는 사람은 그 분야 엔지니어이기 때문이다. 고객이나 의사 결정권자는 기술을 잘 이해하지 못하기 때문에 엔지니어의 의견에 의지할 수밖에 없다. 이처럼 기술적 문제해결에 있어서 특정 분야의 엔지니어는 그 역할이 막중하다.

엔지니어의 사회적 책무

엔지니어는 각종 기술적인 문제를 해결하는데 대안을 제안하고 탐구할 수 있는 능력을 지녔다. 문제해결을 위해서는 정확한 문제제기, 원인분석, 이에 기반을 둔 적절한 해법을 제시하면 의사결정권자들이 이를 시행하게 된다. 엔지니어는 전문적 판단을 행사하고 직무수행 과정에서 요구되는 절차를 존중하며, 공익과 사회적 책임에 대한 도덕적 의무를 갖는다. 또한 자신의 양심이 명하는 바를 따라서 거부권을 행사하거나 불가피하다고 판단되면 폭로의 방식도 선택해야 한다. 이와 같은 분위기가 조성될 때 엔지니어는 전문적 견해를 두려움 없이 피력할 수 있으며, 그로 인한 위험을 효과적으로 관리할 수 있다.

5.4 과학기술과 윤리

과학기술 분야에서 대학교와 같은 고등교육을 마친 사람이나 과학기술 관련 직종에 종사하는 사람이 직면한 윤리의 범위는 넓지만 다음과 같이 직면한 현실적인 문제로 범위를 한정해서 윤리를 생각해볼 수 있다. 연구과제의 수행이 얼마나 윤리적으로 이루어졌는가의 문제이다.

연구결과의 객관성 윤리

계획된 연구결과를 사실에 근거해서 정리하고 해석하는 문제이다. 정확하고 올바른 방법으로 충분한 주의를 기울여 연구를 수행한 결과를 발표해야 한다. 의도적인 결과를 얻을 목적으로 속임수나 부주의를 용납해서는 안 된다. 물론 실수나 자기기만self-deception 등으로 인해 엉뚱한 연구 결과를 내놓아서도 안 된다. 특히 연구과정에서 데이터 혹은 이론을 날조 및 변조하거나 남의 결과를 표절하는 기만행위fraud를 해서도 안 된다.

연구결과 발표 시 저자 표시authorship 윤리

중요한 연구결과를 전문 학술지에 논문의 형태로 발표하고 그 내용에 대해서 인정받는 것은 연구 활동에서 매우 중요하다. 연구업적을 인정받기 위해서 연구결과를 얻는데 실질적인 기여를 한 사람은 한사람도 빼지 않고 저자로 표시해야 한다. 대학원생 등 연구결과를 얻기까지 기여한 정도에 따라 공로를 합당하게 배분하고 이에 따라 저자로 표시하여야 한다. 또한 연구에 실질적으로 기여하지 않은 사람을 저자로 표시하는 것은 문제가 있다.

실험실내의 위계질서 윤리

교수와 학생, 또는 회사의 연구실에서 직급에 따른 연구자의 상하관계에서 발생할 수 있는 다양한 상황에 대처하는 과정에서의 윤리문제다. 연구원의 참여, 연구비 및 실험재료 등의 배분 및 사용, 실험실 안전교육 및 관리 등에 있어서 윤리적인 문제가 쟁점이 되지 않도록 부당한 명령과 복종이 없어야 한다.

과학기술자의 사회적 책임

전문직업인으로서 일반인보다 더욱 엄격한 기준으로 사회적인 책임을 다해야 한다. 정부지원과 같은 공공연구비를 이용한 연구에서 연구비를 합당하고 적절하게 사용해야 한다. 사회적인 공감대를 형성하기 어렵거나 공공성에 반하는 산업적인 연구를 해서는 안된다. 사회 전체가 직면한 중요한 문제에 관해 책임있게 발언하고 독립적인 조언을 제공할 책임이 있음도 명심해야 한다.

생명공학 분야 연구에 대한 윤리의식

생명공학의 발달과 더불어 제기되는 부분이다. 이는 인체 실험의 경우 사회적·윤리적으로 용인될 수 있는 연구인지, 그리고 피실험자와 충분한 정보에 의한 동의informed consent가 이루어졌는지가 중요하다. 동물 실험에 관해서는 실험동물에 대한 주의와 배려가 충분히 기울여졌는지가 중요하다. 유전자치료와 관련된 우생학적 쟁점, 인간유전자 특허, 인간유전정보 및 프라이버시에 대한 인권 문제 등 최근에 생명공학 분야에서 깊이 생각해야 할 다양한 윤리적 쟁점들이 부각되고 있어서 윤리의식을 가져야 한다.

5.5 공학기술과 윤리

공학기술을 기반으로 건설된 철도, 교량, 대형 건물 등 인공시설물이 인류의 생활환경을 이루고 있다. 그러나 인류의 복리향상에 공헌하고 있는 이러한 시설물들이 우리에게 위해를 가해서는 안 된다. 그래서 이 시설물을 설계하고, 건설한 엔지니어는 사회에 대해서 사람들의 안전과 건강을 지킬 의무가 있다. 즉, 시설물의 설계나 제조에 있어서 실수는 시설물을 주문한 사람뿐만 아니라 이를 사용하거나 소비하는 불특정다수의 일반인에 대해서 해를 끼칠 가능성이 있고, 그 해가 시간차를 가지고 일어날 가능성이 있기 때문이다. 엔지니어는 시설물 이용자의 입장에서 안전성을 생각하고 인간으로서 갖추어야 할 기본 윤리를 돌아보아야 한다.

정확한 진단

엔지니어가 문제를 잘못 이해하거나 해법을 잘못 제시했을 때, 일반인들은 효과적인 해결책을 찾을 수 없고 희생이 뒤따를 수 있다. 유능한 엔지니어일수록 문제 해결 과정에 집중하며 사실을 정확하게 알려줄 수 있다. 만약, 엔지니어가 문제해결에 관련이 없거나 오히려 방해가 될 수 있는 다른 정치적인 사안들을 고려해서 사실과 다른 표현을 해서 왜곡, 축소, 과장한다면 엔지니어가 능력이 없어서 해법을 잘못 제시한 것과 유사하게 좋지 못한 결과를 가져오게 된다.

정확한 전달

또한, 엔지니어는 문제의 정확한 진단과 적절한 해법을 있는 그대로 전달해 주어야 한다. 엔지니어가 아무리 정확하게 해법을 제시하여도 이를 최종적으로 선택, 결정, 집행하는 고객이나 의사결정권자가 자신의 책임을 회피하거나 부담을 피하려고 축소 혹은 왜곡하는 현상이 종종 발생한다. 이들의 입장에서는 잠재적 문제가 크더라도 심각한 문제가 표면에 드러나지 않고 봉합되는 것을 바랄 수 있기 때문이다. 그러나 현명한 엔지니어는 심각한 문제일수록 사실을 정확하게 전달하고 설득하며, 그에 적합한 대책을 세우고 지원을 받는 정상적인 방법으로 문제를 해결한다. 이 방법이 문제가 더 악화되지 않고 최대한 빠른 시일 내에 해결하는 길이다.

윤리적 접근

공학기술이 공학윤리와 결합하면 인간을 배려한 공학기술 시설물이나 제품이 출현한다. 일반버스 외에도 장애인을 배려하여 만든 버스가 있다. 같은 공학기술이지만 다른 사람에 대해 한 번 더 배려하면 사회적인 약자까지 포용할 수 있는 제품이 나온다. 즉 윤리적인 차원에서 한 번 더 생각하고 적용된 기술이 사회 전반에 큰 영향을 미칠 수 있다.

실제 공학기술과 공학윤리가 만났을 때 긍정적인 면만 있는 것은 아니다. 공학기술을 다룰 때 윤리적인 문제가 지나치게 부각되기도 한다. 인간복제 문제가 그러한 예라고 하겠다. 환자에게 새로운 장기를 이식시키기 위한 복제연구를 신의 영역을 침범하였다거나 윤리적 차원에서 개발해서는 안 되는 기술로 보는 관점이다. 이처럼 공학기술과 공학윤리가 조화를 이룰 때만이 시너지를 기대할 수 있다.

안전성을 위한 설계

어떤 제품이나 시스템이 안전을 해칠 위험요소를 내포하고 있다면 즉시 대응조치를 취하여야 한다. 또 의도되지 않은 결과로 인해 피해를 입지 않도록 하는 것도 필요하다. 그러나 100% 안전한 시설물이나 제품을 만드는 것은 매우 어려우며, 과도한 안전조치는 가격 인상 및 사용 불편이 뒤따르게 된다. 안전조치에도 부품의 안전계수를 높이는 방법, 실패했을 때 피해를 최소화하는 방법 및 잘못된 조작 가능성을 줄이는 방법 등 다양한 유형이 있다. 따라서 엔지니어는 자신이 직면한 위험요소의 성질에 따라서 필요충분한 해결책을 강구해야 한다. 엔지니어가 현장에서 윤리 문제에 부딪쳤을 때 어떻게 해결책을 찾을 것인지에 대한 윤리적 의사결정단계는 다음과 같다.

윤리적 의사결정 7단계(일리노이대, 마이클 데이비스)

① 윤리적 문제를 명확히 기술한다. (State problem)
② 사실 관계를 검토한다. (Check facts)
③ 관련 법령 및 윤리강령, 이해관계자 등을 확인한다. (Identify relevant factors)
④ 고려할 수 있는 방법을 개발하고 정리한다. (Develop list of options)
⑤ 대체 가능한 안을 검토한다. (Test options: Harm, Publicity, Defensibility, Reversibility, Colleague, Professional, Organization)
⑥ 취해야 할 행동을 결정한다. (Make a choice based on steps 1-5)
⑦ 1단계부터 6단계를 재검토한다. (Review step 1-6)

리스크를 고려한 설계

챌린저호 사고는 기술자의 인식 및 윤리적 태도가 위험 문제와 어떤 관련이 있는가를 보여주는 대표적인 예다. 일반적으로 공공의 복리에 관한 기술은 100% 안전한 것이 당연하고, 사고는 반드시 무엇인가의 부주의 때문에 일어난다고 하는 통설이 있다. 그러나 기술이 복잡해지면 100% 안전하다는 확실성은 있을 수 없다. 따라서 어느 정도의 위험을 감내할 수 있는지에 대한 판단이 필요하다. 챌린저호 사고는 O-링이 낮은 온도에서 어느 정도 위험한 것인지를 판단하지 못한 사례였다. 기술자는 시설물 및 제품의 구상 초기부터 다각적인 위험요소를 판단하여 설계에 반영해야 한다. 위험요소를 평가하기 위해서는 특유의 기술적 세부정보에 더해, 어느 정도의 위험요소를 고려해야 하는지, 위험요소의 중요성을 어느 정도 고려해야 하는지 등에 관해서도 논의해야 한다.

의도하지 않은 결과를 반영한 설계

의도하지 않은 결과unintended consequences에 대한 배려도 공학윤리에서 중요하다. 설계 단계에서 다루지 않는 환경, 사용법, 기술자의 주의를 기대하기 어려운 부작용 등이 여기에 해당한다. 챌린저호 설계에서 매우 낮은 온도에서의 발사를 고려하지 않은 것 등과 같은 것이다. 의도하지 않은 결과로서 자동차는 도입 초기 안전하고 편리한 운송수단으로 각광을 받았으나 그 수가 많아지면서 교통사고 증가, 교통정체, 배기가스로 인한 환경오염 등 예기치 않은 결과가 나타났다. 이런 결과 대부분을 불가항력적인 경우로 치부하지만 과연 그런지는 깊게 생각해 볼 일이다.

5.6 예방윤리

공학윤리교육은 기술자가 업무수행과 관련하여 발생할 가능성이 있는 결함이나 사고를 예방할 수 있도록 내재된 윤리적 문제를 예상하고 그에 대한 대처능력을 키우고자 하는 것이다. 기술자가 현장에서 발생할 문제들을 예방하고 그에 대한 대처를 하는 과정에 비용절감이나 공기단축 등과 관련하여 중대한 도덕적 선택에 직면할 수도 있다.

현실 사회에서 발생하는 악의적 행위 대부분은 보통사람들에 의해 저질러진다. 그들이 자포자기나 일시적 탐닉을 하면 도덕적으로 옳은 것을 인식하지 못하고 사회에 해가 되는 행동들을 일으킨다. 선해지려는 마음의 결심은 어린 시절에 형성되지만 무엇이 옳고 혹은 최소한 수긍할 만한 것인지를 깨닫기 위해 우리는 일생을 통해서 씨름한다. 적어도 책임 있는 엔지니어라면 윤리적 감수성과 심사숙고를 요하는 공학적 실천을 감당하여야 한다.

한국도 국제적 기준에 맞는 엔지니어를 교육하기 위해 공학인증제를 도입하면서 공학 프로그램들이 학생들에게 아래와 같은 윤리적 과제들을 다루고 있다.

예방윤리과제

- 엔지니어들은 전문 직업인으로서 자신들의 행동으로 인한 결과 특히 중요한 윤리적 차원에 관련한 결과를 미리 예측할 수 있어야 한다.
- 엔지니어들은 그러한 결과를 효과적으로 판단할 수 있어야 하며, 윤리적으로 무엇이 타당한지 결정할 수 있어야 한다.

5.7 정보공개

엔지니어의 사회적 책임이 강제되는 이유는 일반인에 비해 엔지니어는 전문적인 교육을 받았기 때문에 전문적인 지식을 보유하고 있거나 그것을 쉽게 확보할 수 있기 때문이다. 그리고 기술과 관련된 사회적 논쟁에서 쟁점을 명확하게 할 수 있는 위치에 있다는 점과 과학기술이 가지고 있는 현재나 잠재 위험을 발견하고 평가하는데 가장 먼저 참여할 수 있는 집단이라는 점을 들 수 있다. 또한 현재의 기술이 가지고 있는 문제를 회피할 수 있는 대안을 제안하고 탐구할 수 있는 능력을 가지고 있는 점도 빼놓을 수 없다.

미리 알리기만 해도 사고를 예방할 수 있었다면 이를 공개하지 않은 엔지니어는 무책임하며, 인간존중의 차원에서 도덕적 결함이 있다고 할 수 있다. 그래서 기술적인 정보공개는 공공의 건강과 안전을 지키기 위한 엔지니어의 의무가 되었다. 공공에 대해서 기술적인 거짓말을 하지 않고, 소속된 집단의 이익을 위해 필요한 정보를 감추라는 요구를 거절해야 하며, 기술적인 정보를 적극적으로 알려야 한다. 특히 위험요소가 있는 경우는 더욱 공공에 대한 기술정보 공개가 중요하다.

엔지니어는 일반적으로 기업에 소속되어 있으므로 항상 자유롭게 정보를 공개할 수 있는 입장은 아니지만 챌린저호의 사례에서 알 수 있듯이 전문직으로서의 의무를 잊지 말아야 한다. 대개의 윤리헌장은 안전, 건강, 재산, 공공의 복리가 위태로운 상황에서 엔지니어들의 전문적 판단이 무시당할 경우 엔지니어들은 고용주 혹은 적절하다고 생각되는 다른 권위자에게 알리도록 규정하고 있다.

5.8 의사결정

엔지니어가 사회적인 문제에 관한 의사결정에 적극적으로 참여하기란 쉽지 않다. 또 엔지니어라 할지라도 관련 정보를 충분히 확보하거나 이해하지 못하는 경우도 있다. 챌린저호의 경우는 우주비행사들이 의사결정에 참여할 기회도 없었고, O-링의 위험을 인지하지도 못하였다. 우주비행사나 일반인은 낮은 기온이 O-링에 미치는 영향의 심각성을 몰랐다. 이들에게 엔지니어가 충분한 정보를 제공한 후에 동의를 얻는 과정이 없었다. 그렇지만 알려야 할 정보를 의도적이건 아니건 알리지 않은 것은 전문가로서의 책임을 다하지 않은 것이다.

챌린저호 사고 예처럼 경영자와 엔지니어 간에 중대한 문제에 대한 의사결정과정에서 교육배경, 사회성, 의사소통, 관심사 등의 관점의 차이로 인해 의견충돌이 발생하는 경우가 흔하다. 엔지니어는 전문직의 책임 이행이 조직에 대한 충성심보다 더 크고, 공공의 안전, 건강, 공공복리 등을 우선시하며, 제품의 품질과 안전을 강조하다 보니 시야가 좁은 특징이 있다. 반면 경영자는 이윤추구가 도덕적 관심보다 높아서 이해가 상충될 때 적당한 선에서 타협trade-off하고, 의사결정과정에서 순수한 도덕적 요소를 배제하는 경우가 많고, 조직(동료와 상사)에 대한 충성을 강조하고, 조직 보호를 위해 책임한계를 모호하게 하거나 서류화를 피하는 경향이 있다. 특히 윤리적 의사결정을 방해하는 요인으로 사리사욕, 자기기만, 두려움(공포), 무지, 자기중심적이거나 미시적 시야, 명령의 무비판적인 수용, 집단사고 등이 있다.

5.9 내부고발

경영자는 경영상의 판단에 의해서 기술자가 납득하기 어려운 안전대책을 세우기도 한다. 이 경우에 엔지니어가 사회적 책임을 다하기 위해서 선택할 수 있는 하나의 방법이 내부고발whistle-blowing이다. 예를 들어 첼린저호 사고에서, 로저 보이스졸리Roger Boisjoly가 어떻게 해서라도 발사를 연기시켜야겠다고 판단했다면 O-링 문제를 일반에 공개해서, 외부로부터 모톤치오콜사나 NASA에 압력을 가하도록 하는 수단도 있었다.

내부고발은 일종의 도덕적 의무이지만 내부고발한 사람은 기업 내부에서 불리한 입장에 놓이게 되어 이를 엔지니어의 의무로 요구하기란 쉽지 않다. 대개의 공학윤리 관련 규정은 공공복리에 대한 의무뿐만 아니라 고용자에 대한 의무도 포함하고 있다. 그렇지만 공학윤리에서 내부고발이 중요한 것은 큰 사고를 미연에 방지하는 고발을 할 수 있는 사람은 관련 엔지니어뿐이기 때문이다.

부도덕한 상황에 대한 문제제기는 전문가로서 기본적인 의무다. 내부고발이 가능하려면 내부고발을 보호하는 법적·제도적 장치가 있어야 한다. 그러나 제도적 장치가 모든 문제를 해결하는 것은 아니다. 내부고발이 법적으로 보호를 받는다 하여도 현실적으로는 엄청난 고통을 겪게 된다. 따라서 내부고발은 다른 방법이 없는 상황에서 마지막으로 선택하는 것이다.

내부고발은 긴 안목에서 기업에 이익을 가져다준다. 포드사 핀토의 설계결함은 공공에 중대한 피해가 예상되었고 확실한 증거도 있었다. 그렇지만 엔지니어들은 자신이 속한 직무에서 중대한 결함을 발견하였을 때 공개적으로 의문을 제기하지 않았다. 가장 큰 이유는 그러한 행동의 결과 관련 기술자들이 고용이나 승진 등에서 불이익을 받게 될 가능성 때문이었다. 이처럼 문제를 해결할 수 있는 능력을 지니고 있어도 조직내부에서 해결하지 못할 때가 내부고발이 요청되는 상황이라고 하겠다.

내부고발의 의미

- 공익적이면서 윤리적인 행위
- 조직 및 공동체를 보호하는 행위
- 처벌이 아닌 포상의 대상
- 궁극적으로 사회를 유연하고 건강하게 함

5.10 윤리강령

엔지니어는 업무 특성상 올바른 행동 절차를 인식하지 못하거나 모르는 상태에서 윤리적 의사결정을 해야 하는 상황에 직면하게 된다. 이런 경우, 엔지니어가 윤리적으로 올바른 길을 따르고자 하더라도 윤리적으로 올바른 판단과 결정을 하지 못할 수도 있다. 엔지니어가 비윤리적인 행동을 하면 명예를 상실하고, 민·형사상의 소송 등을 초래할 수 있다. 또한 과학기술과 사회적 구조가 바뀌면서 수많은 윤리적 문제가 발생함에 따라 엔지니어가 지켜야 할 공학윤리헌장이 제정되기에 이르렀다.

윤리헌장code of ethics은 전문직 단체가 자율규제규칙과 같이 회원들이 공공이익을 위해 활동하게 하는 행위나 실무를 통제하는 일련의 원칙으로서 인성virtues, 권리rights, 의무duties, 임무obligations, 책임responsibilities 등을 포함한다.

윤리강령은 윤리헌장을 좀 더 구체적으로 회원들의 일반적 가치체계, 윤리원칙 및 규칙을 문서화한 것이다. 이는 회원들의 기본 행동방향을 명시하기 때문에 윤리헌장과 같은 의미를 갖는다. 단체에 따라서는 윤리규정, 행동헌장이란 용어를 사용하기도 한다. 전문직 단체들은 윤리헌장을 통해 자정능력을 가지고 있다는 점을 보여 사회로부터 신뢰를 얻고, 전문직의 지위를 강화시킨다. 이러한 의미에서 윤리헌장은 전문직이 사회와 맺는 묵시적인 계약에 해당한다.

윤리헌장은 직업적 의무와 권리의 방향과 수행과정에 대한 안내 및 기존의 윤리적 원리를 직업 실천에 적용할 수 있는 내용을 담고 있으며 주로 해야 할 일, 해서는 안 될 일, 해도 좋은 일, 안 해도 좋은 일 등이다. 윤리헌장은 지켜야 할 사안을 구체적으로 표현하고 세부 조문들이 명확해야 한다. 또한 조문이 서로 충돌하지 않고 논리적이어야 하며, 보편성을 지니고 그 순서도 중요도에 따라 체계적으로 정해져야 한다. 이와 관련하여 아래와 같은 국내외 전문가 단체의 윤리강령문안을 보기 바란다.

미국 NSPE 엔지니어 윤리강령 (1987년)[5]

NSPE 엔지니어 윤리강령은 전문, 기본 규범, 실천 세칙, 전문인의 의무로 구성되는데 여기에서는 전문, 기본 규범과 함께 전문인의 의무 골자만을 소개한다.

전문

공학은 중요한 학식을 요하는 전문직이다. 공학은 중요한 학식을 요구하는 전문직업이다. 전문직업인은 자신의 직무가 인류생활의 질에 직접적이고 매우 중대한 영향을 미친다는 것을 인식해야 한다. 따라서 기술자가 제공하는 서비스는 정직, 불편부당성, 공정함, 평등의 원칙에 부합해야 하며 대중들의 건강, 안전, 복지를 위해 수행되어야 한다. 기술자는 자신의 직무를 수행함에 있어서 대중, 고객, 고용주 및 전문 협회를 위해 윤리적으로 합당한 행동을 해야 한다.

기본규범Fundamental Canons 및 실천규정Rule of Practice

1. 기술자는 공공의 안전, 건강과 복리를 가장 중요하게 생각한다.
   a. 기술자는 항상 자신의 기본적 의무가 공공의 안전, 건강, 재산 및 복지를 보호하는 것이라는 것을 인식하고 있다. 그것이 위험하게 되는 상황에서 전문가로서의 판단이 곤란할 경우에는 자신의 고용주, 고객 등 이에 관한 권한을 가진 자에게 알린다.
   b. 허용된 기준에 비추어 공공의 건강, 재산 및 복지에 안전한 기술적인 서류만을 승인한다.
   c. 법과 본 강령과 고객 혹은 고용주의 사전 동의 없이는 자신의 직무 수행과 관련하여 알게 된 사실, 자료, 정보를 공개하지 않는다.
   d. 기술자는 타인이 자신의 이름 혹은 회사의 이름을 대신 사용하도록 허용해서

는 안 되며, 남을 속이거나 부정직하게 사업 혹은 전문 직무를 하는 것으로 보이는 회사 또는 개인과 업무를 제휴하지 않는다.

e. 기술자는 다른 기술자가 본 강령을 위반한 것을 알았을 때 요청되는 정보 및 지원을 제공하는 데 적절한 관계자와 협력한다.

2. 기술자는 자신이 할 수 있는 영역의 서비스만을 한다.

a. 기술자는 특정분야의 학력 혹은 경험에 의해 자격이 있는 직무만을 수탁받는다.

b. 기술자는 자신의 능력 밖의 직무에 관한 계획 또는 서류에 서명하지 않는다. 또한 능력이 있다 하더라도 자신이 직접 관장하지 않는 계획이나 서류에 서명하지 않는다.

c. 기술자는 프로젝트 전체를 조정하는 책임을 질 수 있고, 이 경우 프로젝트의 각 기술부분이 그 업무를 수행할 자격이 있는 기술자에 의해 서명으로 날인된 경우에만 전체 프로젝트의 기술적인 서류에 서명할 수 있다.

3. 기술자는 객관적이고 신뢰할 수 있는 공적 발언을 한다.

a. 기술자는 전문적인 보고, 발표, 혹은 증언을 함에 있어서 객관적이고 진실해야 한다. 기술자는 보고, 발표, 혹은 증언에 필요한 모든 관련 정보를 수집해야 하며 그것은 사건의 발생 시기에 대한 내용을 포함해야 한다.

b. 기술자는 어떤 사안에 관해 적절한 지식과 능력이 있을 때, 전문적인 의견을 공표할 수 있다.

c. 기술자는 이해 당사자로부터 의뢰를 받아 보수를 받은 업무에 관해, 이해 당사자의 명시적인 사전 언급이 있거나 기술자의 이해관계가 있는 경우 외에는 발표, 비판 혹은 논쟁하지 않는다.

4. 기술자는 전문인으로서 고용주나 고객에 대한 믿을만한 대리인 또는 수탁자로 행동한다.

a. 기술자는 자신의 이해관계와 고용주 혹은 고객의 이익이 상충된다는 것을 알고

있거나 그런 일이 예상될 때는 기술자의 판단 혹은 업무의 질에 영향을 미칠 수 있거나 미치고 있는 사정을 알림으로써 공개한다.

b. 기술자는 모든 이해 당사자의 합의가 있는 경우 외에는, 당해 프로젝트의 해당 업무 혹은 직접 관계된 업무에 관해 고객 외의 자로부터 금전적 보수 혹은 다른 형태의 보수를 받지 않는다.

c. 기술자는 고용주 혹은 고객에게 책임을 지는 다른 계약 당사자로부터 직접적 혹은 간접적으로 금전적인 대가를 요청하거나 받지 않는다.

d. 공공기관의 구성원, 자문인 혹은 피고용인으로서 공무를 수행하는 엔지니어는 자신이나 자신이 소속된 기관이 추천하거나 수행한 전문 업무에 관한 결정에 관여하지 않는다.

e. 기술자는 그가 속한 기관의 대표 혹은 임원이 정부기관의 일원인 경우 당해 정부기관과 전문업무의 계약을 하거나 계약요청을 하지 않는다.

5. 기술자는 기만적인 행위를 하지 않는다.

a. 기술자는 동료 기술자 및 그 외 제휴 기술자의 학력 혹은 자격에 관한 허위진술을 알고 그대로 전달하거나 수용하지 않는다. 기술자는 의뢰받을 업무와 관련하여 현재 수행하고 있거나 과거에 수행했던 업무에서 담당한 책임의 정도를 높이거나 과장하지 않는다. 또한 기술자는 업무의 의뢰 청구와 관련되는 자기소개에서 자신의 고객, 피고용인, 제휴자, 조인트 벤처 혹은 과거 실적에 관해 자신의 수행 능력을 높이 평가받기 위해 허위진술을 하지 않는다.

b. 기술자는 직접적이거나 간접적이라도 공공기관에 의한 계약의 낙찰에 영향을 미치려는 의도로 사회적 상례에 의해 낙찰에 영향을 미칠 것으로 여겨지는 상당한 금액의 정치적 헌금을 요청하거나 수령하지 않는다. 기술자는 일을 의뢰받기 위해 선물이나 기타 가치 있는 대가를 제안하지 않는다. 기술자는 일을 의뢰받기 위해 자신이 고용한 사람, 중개 허가를 받은 상사에게 지급하는 경우 외에는 커미션을 지급하지 않는다.

과학기술단체 총연합회 윤리강령[6]

제정선포: 2007년 4월 20일

한국과학기술단체총연합회, 한국과학기술한림원, 한국공학한림원, UNESCO 한국위원회

과학기술은 인류가 공유하여야 할 소중한 자산으로 인류 문명의 발전과 복지향상에 기여하여 왔다. 과학기술인은 과학기술을 발전시키는 전문직 종사자로서의 특권을 가질 뿐 아니라 그 책임 또한 크다. 따라서 과학기술인은 연구 및 지적활동을 수행하는 과정에서 진실성과 정직성을 전제로 하여야 한다. 그러나 치열해가는 경쟁 풍토, 과학기술연구의 산업과의 연계로 인한 이해상충의 증가, 사회나 정치권의 불합리한 학문연구 개입 등 과학기술 환경의 변화는 진실성과 정직성을 지켜야 할 과학기술인들로 하여금 그 품위를 유지하는 데 과중한 시련을 안겨주고 있다. 이러한 시대적 변화 속에서도 과학기술인은 진실하고 보편적인 행동규범을 준수할 책임과 의무가 있다. 이에 따라 과학기술계는 다음과 같이 과학기술인이 지켜야 할 보편적 윤리강령을 제정하여, 과학기술인이 자율적으로 이를 성실히 준수함으로써 윤리의식을 제고하고, 사회적 책임을 다 하며, 스스로의 위상과 긍지를 높이고, 과학기술발전에 기여하고자 한다.

과학기술인의 사회적 책임

과학기술인은 과학기술이 사회에 미치는 영향이 지대하므로 전문직 종사자로서 책임 있는 연구 및 지적활동을 하여야 하며, 그 결과로 생산된 지식과 기술이 인간의 삶의 질과 복지향상 및 환경보전에 기여하도록 할 책임이 있음을 인식한다.

과학기술인의 기본 연구윤리

과학기술인은 연구 활동에서 정직성, 진실성integrity과 정확성이 연구 결과의 신뢰성 확보를 위한 필수 사항임을 인식하고 연구의 제안, 계획, 수행과 결과보고 등 모든 연구 활동을 수행함에 있어 이와 같은 기본 원칙을 추구한다. 특히, 날조, 변조, 표절 및 중복 발표 등과 같은 부정행위를 배격한다.

◉ 보편성의 원칙

과학기술인은 인종, 성, 종교, 교육 배경 등으로 차별받을 수 없으며, 평등한 권리와 의무를 갖는다.

◉ 전문직 종사자로서의 품위유지

과학기술인은 새로운 지식창출과 기술개발로 인류복지 증진에 기여하는 전문직 종사자로서의 긍지와 품위를 유지한다.

◉ 법령의 준수

과학기술인은 연구 및 지적활동의 전 과정에서 관련법령이 정한 규정과 윤리강령에 적시된 규범 및 국제적으로 통용되는 원칙을 성실히 준수한다.

◉ 연구 대상의 존중

과학적 연구대상이 인간인 경우 인권을 존중함으로써 생명윤리에 부합해야 하며, 동물인 경우 생명의 존엄성에 유의한다. 자연환경을 다룰 때에는 생물다양성의 보존과 환경보호의 중요성을 의식함으로써 인류복지 증진에 기여하도록 한다.

◉ 연구 자료의 기록·보존

과학기술인은 연구 과정에서 사용하거나 생성된 데이터, 샘플 등의 자료를 처음 단계에서 최종 단계에 이르기까지 성실히 기록하고, 정한 기간 동안 보존한다.

◉ 저자표시와 지식재산권

저자표시는 연구의 아이디어 제시, 설계, 수행, 해석 등 연구에 직접 참여한 자로 제한하고 발표논문에는 연구과정에서 참고·인용한 타인의 연구업적을 밝힘으로써 원저자의 권리와 지식재산권을 존중한다. 표시된 저자는 논문에 대한 공동책임을 진다.

◉ 사회에 대한 권리와 의무

과학기술인은 새로운 발견이나 연구 및 지적활동의 업적을 사회에 공표함으로써 발생되는 이득을 취할 권리가 있으며, 한편 사회가 요구하는 사항에 성실히 응할 의무가 있다.

이해상충conflicts of interest에 대한 대처

과학기술인은 연구 및 지적활동 과정에서 발생했거나 발생 가능성이 있는 이해상충에 대해서는 이를 미리 공표하고 자신의 이익보다 공익을 우선한다.

연구 환경 조성

과학기술인은 책임 있는 연구와 지적활동을 수행할 수 있도록 지적자유, 공평성, 개방성과 상호존중의 환경을 조성하는 데 적극 참여한다.

윤리교육의 실시

연구와 지적활동의 책임자는 참여자들이 이 윤리강령의 제 규범을 성실히 실천할 수 있도록 교육할 의무가 있다.

5.11 실습활동

제5장의 실습활동은 크게 둘로 구분된다. 하나는 자신의 전공과 관련된 공학윤리헌장을 작성하여 제출하는 것이며 다른 하나는 2014 유람선 참사의 원인과 재발 방지대책을 준비하고 발표하는 것이다.

실습활동 5-1 (윤리헌장 작성)

본문, 부록과 각종 학회 사이트의 윤리헌장을 참고하여 팀의 윤리헌장을 작성하라.

- 작성지침: 팀 구성원의 의무와 권리, 보고서, 발표자료 작성 등을 포함하며 기존의 윤리적 원칙을 팀 활동에 유연하게 적용
- 제반 규정: 해야 할 일, 안 해야 할 일, 해도 좋은 일, 안 해도 좋은 일 등을 세분하여 다룸
- 윤리헌장의 요구 특성
  - 구체성: 지켜야 할 규칙을 구체적으로 표현
  - 투명성: 애매모호하지 않고 투명해야 함
  - 논리성: 문안 내용이 상호충돌하지 않아야 함
  - 보편성: 구성원 누구에게나 적용
  - 체계성: 문안 순서는 중요도에 따름

실습활동 5-2 (유람선 참사)

2014년 4월 16일 오전 8시 경, 인천에서 출발하여 제주를 향해 항해하던 청해진해운 유람선 세월호가 침몰하는 사건이 있었다. 석 달이 넘는 수색과정이 이어졌고 300명이 넘는 사망자와 실종자가 발생하였다.

- 사건의 개요와 함께 승무원과 해경이 직업윤리에 어긋나는 어떠한 대처를 하였는지 조사하라.
- 청해진해운이 유람선 개조와 운행 과정에 어떤 공학적인 문제가 있었는지 조사하라.
- 지난 20년 동안 국내에서 발생한 대형 사건사고를 조사하고 공학윤리의 관점에서 사고 발생의 원인과 함께 방지대책을 제시하라.

참고문헌

[1] 김정식, 공학기술 윤리학, 인터비젼, 2004.

[2] ABET, http://www.abet.org

[3] ABEEK, http://www.abeek.or.kr

[4] 찰스 E 해리스, Jr, 마이클 S 피차드, 마이클 J 라빈스 (김유신 외 9명 옮김), 공학윤리, 북힐스, 2006.

[5] NSPE, http://www.nspe.org

[6] KOFST, http://kofst.or.kr

CHAPTER 06

문제발견

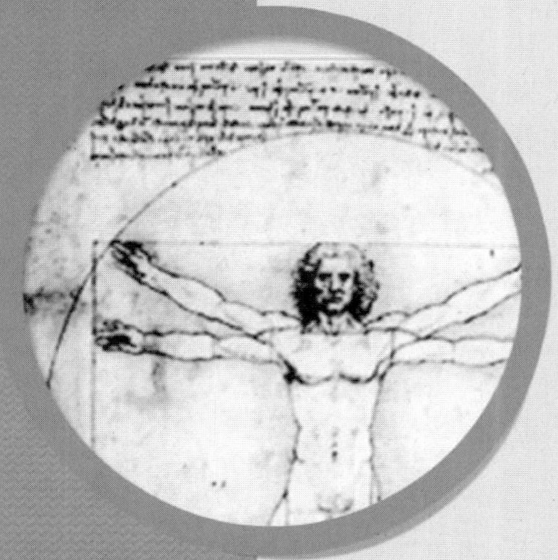

공학적 문제해결에서 문제의 존재를 인식하고 그 실체를 정확하게 정의하는 일이 핵심 사항이다. 이처럼 공학적으로 무엇이 문제인지 파악하고 정의하는 능력이야말로 기술자가 갖추어야 할 가장 기본적이고 중요하다. 본 장에서는 공학적 문제해결을 위한 문제정의 작성법과 기법 그리고 몇 가지 사례를 제시하여 이해를 돕고 실습활동을 진행한다.

강의진행

1교시	교과내용소개, 실습활동(6-1, 6-2)
2교시	실습활동(6-3), 발표(6-2)

문제해결력은 어떤 문제에 대해 지식과 자료를 활용하여 최선의 대안을 찾아내는 능력이다. 상황이 발생하였을 때 지식과 자료를 활용하여 경제적으로나 정신적으로 훌륭하게 처리하는 사람이 문제해결력을 지닌 사람이다. 문제해결력이 탁월한 사람은 자연스럽게 사회 각 분야에서 두각을 나타내며 점차 더 큰 역할을 맡게 된다.

6.1 문제해결

엔지니어는 업무 수행과정에서 다양한 문제를 접하거나 발견하고 그 문제를 해결하는 최선의 방법을 구하기 위해 끊임없이 생각하고 의견을 교환한다. 문제가 해결되지 않으면 생각을 더욱 깊게 하면서 해결방법을 찾는 노력을 지속한다. 물론 자신의 문제를 타인에 의존해서 해결하려는 사람도 있고, 변화 자체를 거부하거나 변화가 두려워서 생각을 접어버리는 사람도 있다. 그러나 직면한 문제를 스스로 해결하면서 창의적인 방법을 찾으려고 노력하는 사람들이 일상을 보다 능동적으로 이끌어가는 문제해결력을 지니는 것으로 평가된다.

오늘날 엔지니어에게 요구되는 기본 사항은 창의적 사고에 기초한 문제해결능력이다. 21세기는 지식정보화시대이다. 매일 수백만 건 이상 생성되어 쏟아지는 지식과 정보 속에서 자신에게 필요한 지식정보만을 입수·활용해서 자신의 능력을 키우고 무한경쟁사회에서 생존할 수 있는 문제해결 능력이 요구된다. 단순한 노동력의 투입 및 제품생산이나 수출 증가에 의해 국가나 개인이 성장을 보장받던 산업사회는 지나가고, 지식정보라는 새로운 자원에 대한 경쟁력에 의해 성장이 결정되는 시대가 열리고 있다.

21세기 들어 기업의 이윤추구 방식이 근본적으로 바뀌었다. 과거 산업사회는 유형적 자산의 확보를 통한 이윤추구를 하였다면 지식정보화 사회는 특허, 노하우, 디자인 등과 같은 지식재산 소유를 통해 더 높은 이윤을 추구한다. 이러한 배경으로부터 21C에는 단순히 지식공유 및 전달 수준이 아닌 진정한 문제해결력을 지닌 창의적 인재가 필요하다는 것을 이해하게 될 것이다.

직면한 과제가 쉽게 풀린다면 사람들의 삶은 그 과제로부터 큰 영향을 받지 않을 것이다. 하지만 문제가 쉽게 해결되지 않기 때문에 사람들은 현명한 해결책을 찾아 헤맨다. 원하는 것을 쉽게 얻을 수 없고, 원하지 않는 일과 부딪혀야 하며, 간단한 해답을 찾기 위해 오랜 시간과 많은 비용을 써야 한다. 성경에 이스라엘 왕 솔로몬의 재판 이야기가 기록되어 있다.

> 어느 날, 솔로몬 왕 앞에 두 여인이 한 명의 어린 아기를 데리고 와서 서로 자신의 아기라고 다투면서 자신들의 문제를 해결해 달라고 간청한다.
> "임금님, 제가 이 아기의 진짜 어머니입니다."
> "아닙니다. 이 아기는 제가 낳은 진짜 제 자식입니다."
> "그렇다면 솔로몬 왕께서 누가 이 아기의 진짜 어머니인지를 재판해 주세요."
> 그러자 솔로몬 왕은 고민 끝에 두 여자에게 판결을 내렸다.
> "나도 누가 진짜 어머니인지 모르겠으니, 이 아기를 둘로 갈라 두 여인에게 나누어 주는 게 낫겠소." 이때, 한 여자가 울면서 애원하기를
> "제발 그 아기를 살려 주세요. 차라리 그 아기를 저 여자에게 주십시오."
> **이 말을 들은 솔로몬은 이 여인이 진짜 어머니라고 판정하였다.**

이 일화는 성경을 잘 모르는 사람도 한 번쯤 들어본 적이 있을 것이다. 지혜로운 솔로몬이 현명하게 문제를 해결한 재판 결과라고만 생각하고 넘어갈 문제가 아니다. 우리가 이미 해결했거나 해결해야 할 문제도 이와 같이 모두가 공감하는 해결책이어야 한다. 문제에 직면했을 때 문제를 해결하고 좋은 결과를 얻기 위해서는 정보수집 및 문제해결을 위한 기본적인 방법과 원리를 이해하고 문제해결을 위한 기본적인 순서를 지키는 것이 중요하다.

한국과 미국 대학생들의 학습 역량은 토의 및 토론에서 그 차이가 극명하게 드러난다. 미국 대학생들은 문제해결을 위해 활발하게 토론(토의)한다. 문제를 해결하기 위해 여러 명이 모여서 문제 자체에 대해 토론(토의)하는 훈련을 초등학교 시절부터 한다. 문제를 제대로 이해했는지, 어디에 초점을 둘 것인지, 어떻게 해결할 것인가에 대해 토론(토의)을 한다. 여러 관점에서 토론(토의)함으로써 같은 문제임에도 불구하고 다른 의견이 있음을 인정하고 서로를 존중하는 가운데 최선의 해결책을 찾아간다. 어려서부터 문제는 혼자

푸는 것으로 생각하거나, 문제가 주어지면 정답만을 찾아나서는 우리와는 분명 다른 모습이다. 우리들은 공식이나 문제를 푸는 방법을 암기해서 그 방법대로 빨리 푸는 것 보다는 기본 개념에 대한 철저한 이해와 기본 개념을 창의적으로 응용할 수 있는 능력과 토론을 통해 더 좋은 해결책을 찾아가는 팀워크 훈련이 더 필요하다. 팀워크를 통해서 문제해결 과정을 거치면서 한 사람의 생각보다 여러 사람의 생각이 합쳐질 때 훨씬 더 효율적이고 좋은 결과를 얻을 수 있기 때문이다.

우리는 기술·경제·사회적인 기댓값(목표)을 달성하는 과정에서 다양한 유형의 문제에 직면한다. 기술은 그림 6.1과 같이 S자형 성장곡선을 따라 발전한다. 어떤 기술이나 제품이 세상에 처음 나온 후에 S자형 성장곡선을 따라 발전하다가 성장의 한계에 다다르면 다른 원리를 적용한 더 경쟁력 있는 기술이나 제품으로 대체되면서 원래 기술이나 제품은 사라지고 대체 기술이나 제품이 발전한다. 인류 문명의 발전도 직면한 문제를 효과적으로 해결하는 과정을 거치고 그 결과에 의해서 여러 가지 도구나 방법이 개발됨으로써 달성된 것이다. 시대를 구분할 때 석기시대, 청동기시대, 철기시대 등으로 구분하는데, 모두 생존의 문제를 해결하기 위해서 생활 도구를 발명하고 발전시킨 데에서 유래된 것이다. 그러니 인간의 활동은 문제해결과정의 연속이었다고 할 수 있다.

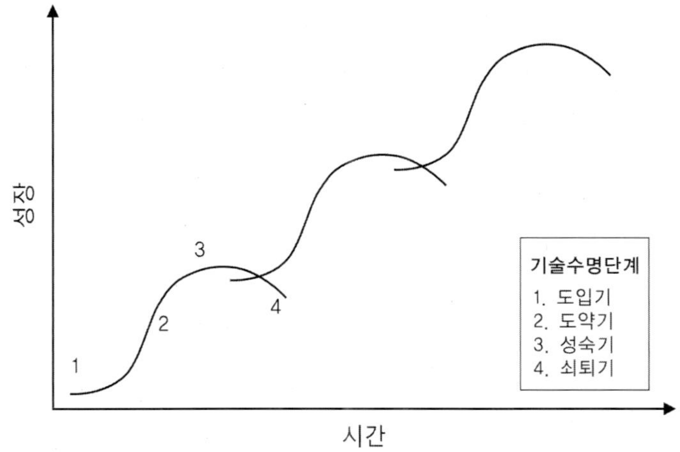

그림 6.1 S자형 성장곡선

한 예로 삼성전자가 지닌 경쟁력 이면에는 S자형 성장곡선을 끊임없이 이어간 개발 노력이 숨어 있다. 기업이 창의적 아이디어를 받아들이면 처음에는 그 영향이 천천히 나타나지만 일단 궤도에 오르면 수확체증 효과가 나타나면서 가속적인 성장을 하게 된다. 그러나 이 같은 빠른 성장은 영속될 수 없다. 또 다른 성장 아이디어를 만들어 S자형 성장곡선을 키워내야 기업이 계속해서 성장할 수 있다. 삼성전자는 초기에 흑백TV의 생산과 수출에 머물지 않고 1970년대 후반 컬러TV 기술을 개발하면서 한 단계 더 높은 S자형 성장곡선을 만들어냈다. 이어 비디오기기, 전자레인지 개발에 이어 1980년대 중반부터 반도체에 도전하고 90년대 휴대폰, 2000년대에 스마트폰 등을 개발해 새로운 IT산업의 선두 주자가 되었다.

문제유형

문제란 그림 6.2와 같이 어떤 영역에서 희망하는 것(기준값)과 실제 상황(값)의 차이를 의미한다. 즉 어떤 목표와 현 상태와의 차이가 문제이다. 이 차이를 통해 문제유형을 구분하면 두 가지가 있다.

하나는 현재가 기준보다 낮은 상태에 있는 경우로 그 차이를 극복하기 위해서 현재 값을 기준까지 올리는 것이 문제이다. 즉, 목표나 기준이 확실히 정해져 있으나 계획이 예정대로 진행되지 않는 등의 이유로 현재 그것을 만족하지 못한 상태를 나타내는 일상적 문제와 계획이 어떻게든 진행되고 있지만 실행되는 중에 뭔가 잘되지 않은 상태를 나타내는 탐색적 문제 등이 여기에 속한다.

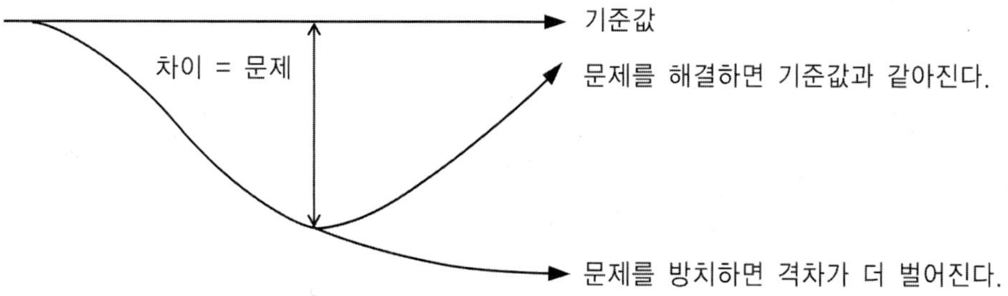

그림 6.2 기준과 실제의 차로 나타낸 문제

다른 하나는 현재는 문제가 없지만 더욱 높은 수준의 목표를 정하고 현재 값과의 차이를 확인하고, 현재 값을 올려야 하는 창의적이고 개선적인 문제이다. 사람들이 무엇을 원하는지는 알지만 그것을 어떻게 실현하여야 할지는 모르는 상태 즉 기대가 기술을 앞서가는 창조적 문제가 발전을 이끌어내는 중요한 요소가 된다. 창의적 문제로 인해 우리는 혁신에 박차를 가하게 되고, 우리들은 충분히 높고 새로운 수준의 이상을 만족시키기 위하여 새롭게 만들거나 기존의 것을 가지고 재구성하여 새로운 기술을 탄생시킨다[1].

문제해결에 필요한 것

기법이나 지식 자체는 실제 문제를 해결하기에는 부족하다. 그것을 사용하는 사람이 있을 때 비로소 효력이 발생한다. 즉, 사람이 중심이 되어 진행되는 가운데 의사소통 능력, 논리적 사고력, 실행력, 집중력 등을 활용하는 것이 중요하다.

① 의사소통능력

의사전달 또는 정보교환능력은 다른 사람의 말을 듣고 이해하는 능력과 업무 관련 문서를 읽고 이해하는 소통능력을 포함한다. 다른 사람의 능력을 빌리기도 하고, 조언을 듣고 문제를 해결하기도 한다. 이 능력이 없으면 무인도에서 혼자 사는 것과 다를 것이 없다. 일반적으로 우리는 외국어로 이야기하는 것도 아니고, 매우 이해하기 어려운 내용을 논하는 것도 아니기 때문에 소통에 관한 한 특별한 문제가 없다고 생각한다. 그러나 정상적인 의사소통능력 부재로 인해 좌절과 실패로 이어지는 경우가 많다.

창의적으로 문제를 해결하기 위해서 문제 자체를 여러 관점에서 보고 토론해 보면 똑같은 문제라고 하여도 팀원들마다 해석이 다를 수 있다. 이처럼 문제를 토론하는 과정은 문제해결에 매우 중요하며 각별한 의사소통능력이 요구된다[2].

② 논리사고력

논리적 사고란 자신의 생각을 정리하고 그 주장에 대해 합리적이고 타당한 논거와 증거자료를 수집, 선택 및 구조화하여 제시하는 것이다. 일반적으로 문제에 대한 해결방안은 하나만 있는 것이 아니므로 다양한 방법들을 생각해야 하며 그 방법들마다 논리적으로 사고 과정을 설명하여 모순이 없도록 해결방안을 제시해야 한다. 창의적이고 논리적인 다양한 해결방법을 강구해야 한다. 인과관계를 조사하기도 하고, 가설을 세우기도 하는 등 바른 논리전개가 요구된다. 틀린 논리로 진행하면 잘못된 결론에 도달하게 된다. 이렇듯 문제해결을 위해서는 논리사고력 향상을 위한 노력이 중요하다. 나아가 상반된 주장을 분석적 비판적으로 살펴보고 논리적으로 대처하는 능력을 익혀야 한다.

③ 실행력

아무리 좋은 아이디어가 있어도 실행하지 않으면 쓸모가 없다. 아이디어를 실행해야만 비로소 의미를 갖게 된다. 우리 속담에 "구슬이 서 말이라도 꿰어야 보배다", "부뚜막의 소금도 집어넣어야 짜다"라는 말이 있다. 모두 실행하지 않으면 의미가 없다는 것을 가르쳐준다. 문제해결의 성과는 새로운 방법의 채택보다는 기존에 알려진 지식을 얼마나 잘 활용하고 실천했느냐에 좌우되는 경우도 많다. 아무리 좋은 문제해결 아이디어라도 구체적인 행동이 뒷받침되지 않으면 소용이 없고, 실행이 뒷받침되지 않으면 의미 있는 결과를 얻기는 불가능하다. 아인슈타인Einstein이 상대성 이론을 완벽하게 증명하기까지는 10년 이상의 연구가 필요했다. 그 위대함은 천재적 직관보다는 집요하게 매달린 실행력에 있었다. 백신을 개발한 에를리히Ehrich는 605번 실패하고 606번째에 매독 병균을 물리치는 살바르산 백신을 만들어 냈다. 에디슨Edison은 필라멘트를 만들기까지 3000번이나 실패했고, 라이트Wright 형제는 805번 실패한 끝에 비행에 성공하였다. 이처럼 우리에게 알려진 모든 발명품은 발명자의 지치지 않은 실행력의 산물이다. 아무리 좋은 문제해결방안을 가졌더라도 적극적이고 꾸준한 실행이 뒷받침되지 않으면 문제를 해결할 수 없기 때문이다.

④ 집중력

문제의 본질을 깊이 파고드는 집중력이 있으면 문제를 쉽게 해결할 수 있다. 어떤 문제에 대해 집중하다 보면 그와 관련하여 여러 가지 생각을 하게 된다. 자신의 경험이나 지식, 상상력을 동원하여 다양한 관점에서 생각한다. 문제의 본질을 보며 여러 가지 경우를 돌아보게 된다. 아르키메데스Archimedes는 욕조에서 물이 넘치는 것을 보고 자신에게 주어진 문제인 왕관의 성분에 대한 실마리를 얻었다. 이는 집중력에 관련한 전형적인 사례라고 할 수 있다. 그러나 깊이가 깊어지면 그만큼 사고 범위의 제한이 생기기도 한다. 집중력과 관련하여 다음 문제를 풀어보자.

50 km 떨어져 있는 두 곳에 기차역이 있다. 각각의 역에서 다른 역을 향해서 기차가 출발했다. 기차가 출발함과 동시에 새 한 마리가 기차의 맨 앞에서 출발해서 다른 기차의 맨 앞을 향해서 날아갔다. 이 새는 다른 기차에 도착하면 즉시 방향을 바꿔서 출발했던 기차로 돌아온다. 새는 두 대의 기차가 만날 때까지 이와 같이 계속 날아다닌다. 두 기차는 모두 시속 25 km로 달리고 새는 시속 100 km로 날아간다. 열차가 만날 때까지 새는 몇 km를 날게 될까?

이 문제는 일견 난해한 수학문제로 간주할 수도 있다. 그러나 집중해서 생각해 보면 그다지 어려운 문제가 아니다. 두 기차는 같은 속도로 서로를 향해서 달리기 때문에 두 역 중간에서 만나게 된다. 역 사이의 거리가 50 km이므로 각각 25 km씩 달리면 되므로 시속 25 km의 기차가 한 시간 동안 달린 것이다. 따라서 시속 100 km인 새는 1시간 동안 100 km를 비행하게 된다.

창의적 문제해결과 기술의 변화

S자형 성장곡선에 대해 설명한 것처럼 공학기술은 일반적으로 다음과 같은 순서로 진화하여 왔다.

기술개발 (도입기) ➡ 기술발전 (도약기) ➡ 기술성숙 (성숙기) ➡ 기술위기 (쇠퇴기) ➡ 새로운 혁신기술 개발 (도입기) ➡ 혁신기술 발전 (도약기) ➡ 혁신기술 성숙 (성숙기) ➡ …

공학기술의 역사를 돌아보면 기술위기(쇠퇴기)에 이르기 전에 수요자의 새로운 요구, 기술적 결함, 사회 변화에 따른 새로운 기술의 필요성 등이 드러나면서 창의적 문제해결에 기초한 혁신기술이 출현하곤 하였다.

기술 및 사회 변화의 사례

문제해결을 통한 기술 및 사회변화의 사례는 다음과 같다.

- 소비자 요구와 취향을 반영하여 소품종 대량 생산체제에서 다품종 소량생산으로 바뀜

- 진공관식 전자제품이 트랜지스터 전자제품으로 바뀜
- 만년필 사용에서 볼펜과 샤프연필 사용으로 바뀜
- 공중전화가 사라지고 휴대폰이 보급됨
- 필름을 사용하는 감광식 카메라 대신 디지털 카메라가 보급됨
- 문서 작성 시 타자기 대신 PC를 사용함
- 편지 대신 이메일을 주로 사용함
- 블로그의 등장으로 인터넷 문화가 바뀜
- UCC 동영상의 파급효과가 어디까지 미칠지 가늠하기 어려움
- 찾아가는 병원에서 광고하는 병원으로 변화(의료시장 개방, 민간의료보험제도 도입, 영리병원 등장, 해외의료기관 진출 등)
- TV홈쇼핑 및 인터넷쇼핑 대중화
- '언제 어디에나 존재하는' Ubiquitous의 등장으로 모든 정보가 통신망에 연결되는 사물인터넷Internet of Things 시대 도래
- 운전자가 없는 자동차 출현
- 평생 1개의 직장(직업)에 다니던 시대에서 5개 이상의 직장(직업)이 일반화되는 시대 도래(2030년)

6.2 창의적 문제해결과정

공학적 문제의 해결은 창의적 문제해결과정을 통하여 이루어진다. 여러분이 학교에 다니는 것은 어떤 의미에서 문제를 해결하는 능력을 높이는 것이라고 할 수 있다. 그동안 여러분은 논리적 사고 위주로 공부하였다. 잘 정리된 문제를 논리적으로 해결하는 과정을 반복하여 배웠다. 그러나 대다수 공학적 문제는 논리적인 해결과정보다는 창의적인 해결과정을 거친다.

어떤 문제를 창의적으로 해결하기 위해서는 기본 과정을 거친다. 이 과정을 제대로 지키지 않으면 문제를 해결하기 위한 논의가 엉뚱한 방향으로 진행되어 좋은 해결책을

찾을 수가 없기 때문이다. 일반적으로 문제해결에는 4~6단계가 제시되고 있다. 다음은 6단계로 나타낸 것인데 때로는 ③~⑤를 통합하여 문제해결책 선택으로 표현하기도 한다[3].

문제해결 6단계

① 먼저 문제를 발견하고, 문제가 무엇인지 정확히 파악한다.
② 문제를 정의한다.
③ 아이디어를 창출한다.
④ 아이디어를 평가하는 과정을 거쳐서 문제 해결책을 찾는다.
⑤ 찾은 해결책이 타당한지 검토한다.
⑥ 실행하고 평가하는 과정을 거친다.

원인을 분석하지 않고 선입관이나 과거의 사례만으로 문제를 판단해 버리면 틀린 대책을 세우게 된다. 그 결과 반복해서 같은 문제가 발생할 수 있다. 반대로 문제를 해결하기 위해서는 여유를 갖고 문제의 해결 과정을 따를 필요가 있다. 또한 이 과정을 한 번 거치고 나면 끝나는 것이 아니고 반복해서 실행하는 것도 필요하다. 아이디어를 창출하면서 해결책을 모색하다가 새롭게 조사해야 할 사항이 나오는 수도 있다. 이 경우에는 전 항목인 문제를 인식하는 과정부터 다시 반복해야 한다. 다음은 공학적 문제를 창의적으로 해결하는 과정이다.

문제발견

문제발견은 문제가 있는 상황에서 문제를 인식하고 문제를 정의하는 과정을 모두 일컫는 것으로 문제해결에 앞서 반드시 선행되어야 할 과정이다. 문제가 있어야 해결의 노력이 시작될 수 있으므로 문제를 찾고 명확히 정의하는 것은 매우 중요하다. 그렇지만 누구에게나 주어진 문제에 대한 해결은 익숙하지만 문제가 무엇인지 불분명한 경우는 드문 것이 사실이다. 그러니 문제발견과 관련한 경험, 지식, 역량 등이 부족하기 마련이다.

문제발견이 문제해결에서 중요한 이유는 새로운 문제, 즉 블루오션을 찾아 그것을 사람들이 공감하게 하고, 그 해결책을 제시해 공익은 물론이고 개인의 이익을 만들어낼 수 있기 때문이다. 빌 게이츠의 윈도우 개발도 DOS시스템에서 영어를 모르거나 철자를 잘못 입력해서 PC 부팅이 되지 않는 문제점을 해결하고자 한 것이다. 휴대전화의 등장은 이동하면서 전화를 할 수 없다는 유선전화의 문제점을 해결한 것이다.

같은 상황에서 문제가 존재하고 있어도 그것을 민감하게 감지하는 사람과 그렇지 않은 사람이 있다. 결국 문제를 찾아내는 것이 창의적인 문제해결과정의 첫 단계이다. 이 단계에서 문제가 되는 상황, 목표 등을 간략히 서술하고, 관련 자료를 조사하여 중요 사실을 파악한다.

문제발견은 문제를 파악하여 문제해결의 실마리를 찾는 과정이다. 여기서 확실히 문제점을 파악하는 것이 중요하다. '무엇이' '어느 정도로' '어떻게' 문제인지를 명확히 해야 한다. '긴급성은 어느 정도인지' '중요성은 어느 정도인가'에 관해서도 명확히 파악을 한다. 이것들을 안일한 생각으로 제대로 하지 않으면 다음 단계인 문제정의를 제대로 할 수 없게 된다. 그러니 이 단계에서는 가능하면 많은 관련 데이터를 모으는 것이 좋다.

일반적으로 사람들은 어떤 문제에 직면하면 문제를 정확히 파악하지도 않은 채 해결책을 먼저 찾곤 한다. 문제를 느낌으로 인식하고 정의하기보다는 그냥 남이 하니까 따라하면서 문제가 있다고 가정하는 경향도 있다. 그러나 문제발견을 위한 첫 번째 질문은 '무엇이 문제인가'와 같이 문제를 정의하는 것이다. 초보적으로 문제를 해결하는 사람은 대부분 문제를 제대로 정의하기보다는 성급하게 해결안을 찾아내려고 한다. 문제라고 생각하고 해결책을 고민하거나 해결안을 마련하여 실행평가해 보면 별 문제가 아닌 경우도 있다. 아예 문제가 아닌데 뭔가를 해야 하기 때문에 문제라고 생각하는 경우마저 있다. 그러니 어떤 문제에 대한 해결안을 찾고 있다면, '정말 이것이 문제일까?'라는 질문을 먼저 해 봐야 한다.

창의적으로 문제를 해결하기 위한 프로젝트를 수행함에 있어서 문제가 주어지면, 당장 답을 찾기보다는 문제 자체를 여러 관점에서 보고 토론함으로써 똑같은 문제인데도 불구하고 다양한 문제점을 발견할 수 있다. 문제를 토론하며, 문제를 제대로 이해했는지, 그리고 어디에 초점을 두고 풀 것인지에 대해 논의하고, 그 다음에는 '어떻게 해결할 것인가'에 대한 토론을 하는 것이 필요하다. 또한 문제해결과정에서는 한 사람보다 여러 사람이 함께 모일 때 훨씬 더 효과적이고 효율적이다.

문제정의

문제정의는 무엇이 문제의 핵심인가를 분명하게 하는 과정이다. 문제가 정의되지 않으면 다음 과정으로 넘어가서 해결방법을 찾을 수 없다. 사실과 자료를 활용하여 해결하고 싶은 문제의 근원을 찾아 문제의 핵심을 정확하고 간결하게 문장으로 표현하는 과정이다.

그동안 우리는 학교 공부의 일환으로 수많은 문제를 접해 보았다. 학교에서 해결한 문제 대부분은 이미 명확히 정의된 것들이다. 그동안 배운 지식을 이용하여 주어진 조건에 따라 답을 찾거나, 분석적 사고나 실험을 통하여 수학과 과학 문제의 답을 찾았다. 문제를 정의하는 과정이 없고, 문제를 풀기만 했기 때문에 문제정의 단계가 생소하고 중요하다고 생각하지 않을 수도 있다. 아래 두 가지 사례를 살펴보자.

◉ **우주에서 사용 가능한 필기구 개발**: 세계 최고의 석학들이 모였다는 NASA(미국항공우주국, National Aeronautics and Space Administration)의 사례를 보자. 1957년 10월 러시아(당시 소련)가 인류 최초의 우주선인 스푸트닉을 발사했고, 이에 자존심을 상한 미국은 국가의 명예회복을 위해 우주 개발에 많은 자원을 투입했다. 그 과정에서 제기된 문제로서 무중력(無重力) 상태에서 사용할 수 있는 볼펜 개발이 있었다. 지상과는 달리 우주공간은 무중력 상태여서 중력에 의해 볼펜 잉크가 밀려나오지 않아서 지속적인 사용이 불가능하였다. 이 문제를 해결하기 위해서 NASA는 미화 80만$(현재 가치로 300만$ 이상)을 연구개발에 투입하여, 수많은 박사와 기술자들이 투입되어 우주 볼펜을 개발할 수 있었다.

그러나 이 문제가 지향하는 궁극적인 목적은 우주공간에서 사용할 수 있는 필기도구를 찾는 것이었다. 바로 연필이 그러한 필기구지만 누구도 문제에 대해 의심하지 않고 문제정의과정을 생략하였기에 무중력 상태에서 사용가능한 볼펜을 개발하느라 많은 돈을 낭비하였던 것이다. NASA는 러시아가 연필을 필기구로 사용하고 있었다는 사실을 나중에야 알게 되었다.

◉ **새로운 자동차 개발**: 미국의 자동차 회사인 GM은 1960년대 중반 획기적인 신형 자동차를 개발하였다. 수억 달러의 연구개발비가 들어간 이 자동차는 강력한 V8 엔진, 세련된 디자인, 뛰어난 감각의 색상, 탁월한 안전성 등 고객들이 매력을 느낄만한 모든 요구 조

건을 만족하고 있었다. 대상 고객은 30대 초반에서 40대 중반까지의 남자들로 이들의 선호도를 조사한 결과도 매우 만족스러웠다. 당연히 히트할 것을 기대하고 있었지만 막상 판매를 시작하자 차는 거의 팔리지 않았다.

판매부진에 대한 원인을 조사한 끝에 그 이유가 뜻밖에도 여성 옷의 유행 때문임을 알게 되었다. 그 해의 유행은 폭이 좁은 항아리형 스커트였다. 그런데 그 자동차는 좌석 바닥이 조금 높아서 차를 타기 위해서는 여성들이 전부 스커트를 무릎이 보일 정도로 걷어야만 했다. 미니스커트가 유행하기 전이어서 스커트를 무릎위로 올리는 것을 수치스러운 일로 생각했던 부인들이 그 차 구입을 반대했던 것이다.

여러분은 NASA나 GM의 전문가들이 우둔하여 문제를 잘 해결하지 못했다고 여기지는 않을 것이다. 보다 정확한 사실은 발견된 문제를 제대로 정의하지 못한 결과라고 하겠다. 따라서 공학적 문제의 해결 방법은 문제가 존재한다는 것을 인식하고, 그 실체를 정확히 파악하여 문제를 정의하는 일부터 시작해야 한다. 그러므로 문제를 파악하고 정의하는 능력은 기술자가 갖추어야 할 가장 기본적이고 중요한 능력 중의 하나가 된다. 이 경우 현존하는 문제를 찾기도 하지만, 장래에 문제가 될 상황을 가정하고 문제를 찾으면 경쟁력을 가질 수 있다.

문제를 정의하기 위해서는 먼저 원인을 분석해야 한다. 문제가 된 상황과 사실을 결과로 인정하고, 그런 결과를 가져온 원인으로서 무엇이 있는가를 생각해 본다. 원인이 간단히 파악된 경우를 제외하고는 원인을 철저히 파악한다. 또한 같은 문제가 과거에 일어난 경우는 없었는가를 조사해 본다. 원인 분석에서는 원인과 결과 사이에 관계가 있다는 것을 숙지하고, 동시에 선입관이나 고정관념을 갖지 말고 사실에 근거해야 한다. 다음과 같이 5W1H를 명확히 하는 것도 문제를 정의하는 데 도움이 된다.

- **Who**(누가): 문제를 일으킨 주체가 누구인지 파악하거나, 문제가 누구에게 일어나는지 또는 문제와 관련된 사람의 요구사항과 이해 등을 파악한다.

- **When**(언제): 문제 발생 빈도는 어느 정도인지, 주기적으로 일어나는지 또는 항상 일어나는지 등을 파악한다.

- **Where**(어디서): 문제가 발생한 장소, 시간 및 정도 등 문제가 어디까지 영향을 미치는가를 파악한다. 이때 주의할 점은 숲 전체를 보지 않고 나무만 보고 결론을 내리는 실수를 하지 않도록 한다.

- **Why**(왜), **What**(무엇을): 왜 문제인지, 무엇이 문제인가를 파악한다. 문제와 관련된 평가지표와 목표 및 실제 성과, 문제의 원인과 징후, 문제의 변화동인driving force과 영향, 문제와 관련한 내부 프로세스와 외부환경변화 등을 파악한다.

- **How**(어떻게): 문제가 어떻게 일어나는지, 어떤 형태로 발생하는지 및 문제의 변화추이와 속도 등을 파악한다.

문제는 다음과 같은 항목으로 구분하여 정리하는 것이 좋다.

- 핵심단어를 포함한 문제의 이름
- 문제의 본질과 원인
- 문제가 미치는 영향
- 문제해결의 필요성
- 문제해결 목표 및 성과 지표
- 문제를 해결해야 하는 시점
- 문제해결 책임자 및 역할 등

아이디어 창출

문제를 발견하고, 무엇이 문제인지 정확히 정의한 후에 문제의 원인에 대한 해결안을 창출한다. 창출된 해결안이 문제를 해결하는 대책으로 확실한 것인지는 다음 과정으로 넘기고, 여기서는 충분하고 많은 양의 아이디어를 창출하도록 한다. 판단을 자제하고, 질보다는 양을 중요시하여 최대한 많은 아이디어를 창출하는 과정이다. 아이디어 창출을 위해서 새로운 방법을 시도하는 것도 필요하다. 브레인스토밍 등의 확산적 사고기법을 실행하는 것이 좋다.

아이디어를 창출하기 위한 준비로써 여러 가지 관련된 자료를 모으는 것이 필요한 과정이다. 이 과정에서는 몇 개의 아이디어를 창출하거나 창출된 아이디어를 변용하거나 아이디어를 결합하여 새로운 아이디어를 창출하기도 한다. 또한 아이디어가 막히면 그 문제에 관한 생각을 잠시 중단하고 다른 활동에 몰입해도 괜찮다. 어려운 문제발생 시 단번에 그 해결책을 구하지 않고 마음 한쪽 구석에 그 문제를 접어 두고, 다른 일에 몰두하고 있을 때 뛰어난 해결법과 아이디어가 얻어지는 경우가 있다. 물론 그 아이디어가 뛰어난 것인가 아닌가는 다음의 평가 과정을 거치지 않으면 알 수 없다. 평가과정에서 그 아이디어가 소용없다고 생각되면 다시 아이디어 창출과정으로 돌아가 수정한다. 이 과정에서는 심리적으로 성공감과 성취감이 생기며 유연성이 필요하다.

아이디어 평가

아이디어 평가는 창출 과정에서 얻어진 아이디어나 그 해결법을 평가하는 과정이다. 문제해결책으로 선정된 아이디어에 대해서 선정한 이유나 아이디어의 장단점을 생각하고, 아이디어를 평가할 준거를 정한다. 아이디어를 분류하고 조합하는 과정을 거친 다음, 준거에 따라 아이디어를 평가하여 가장 합리적이고 실용적인 아이디어를 선정한다. 평가결과가 생각했던 것과 다르다면 먼저 서술한 것처럼 앞의 단계로 피드백해서 해결하기 위한 가설을 만들어내기도 하고 아이디어를 변용해서 구체화한다.

해결방법의 창출

이 과정에서는 아이디어 평가를 통해 선정된 가장 합리적이고 실용적인 아이디어 중에서 문제를 해결하는 방법과 이를 효과적으로 실행할 수 있는 방법을 결정한다. 선정된 아이디어 중에서 실제적인 대책으로 결정하기 위해서는 실시 가능성, 원인의 근본적 제거, 파급 효과, 참여도, 문제해결 효과 등을 고려해야 한다. 이 과정에서는 참여한 팀원들의 충분한 동의를 얻어야 하고, 실행을 위한 계획서를 작성한다. 실행 계획서는 문제해결 방안에 대한 효과 및 문제점을 파악하는데 매우 중요하다. 계획서가 없이 문제해결 방안을 실행하는 경우에는 실행 경과가 불명확하게 되어 무엇이 옳았는지 알 수 없게 된다.

실행 및 평가

실행 및 평가는 문제해결을 위한 방안을 효율적으로 실천하고, 결과를 분석하는 과정이다. 먼저 창출된 문제해결 방안을 실행한다. 이때 실행으로부터 평가까지의 과정을 계획서대로 확실히 실행한다. 실행한 결과는 데이터를 바탕으로 평가한다. 평가가 불충분하면 별도의 대책을 세워야 한다. 평가를 한 결과 문제가 해결되었다면 향후 같은 문제가 발생했을 때에 이용할 수 있다. 구체적으로 팀원들과 함께 문제해결 활동에서 좋았던 점과 나빴던 점을 평가하고, 남은 문제나 새로운 문제는 없는지 정리한다.

이처럼 창의적 문제해결과정은 먼저 문제를 발견하고, 문제가 무엇인지 정확히 파악한 후에 문제를 정의하고, 아이디어 창출, 아이디어 평가 과정 등을 거쳐서 문제해결책을 찾고, 찾은 해결책이 타당한지 검토한 후 실행하는 단계를 포함한다. 여러분은 이러한 방식으로 '프로젝트' 과제를 결정하고 팀원들과 협동하여 문제를 해결하게 될 것이다.

표 6.1 창의적 문제해결과정

과 정		내 용
1	**문제발견**	상황, 목표 등을 간략히 서술하고, 상황과 관련된 자료를 조사하여 문제 상황에서 가장 중요한 사실을 선정한다.
2	**문제정의**	사실과 자료를 활용하여 탐색하고 싶은 문제의 근원을 찾아 문제의 핵심을 정확하고 간결하게 표현한 '문제 정의문'을 작성한다.
3	**아이디어 창출**	판단을 자제하고 질보다는 양을 중요시하여 최대한 많은 아이디어를 창출한다.
4	**아이디어 평가**	아이디어를 선정한 이유나 아이디어의 장단점을 생각하고, 아이디어를 평가할 준거를 정하고, 분류하고 조합하는 과정을 거친 다음, 준거에 따라 아이디어를 평가하여 가장 실용적인 아이디어를 선정한다.
5	**문제해결방안 도출**	선정된 가장 실용적인 아이디어를 중심으로 문제해결을 위한 방안과 이를 효과적으로 실행할 수 있는 방법을 도출한다.
6	**문제해결방안 실행**	문제를 해결할 실행방안을 효율적으로 실천한다.

6.3 문제해결의 장애 요인

문제를 해결하는 과정은 문제를 발견하는 것으로부터 출발해서 문제를 정의하고, 정의된 문제를 해결할 수 있도록 개념적 아이디어를 창출하고, 해결안을 도출한 후에 아이디어를 평가하는 과정과 실행하는 과정을 통하여 완성된다(표 6.1). 기술적 문제를 해결하는 과정 또한 위에서 언급한 일반적인 절차와 같다. 문제해결과정에서 가장 어려운 과정이 아이디어 창출인데, 창의적인 아이디어를 얻기가 어려운 이유는 다음과 같다[4].

사고영역의 제한

사람은 과거의 경험으로부터 습득된 정보나 지식 등에 의해 사고방식이 형성되고 이로 인해 사고영역이 제약되거나 편협한 사고를 하는 경우가 있다. 문제를 효과적으로 해결하기 위해서는 다양한 관점의 사고체계가 필요하지만 심리적 관성psychological inertia에 의해 사고가 경직되고 습관화되는 경향이 있다. 이로 인해 문제에 대한 올바른 정의가 어려워지고, 효과적인 해결안을 찾기 위한 사고영역이 좁아질 수밖에 없다.

잘못된 문제해결 방향설정

문제가 잘 해결되지 않는 이유 중 하나는 문제해결 대상 및 목표 설정이 잘못되었기 때문이다. 즉 대부분 문제를 제대로 이해하지 못했거나 문제를 해결하는 방향설정이 잘못된 경우이다. 이처럼 문제의 본질에서 벗어나 엉뚱하게 문제를 해결하려는 시도를 하게 되므로 올바르게 문제를 정의하는 것이 중요하다. 또한 기술의 발전에는 한계가 존재하고, 그 한계를 돌파하기 위해서는 새로운 패러다임이 필요한데 기존의 관습을 고수함으로써 효과적으로 문제가 해결되지 않는 경우가 있다.

기술적 지식의 부족

개인 또는 한 조직체가 문제해결과 관련된 모든 지식을 확보하고 있을 수는 없으며 이는 문제해결의 가장 큰 장애로 작용한다. 그러나 기술적인 문제를 해결하는 과정, 특히 어려운 문제를 해결하는 경우에는 다방면의 전문지식이 요구되는 경우가 대다수이다. 필요한 전문지식을 확보하기 위해서 전문기술 지식을 제공하는 데이터베이스(DB)를 활용하거나 신뢰할만한 인터넷 정보제공 사이트를 이용하여 부족한 기술지식을 활용할 수 있도록 평소 정보검색 방법을 숙지할 필요가 있다.

중간값 선택

하나의 특성을 개선하면 다른 특성이 악화되거나 약화되는 경우를 모순이라고 하는데 문제를 해결하는 과정에서 이런 경우를 접할 때가 많다. 이때 적당한 선에서 중간값을 선택하는 타협을 하는 경우가 있다. 예를 들면, 자동차를 안전하고 튼튼하게 만들기 위해 강철을 사용하면 차체가 무거워져서 연비가 떨어지는 모순이 발생한다. 반대로 안전과 튼튼함은 조금 떨어지지만 플라스틱을 사용하는 방안도 생각할 수 있다. 모순 문제에 대해 양쪽의 특성을 선택적으로 번갈아 사용하거나 타협trade-off하면 기술의 진전 또는 문제해결이 지연되며 혁신적 기술개발도 기대하기 어렵게 된다. 따라서 기술 분야의 문제해결에 적합한 방법은 해결해야 할 문제, 즉 기술과제를 정확하게 정의하고, 동시에 정의된 문제를 해결하기 위하여 필요한 지식을 적시에 제공해 줄 수 있는 지식기반의 체계를 갖고 있어야 한다. 이러한 구조적 접근의 예로서 TRIZ 기법 등을 들 수 있다.

6.4 문제정의과정에 사용되는 기법들

문제를 발견한 다음 문제가 이미 정의되어 있다면 이를 해결하기 위한 대안을 개발하는 문제해결과정을 거치면 된다. 그러나 문제가 정의되어 있지 않다면 현재 문제가 되고 있거나 장래 문제가 될 가능성이 있는 이슈들을 찾는 문제발견과정을 거쳐서 문제를 정의해야 한다. 문제를 정의하는데 사용되는 방법들을 아래에 설명한다[5].

QFD품질기능전개, Quality Function Deployment

QFD는 일본의 요지 아카오Yoji Akao와 시게루 미즈노Shigeru Mizuno에 의해 1960년대 후반에 개발되었다. 1972년에 미쓰비시 중공업의 고베조선소에서 원양어선을 건조하면서 엄격한 정부의 규제조항과 고객의 요구사항을 동시에 설계과정에 반영하기 위한 수단으로 행렬형태의 도표를 사용했다. 이것이 QFD의 논리적 근거가 되고 발전하여 1978년 「품질기능전개」라는 책을 통해 널리 알려졌다. 도요타 자동차는 QFD의 사용을 통하여 1977년부터 1984년 사이에 생산 직전 단계까지의 비용을 60% 가량 절감한 것으로 알려졌으며, 시장 출고까지의 기간도 3분의 1가량 단축하였고, 제품의 품질도 향상시킬 수 있었다. 그 후 1980년대에 미국의 자동차산업 등 기계공업을 중심으로 QFD가 활발히 전개되어 왔으며 현재는 Motorola, DEC, Hewlett Packard, AT&T, ITT, NASA, Kodak, Goodyear, Proctor&Gamble, NCR, Polaroid, Ford, GM 등을 비롯한 산업 전 분야에 걸쳐 많은 기업들이 적극적으로 QFD를 사용하고 있다.

1990년대 초 사용하기 편리하고 인간공학적으로 깔끔하게 설계된 '파워북'이라는 애플Apple사 노트북이 시장에서 큰 성공을 거두었다. 파워북 컴퓨터 프로젝트는 컴퓨터 시장에 가장 우수하고 가능하면 '작은 컴퓨터'를 내놓는 것이었다. 이렇게 명확히 정의된 파워북 컴퓨터는 시제품의 설계에 근거해서 제품을 만들어 현장에서 테스트하고, 소비자들의 평가의견을 다음 설계에 반영시키는 과정을 반복하면서 발전되었다. 이러한 순환과정을 통해 애플사의 설계디자이너들은 제품의 핵심인 인지적이며 정서적인 측면들을 발견하여 설계에 이를 반영시켰다.

애플사는 개발과정에서 노트북의 품질을 결정하는 중요한 요소가 언제 어디에서건 사용할 수 있는 휴대성과 사용의 편의성임을 이해한 것이다. 단순히 '작은 컴퓨터' 설계가 궁극의 목표가 아님을 알았기에 본체에 내장된 디스크 드라이브와 화면상의 커서 이동을 용이하게 하는 트랙볼trackball을 장착한 노트북이 개발된 것이다. 이렇듯 소비자들의 의견을 반영해서 당초 개발목표와 완성된 제품의 내용은 달라졌고, 시장에서 성공을 거두었다. 이 과정에서 사용된 방법이 QFD였다고 한다.

1) QFD의 정의

QFD는 신제품 개념정립, 설계, 부품계획, 공정계획, 생산계획과 판매까지 모든 단계를 통해 고객의 의견이 최종 제품과 서비스에 충실히 반영되도록 하여 고객 만족도를 극대화하는데 초점을 맞추고 있는 품질경영 방법론 중 하나이다. QFD는 고객지향적인 제품을 설계하고 생산하는데 유용한 의사결정 수단이다.

QFD의 기본 개념은 고객의 요구사항을 제품의 기술특성으로 변환하고, 이를 다시 부품특성과 공정특성, 생산에서의 구체적인 사양과 활동으로까지 변화하는 것이다. 이러한 QFD 과정을 하나의 매트릭스로 나타낸 것이 품질의 집HOQ, House of Quality이다. HOQ는 제품에 대한 고객 요구의 상대적 중요도와 제품의 기술특성간의 상관관계를 보여줌으로써 제품의 품질을 보다 명확하게 측정할 수 있어서 제품의 설계와 생산에 관한 의사결정에 도움을 준다. QFD의 활용을 문제정의 측면에서 보면 현재의 제품이 고객을 만족시키지 못하는 문제점을 발견(또는 예견)하고 고객의 요구를 정확히 반영한 신제품에 대한 문제정의라고 할 수 있다.

2) HOQ

HOQ는 고객의 요구사항을 기술적 요소로 바꾸어주는 행렬로서 8개의 영역으로 구성된다(그림 6.3). 그러나 사용하는 사람에 따라서 영역의 수는 적어질 수 있다.

● **고객의 요구사항**customer requirements: 고객의 의견을 듣고, 원하는 것이 무엇인가를 찾아서 그 욕구를 충족시킬 수 있는지를 결정하는 것이다. 고객요구사항을 파악하여 신제품을 적기에 그리고 경쟁기업보다 먼저 시장에 내놓는 것이 필요하다. 특히 제품의 기획 설계, 그리고 생산의 전 과정을 통해 궁극적으로 소비자가 원하는 수준의 품질과 기능이 보장되도록 제품에 대하여 설문조사 등 여러 조사방법을 통해 정보를 수집하여 고객의 요구사항을 파악하여 일상용어로 표현한다. 이 단계에서는 고객층을 결정하고, 요구속성을 수집 및 분류한다. 고객의 요구사항은 HOQ의 왼쪽 열column에 기록하는데 고객이 사용하는 언어로 표현되기 때문에 정성적이며 모호한 경우가 많다. 따라서 이 단계에서는 고객의 요구를 유도하고 예상하며, 요구의 검증과 타당성을 확인하는 과정을 거쳐, 수집된 요구속성을 간결하고도 명확한 표현으로 변환하는 작업이 필요하다.

● **고객 요구사항의 중요성**importance: 각 요구사항에 대한 중요도는 시장의 요구정도를 나타내는 척도로써 제시된 요구속성 간의 상대적 중요도를 표시해 준다. 요구품질 중요도는 시간과 함께 변화하므로 일정한 간격을 두고 재검토가 필요하다. 따라서 시장정

보를 데이터베이스화하고 시장요구 변화를 즉시 파악할 수 있는 체제를 구성할 필요가 있다.

중요도를 정하는 방법은 직접 고객으로부터 수집하는 방법과 간접적으로 수집하는 방법이 있다. 직접 고객으로부터 중요도를 수집하는 방법은 대상이 되는 모집단을 명확히 하여 설문 및 면접 조사에 의한 중요도를 산출하거나 원시 데이터에서 요구품질로 변환했을 때의 중복 빈도에 따라 중요도를 산출하는 것이다. 고객의 목소리를 직접 조사할 수 없는 경우는 기존에 알려진 사내정보를 이용하여 중요도를 산출하거나 계층분석법에 의해서 중요도를 산출하는 간접적 수집방법이 있다. 일반적으로 제품품질 항목에 대해서 개인의 태도(생각, 지각, 감정 등)를 묻는 리커트 5점 척도Likeret 5 Scales를 이용하고, 항목의 평균을 측정하여 중요도를 산출한다.

◉ **기술특성**engineering characteristics: 고객의 요구사항을 구체적으로 어떻게(HOW) 구현할 것인가를 결정하기 위해 고객의 요구사항을 기술특성으로 변환한다. 기술특성은 HOQ의 위쪽 행row 부분에 기록한다. 이는 관리할 수 있는 변수들을 의미하며 요구사항과 달리 기술특성들은 제품이 완성된 후 정량적으로 측정될 수 있어야 한다. 그리고 이는 하나 이상의 고객 요구사항에 영향을 미치기 때문에 제품에 대한 고객의 인식에 직접적으로 영향을 줄 수 있는 것을 선정한다. 기술특성은 구체적인 실행보다는 제품에 적용될 정도로 일반적으로 정의된다. 기술특성은 경쟁사의 제품이나 서비스를 벤치마킹하고 새로운 개념을 발전시키기 위해 자체 해결이 가능한 출발점을 제공한다.

◉ **상호작용**interactions: 기술특성들 간의 상관관계를 나타낸다. HOQ의 지붕에 해당하는 부분에 설계 시에 고려해야 할 기술특성들의 상관관계를 기록한다. 이러한 상관관계는 획기적인 품질향상을 이루기 위하여 해결해야 할 잠재적인 연구개발의 기회이기도 하다. 강도는 적당한 기호로 표시하되 3~5단계로 표시하며, 각 기술특성이 만나는 칸에 표시한다. 만약 각 기술특성이 만나는 칸이 빈칸일 경우 기술특성 간의 상관관계가 없음을 뜻한다. 기술특성 간의 상호관계는 제품의 품질을 개선할 때 유용한 수단이 될 수 있다.

◉ **고객의 요구사항과 기술특성과의 관계**: HOQ의 본체는 고객의 요구사항과 기술특성 간의 연관성을 나타낸다. 고객의 요구사항과 기술특성과의 관련성 판정은 고려해야 할

셀이 너무 많기 때문에 하나하나 정량적으로 판정하지 못하고 전문가와 고객의 의견, 실험 및 통계분석 자료 등을 이용하여 결정한다. 각 셀의 상관관계와 고객 목소리의 가중치를 곱하여 나온 값을 세로로 합한다. 세로로 합하여 큰 수치가 나오면 중요한 기술특성이 된다. 즉, 고객의 요구를 만족시킬 수 있는 특성요소들이다. 일반적으로 기술특성과 고객요구사항의 상관관계의 강도를 나타내기 위해서 0~9의 숫자나 ◎=강(9점), ○=중간(3점 또는 5점), △=약(1점)의 기호를 사용한다. 비어 있는 행이나 열이 있다면 고객의 요구속성이나 기술특성의 설정에 문제가 있음을 의미한다. 매트릭스를 작성하고 팀 내 의견을 수렴하기 위해 토론이 필요하다. 토론은 많은 시간이 요구되기 때문에 핵심이 되는 관계에 집중하고 요구조건의 수를 최소화하는 것이 자원의 수요를 감소시키기 위해 유용한 방법이 된다.

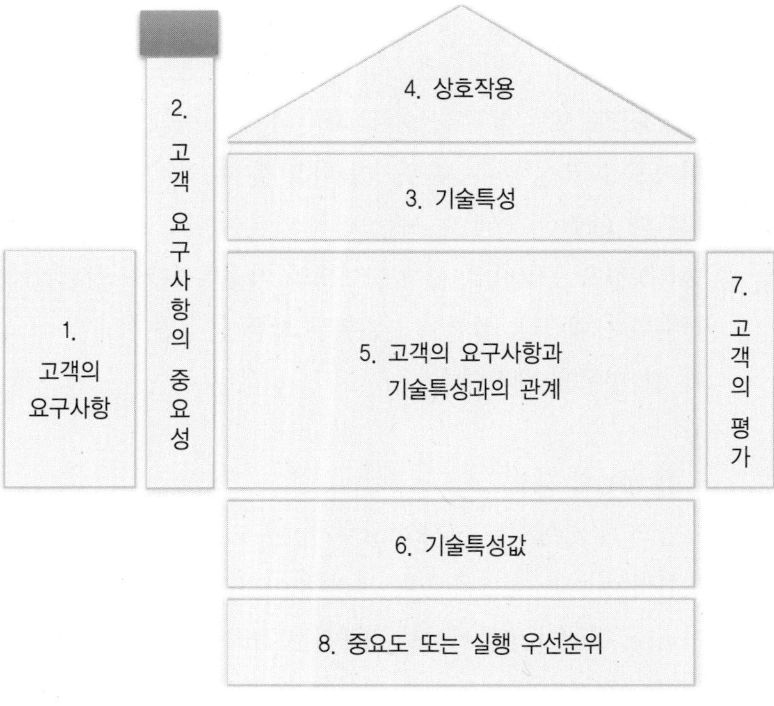

그림 6.3 품질의 집

기술특성값: HOQ의 아래쪽에는 기술특성값을 기록한다. 기술특성값은 앞서 작성된 HOQ의 모든 정보를 이용하여 설계되는 제품이 고객의 요구사항을 가장 잘 만족시킬 수 있도록 정한다. 일반적으로 고객요구사항과 기술특성간의 상관관계의 강도와 각 기술특성의 상대적인 중요도를 곱하여 각 기술특성별로 가중 합을 산출한다. 기술특성 값이 높을 때 더 중요한 기술특성으로 간주하지만, 기술특성의 중요도가 높다고 하더라도 제품생산에 어려움이 있으면, 제품을 개선하는 데 어려움이 따른다. 목표값을 정하는 방법으로는 선도기업을 벤치마킹하는 방법과 벤치마킹이 불가능하면 자신의 수준에 맞추어 정하는 방법이 있다.

고객의 평가: HOQ의 오른쪽에는 고객 요구사항에 대한 자사 제품과 경쟁 업체 제품에 대한 고객들의 평가를 기록한다. 즉, 고객 만족도 평가를 함으로써 경쟁사와 비교해 경쟁 우위를 선점할 수 있는 정보를 알 수 있다. 또한 고객 요구사항의 중요도와 비교하여 유지·강화해야 할 항목과 우선 개선해야 할 항목에 대한 정보를 찾을 수 있다. 고객평가는 주로 고객 설문조사를 통하여 하고 대개의 경우 리커트 5점 척도로 표현한다.

중요도 또는 실행우선순위: HOQ의 가장 아래 부분에 해당하며 기술특성의 가중치 합이 높을수록 실행 우선순위가 높다고 볼 수 있지만, 기술특성의 구현 난이도에 의해 재조정된다. QFD는 고객 요구속성이 반영된 서비스 프로세스 설계를 목표로 하기 때문에 기술특성값을 중심으로 실행 난이도와 기술특성간의 상관관계를 고려하여 기술특성의 우선순위를 매긴다. 실행 우선순위는 제품 공정을 설계할 때 상대적으로 중요하게 고려해야 할 항목을 제시한다.

3) QFD의 전개

앞의 HOQ에서는 고객의 요구사항을 기술특성값, 즉 실현가능한 정량적인 특성값으로 변환하는 것을 설명하였다. 그러나 이것만으로 고객이 원하는 제품이 만들어지는 것은 아니다. 제품이 만들어지기 위해서는 적절한 부품이 필요하며, 그 부품의 제조를 위한 적절한 공정계획과 생산계획, 나아가 각 공정에서의 적절한 작업방법이 필요하다. 이를 위해 HOQ의 연속적인 확장이 필요하다. 이와 같은 일련의 HOQ에 의해 고객의 요구사항을 기술 및 생산요구사항과 연결시킴으로써 신제품을 효율적이고 체계적으로 생산할 수 있다. 즉, 고객의 소리가 생산활동과 제품에까지 전해진다.

QFD는 제품계획(기획/설계), 부품전개, 공정계획, 생산계획의 4단계로 구성된다. 제품계획에서 HOQ를 이용하여 고객의 요구사항들을 기술변수로 변환하고, 부품전개에서 이런 기술적 변수를 각 부품별로 만족시켜야 하는 변수로 바꾸고, 공정계획에서는 중요품질 특성에 관련된 공정 활동을 전개하고, 생산계획에서는 운영과 관리도표를 통해 제조 품질을 확보한다. 아래 그림 6.4는 품질기능전개의 4단계가 어떻게 전개되는가를 보여준다.

1단계 (제품계획): 상품기획 및 개발단계에서 이루어지는 활동으로써 신제품 개발의 주안점을 명확히 하기 위한 활동을 전개한다. 설문조사 등으로 요구사항과 중요도를 산출하여 품질표에 작성하고 기획품질과 요구품질의 중요도를 산출한다.

2단계 (부품계획): 신제품의 목표 품질특성을 달성하기 위한 설계단계로서 제품, 부품 신뢰성 및 목표 원가를 만족하기 위한 설계, 시험 및 평가 활동을 전개한다. 부품과 제품 특성간의 중요 관계가 표시된다.

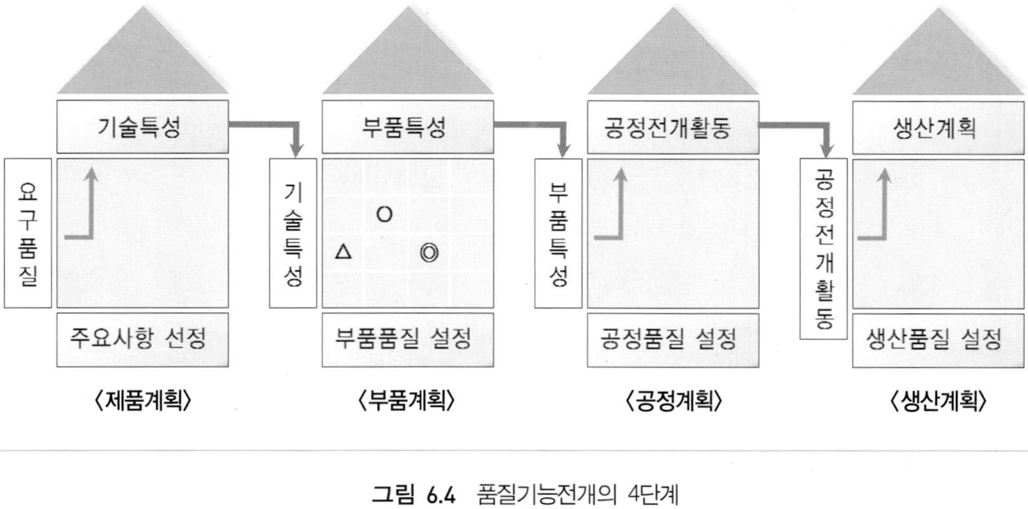

그림 6.4 품질기능전개의 4단계

◉ **3단계** (공정계획): 생산준비 단계로서 중요 품질특성을 달성하기 위한 공정설계 및 조건을 도출하고 공정 전개 활동을 실시한다.

◉ **4단계** (제조계획): 생산공정을 중심으로 하는 활동으로 설계품질을 보증하기 위한 생산시스템 구축을 목표로 한다.

그림 6.4 품질기능전개 단계는 고객 요구사항의 구체화부터 고객을 만족시키는 활동들의 상세 개발까지 전체 과정을 논리적으로 도식화한 것이다.

4) HOQ 작성 요령

고객 요구사항을 식별하는 것부터 완성 제품을 배송하기까지 전체 제품 구현 프로세스는 다양한 평가기준을 사용하는 많은 사람들에 의해 수많은 결정이 수반된다.

입력요소

고객요구사항

- 고객 요구사항의 중요도
- 자사와 경쟁사의 비교

주요출력

- 기술적 변수들의 비중과 목표값
- 기술적 변수들의 상대비중은 절대 비중의 순위
- 각 기술적 변수들의 목표값 선정

◉ **고객의 요구사항 수집**: HOQ를 완성하기 위해서 고객의 요구사항에 대한 특성들을 기록한다. 이를 위해서는 고객조사방법을 통해 얻은 고객의 소리 혹은 불만사항, 의견 등을 유형별로 묶어서 정리하되 구체적으로 기술한다. 고객의 요구사항은 관련 부서와 함께 브레인스토밍, 인터뷰, 설문지, 기타 조사를 통해서 수집한다.

문제정의에 필요한 질문 예시

- 계획한 제품의 사용자는 누구인가?
- 누가 구매자가 될 것인가?
- 제품의 예상 성취목표는?
- 제품의 성능은?
- 유사한 기존제품에 대한 품질보증에 관한 불평이 있는가?
- 사용자들은 왜 이 제품을 사용하는가?
- 비사용자들은 왜 이 제품을 사용하지 않는가?
- 비사용자들로 하여금 이 제품을 사용하도록 할 특징들은 무엇인가?
- 이 제품이 경쟁사의 제품들과 어떻게 경쟁할 것인가?

HOQ 작성순서

- 고객요구(고객이 원하는 무엇)의 대분류 수준 열거
- 요구들의 중요성에 따른 가중치 입력. 설문지 응답의 분석
- 고객들의 요구들을 기술적 변수로 변환하는 것으로 고객의 요구인 "무엇"에 대해 기술적으로 "어떻게"로 해결할 것인지를 결정
- 기술적 변수들은 정교성(ingenious)에 따라 우선순위와 가중치 결정
- 엔지니어링 특성들 간의 시너지와 절충
- 기능들 사이를 교차하는 의사소통

설문조사

신제품 개발 또는 현존 제품의 개선을 위해 고객의 기호와 불만 등을 파악하여 반영하기 위해 제조업체나 서비스업체에서는 설문조사를 통해서 관련 데이터를 수집한다. 수집된 데이터는 파레토Pareto도라는 히스토그램 형태의 도표를 활용하여 가시화할 수 있다. 이러한 접근법은 실제 발생하는 문제점을 명확하게 파악할 수 있고 생각한 것과의 차이를 확연하게 인식할 수 있다.

설문조사에서 수집된 데이터는 파레토도를 사용하여 분석하고 가시화한다. 이는 경제적 부의 대부분이 전 인구 중 일부에 의해 취해진다는 파레토 법칙을 발견한 이탈리아 경제학자 파레토에 의해 창안된 그래프이다. 자료들이 어떤 범주에 속하는가를 나타내는 계수형 자료일 때 파레토도는 각 범주에 대한 빈도를 막대의 높이로 나타낸다. 따라서

이는 기본적으로 계수형 자료에 대한 히스토그램이라고 할 수 있다.

파레토도는 핵심적이고 가장 중요한 일부의 문제요인을 찾아내고 그다지 중요하지 않는 문제 요인들로부터 분리하기 위해 사용되는 특수한 그래프라고 할 수 있다. 또한 제조 공정에서 불량의 주된 원인을 찾는 중요한 도구로 많이 사용되는데 예를 들면 불량품이나 결점, 사고 등을 그 현상이나 원인별로 분류하여 불량개수나 손실금액이 많은 차례로 늘어놓아 그 크기를 막대그래프로 나타내어 무엇이 가장 문제인지를 찾을 수 있다.

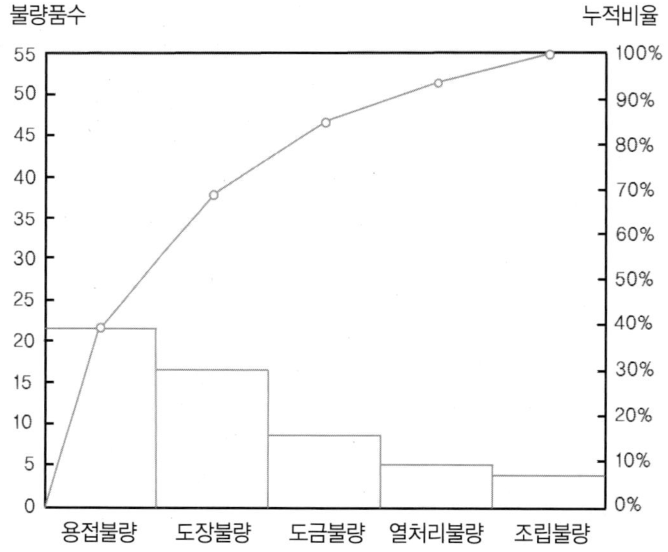

그림 6.5 가정용 정수기의 문제점 설문조사(파레토도 예)

특성요인도

특성요인도는 문제의 결과(특성)가 어떠한 요인(원인)으로 일어나는지 그 원인 관계를 살펴보고 도식화해서 문제점을 체계적으로 찾아낼 수 있도록 해주는 도구이다. 또한, 이것은 설계의 고유 약점이나 위험요소 진단에 간단하게 사용할 수 있는 그림 도구라 할 수 있다. 특성요인도는 생선의 뼈를 닮았다고 해서 생선뼈그림Fishbone diagram이라고 하고 일본의 이시카와Kaoru Ishikawa에 의해 고안되었기에 이시카와 다이어그램Ishikawa diagram이라고도 한다. 그는 이 기법을 '문제를 생선 머리에 기입하고 밤새도록 요리하는 과정'이라고 설명하였다.

공학설계에서 특성요인도는 시스템의 구체적인 설계목표를 생성하는데 이용할 수 있다. 특성요인도를 사용하여 현재의 설계 약점이나 결함을 식별한 후에 이들 약점이나 결점을 역으로 설계 개선을 하는데 구체적인 목표를 설정할 수 있다.

특성은 일의 결과가 나타나는 것을 의미하고 제품의 품질, 원가, 생산량, 안전사항 등이다. 요인은 특성에 영향을 미치는 원인이 되는 것이며 작업자, 원자재, 기계나 장비 및 작업방법 등을 나타낸다.

이 기법은 팀 차원에서 활용할 수 있는 문제 식별의 도구이지만 개인적으로도 유용하게 사용할 수 있다.

그림 6.6은 학교급식 만족도 하락에 대해 분석한 특성요인도를 보여준다. 급식의 만족도가 떨어진 주요 요인들을 그림의 옆가지에 기입한다. 특성요인도 작성 방법은 아래와 같다.

① 종이의 오른쪽에 원을 그리고 개선해야 할 문제가 되는 특성을 결정한다.
② 오른쪽 원안에 특성을 기입하고 등뼈를 그린다.
③ 큰 뼈를 비스듬히(45°) 그리고, 많은 요인을 크게 4~8개 정도로 분류하여 큰 뼈에 붙인다. 이시가와는 요인을 사람, 기계 또는 설비, 자재, 방법의 4가지로 잡는 것을 권장하였다.
④ 중간 뼈를 그리고, 문제의 모든 원인을 브레인스토밍하여 중간 뼈 가지의 끝에 적는다. 요인을 분해하여 세분화한다. 작은 뼈 가지를 추가하여 원인을 적어 넣는다.
⑤ 요인을 확인한다. 누락된 요인이 없는지 확인하고 인과관계를 확실히 파악한다. 이를 위해서 '왜'라는 질문을 반복하여 던진다.
⑥ 필요시 요인의 중요도를 매긴다. 결과에 중요한 영향을 미치는 요인은 색깔로 칠하여 한눈에 알아볼 수 있도록 한다.

영향도를 수치로 나타낼 수 있을 때는 파레토도를 작성하여 영향이 큰 상위 2~3항목에 표시를 하고, 수치로 나타낼 수 없는 것은 다시 브레인스토밍하여 영향도가 크다고 생각되는 2~3항목에 표시를 한다. 특성요인도는 전체적으로 문제를 바라볼 수 있고, 원인들 사이의 연관성과 상대적 중요도를 한눈에 바라볼 수 있으며, 문제의 원인이 무엇인지 쉽게 찾을 수 있도록 도움을 준다. 또한, 참석자들이 문제의 본질에서 벗어나지 않게 해주고, 논리적인 순서에 따라 문제를 해결할 수 있도록 도움을 주는 등 여러 가지 장점들이 있다.

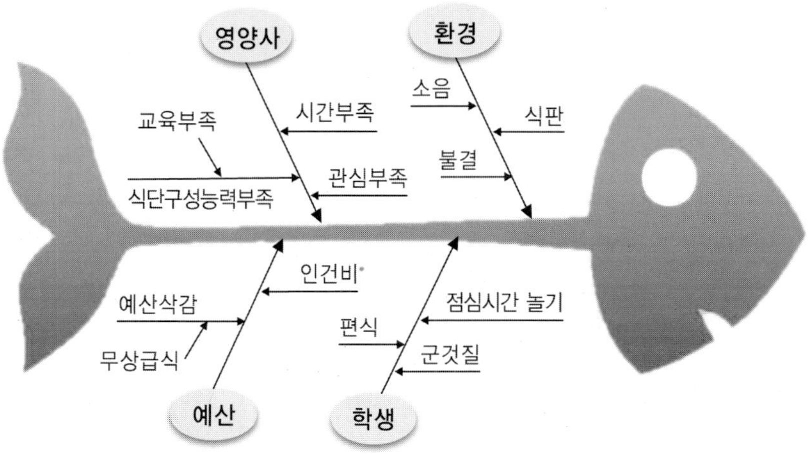

그림 6.6 학교급식 만족도에 대한 특성요인도의 예

기타

문제정의에 도움을 주는 방법들 중에서는 확산적 질문과 수렴적 질문이 있다. 문제의 범위를 점점 넓혀 가는 방식을 적용하면 문제의 배경을 찾아낼 수 있다. 또한 문제를 더욱 좁혀가는 연속적인 질문을 던지면 문제의 진짜 이유와 그 문제에서 무엇이 중요한지를 알아내게 되어 문제를 더 잘 정의할 수 있게 된다.

★ 확산적 질문 예:

"이 문제는 무엇에 관한 것이냐?" : 담보대출
"왜 담보대출을 하려는 것인가?" : 내 집 마련을 하기 위해서
"왜 내 집 마련을 하려는 것인가?" : 편안하고 안락하기 위해서

위 확산적 질문에서는 단지 육체적 욕구뿐만 아니라 정신적인 욕구도 포함되어 있다는 것을 보여주고 있으며, 아래 수렴적 질문에서의 진짜 문제는 예산과정이나 꾸물대는 습관에 있는 것이 아니라 사고성향이 맞지 않는 사람에게 그 일을 시킨 데 있다.

★ 수렴적 질문 예:

"왜 당신은 영수증 및 청구서 처리업무를 개선시키려고 합니까?" : 왜냐하면 나는 항상 업무 처리 기한을 넘기기 때문입니다.
"왜 항상 처리기한을 넘깁니까?" : 왜냐하면 늘 꾸물대는 버릇이 있기 때문입니다.
"왜 꾸물댑니까?" : 왜냐하면 나는 서류처리하는 것을 싫어하기 때문입니다.
"왜 서류처리하는 것을 싫어합니까?" : 왜냐하면 그것은 내가 싫어하는 계획적이고 순차적인 사고를 필요하기 때문입니다.

이처럼 문제는 정의를 어떻게 하느냐에 따라서 커질 수도 있고 작아질 수도 있다. 주어진 문제에 관해 더 나은 이해에 도달할 때까지 이러한 과정을 계속한다.

6.5 실습활동

제6장의 기본 실습활동으로서 문제발견(정의)과 파레토도 작성이 있는데 필요하다면 기말 프로젝트 주제(준비과정)를 다루는 것도 좋다.

실습활동 6-1 (문제발견)

공부를 하는데 성적이 안 오르는 원인을 원인결과도를 이용하여 분석하고 문제정의문을 작성하라.

- 원인결과도 제시
- 문제정의문 작성

실습활동 6-2 (파레토도 작성: 보고서 제출과제)

스마트폰 사용에 대한 설문조사를 수행하여 그 결과를 분석하고 파레토도를 작성하라.

- 설문조사문항 작성: 연령, 폰의 종류(브랜드), 가격, 구매기준, 사용빈도, 문제점 등 10개 문항 이상
- 도출된 다섯 가지 이상의 문제점에 대한 파레토도 작성

실습활동 6-3 (기말 프로젝트 과제: 문제정의)

다음과 같은 절차를 거쳐 기말 프로젝트 수행을 위한 준비를 진행하라.

- 팀 구성, 역할 분담
- 기말 프로젝트 주제 선택
- (만일 필요하다면) 설문조사 수행, 파레토도 작성
- 문제정의

참고문헌

[1] 다카스기 히사타카 (현창혁 옮김), 맥킨지 문제해결의 이론, 일빛, 2009.

[2] 에드워드 럼스데인, 모니카 럼스데인, 윌리엄 셀닛(명지대학교 창의공학연구회 역), 창의적 문제해결과 공학설계, 파워북, 2000.

[3] 도널드 고즈, 제랄드 와인버그 (김준식 옮김), 대체 뭐가 문제야, 인사이트, 2006.

[4] 고바야시 유타카 (이왕호 옮김), 문제해결력을 기른다, 지식공작소, 2002.

[5] 이상복, 신동설, QFD(품질기능전개) 이론과 사례, 이레테크, 2008.

CHAPTER 07

아이디어 창출 (확산적 사고)

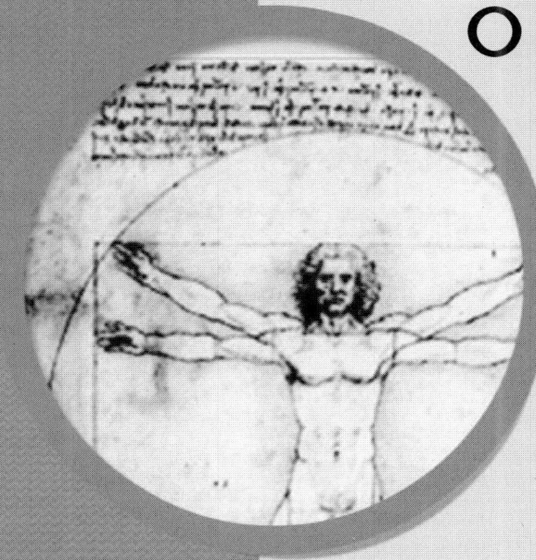

공학적 문제에 당면하여 창의적인 해결책이나 대안을 찾는 방법으로는 확산적 사고기법이 우선적으로 거론된다. 여기에서는 확산적 사고에 관련한 규칙, 진행순서 등을 다룬다.
확산적 사고기법은 너무 다양하여 실습과정에서 일일이 적용하기란 쉽지 않다. 보편적인 기법(예컨대 브레인스토밍, 스캠퍼, 마인드맵 등)에 관련한 내용 중에서 1～2가지를 선택하기 바란다.

강의진행

1교시	교과내용소개, 실습활동(7-1, 7-3)
2교시	실습활동(7-2, 기말 프로젝트 주제)

아이디어를 생성하는 확산적 사고에 관련한 다양한 기법들은 정형화되어 있어서 그 숙달과 적용이 그다지 어렵지 않다. 다만 적용방법을 익히는데 머무르지 말고, 원리를 이해한 다음 지침에 의거하여 수행하여야 한다. 가장 중요한 규칙으로서 판단유보가 있는데 충분한 아이디어가 생성될 때까지 제한적인 시간 범위 내에서 아이디어에 대한 평가나 판단을 유보하는 것이다. 또한 비판이나 칭찬을 줄이고 아이디어가 물 흐르듯이 흘러가게 하는 것이 효과적이다.

7.1 확산적 사고기법

확산적 사고기법으로는 브레인스토밍, 브레인라이팅, 육색사고모자기법, 체크리스트, 스캠퍼, 마인드맵, 연꽃기법, 속성열거법, 형태학적 분석법, 강제결합법, 결점열거법, 희망열거법, 시네틱스 등이 있다(표 7.1). 하나의 설계과제에 모든 기법을 사용하는 것은 아니다. 그 선택기준은 어떤 아이디어, 즉 어떤 해결책을 얻고자 하느냐에 따라서 달라진다. 확산적 사고기법을 사용할 때 공통적으로 요구되는 규칙은 다음과 같다. 이러한 규칙은 편견이나 경직된 사고에서 벗어나 자유롭고 개방적이며 창의적인 사고를 가능하게 한다.

판단유보

아이디어를 생성해내는 즉시 그 아이디어에 대해 칭찬하거나 비판하는 방식으로 즉각적으로 평가하면 아이디어를 생성하는 과정에서 사고활동을 위축시키게 된다. 비록 거칠고 어리석어 보이는 아이디어도 일단 수용하는 자세가 요청된다. 또한 특정 아이디어에 너무 확신을 갖거나 집착하지 않는다. 이처럼 문제 해결에 대한 대안들을 충분히 생성해 낼 때까지 가치평가를 유보해야 한다. 도출된 아이디어에 대한 즉각적인 평가는 아이디어 생성을 막아버리는 결과를 가져오기 때문이다. 그러므로 성급한 판단을 유보하여 아이디어의 양과 깊이를 더할 수 있어야 한다. 모든 아이디어 평가는 수렴적사고 단계에서 수행한다. 아이디어를 생성할 때 먼저 평가하는 습관을 바꾸어야 한다.

표 7.1 확산적 사고기법과 사용 목적

사고기법	사용 목적
브레인스토밍	기본적인 사고기법으로 다양하고 독특한 아이디어를 많이 생성하고자 할 때
브레인라이팅, 브레인라이팅게시기법	전형적인 아이디어를 새롭게 사용하고 약간 개선하며 보충적인 것을 원할 때
형태분석법, 속성열거법	생성된 아이디어가 큰 변화 없이 문제에 직접적인 해답을 주기를 원할 때
체크리스트	전형적인 아이디어를 구조적으로 수정하거나 변형시켜 상당히 독창적인 아이디어를 원할 때
연꽃기법, SCAMPER	아주 혁신적인 아이디어를 원할 때

양의 중시

확산적 사고과정에는 아이디어의 질보다 양을 추구한다. 즉, 가능한 많은 양의 아이디어를 생각해 내면 그 중에는 유용한 아이디어가 있을 수 있다. 처음부터 획기적이고 그럴듯한 아이디어는 드물다. 문제해결을 위해 한 번에 좋은 아이디어를 제시하겠다는 강박감을 버려야 한다. 한 번에 해결안을 찾기보다 황당해도 다양한 아이디어를 산출해 내는 과정을 통해서 얻어진 아이디어가 문제를 해결하는 좋은 기회를 가져다준다.

자유연상

자유연상은 자유롭게 생각하면서 그런 가운데 다양한 형태로 아이디어를 결합해서 새롭고 좋은 아이디어를 도출할 수 있다. 마음속에 떠오르는 어떠한 아이디어라도 조잡하거나 하찮다고 생각하지 말고 모두 수용하고 기록한다. 조잡한 아이디어라도 새로운 아이디어의 발판이 되기도 한다. 자유연상을 통해 익숙지 않은 여러 생각들을 모아서 발전시킬 수도 있고, 각자의 고유한 아이디어나 생각들을 자유롭게 발전시키기도 하며 관용과 사고의 유연성도 얻을 수 있다. 또한 자유연상은 문제를 다각적으로 관찰하고 다양한 해결책을 모색하게 해준다. 문제를 해결하는데 있어서 스스로를 과소평가하여 두려워하지 말고 자신이 해결할 수 있다는 생각과 편안한 마음으로 아이디어를 제시해야 한다.

아이디어 편승

앞서 얻은 아이디어를 수정하거나 다듬어서 새로운 아이디어를 생각해 본다. 모방으로부터 시작해서 새로운 것을 창조하는 경우가 종종 있다. 이미 나온 아이디어들을 서로 결합하거나 개선해서 새롭고 독창적인 아이디어를 만든다. 자신이나 다른 사람의 아이디어에 편승하여 더 좋은 아이디어로 발전시키는 노력이 필요하다. 이러한 과정을 계속하면 보다 효과적인 문제해결방법이 도출될 수 있다.

7.2 브레인스토밍

개념

브레인스토밍brainstorming이란 1938년 오스본Alex F. Osborn에 의해 창안된 사고 방법으로 3~10명이 모여서 한 주제에 대해 다양한 아이디어를 공동으로 내놓는 방법이다. 일상적인 사고를 탈피하고 거침없이 자유롭게 생각하도록 격려함으로써 다양하고 우수한 아이디어를 얻게 한다. 즉, 어떤 주제나 문제에 대해 두뇌에서 폭풍이 몰아치듯 두뇌를 자극하여 생각나는 아이디어를 끌어내고 집단적인 연쇄반응을 유도한다. 이 방법은 질보다 양을 추구하여 많은 아이디어를 도출하는데 중점을 둔다. 가능한 많은 해결책을 도출함으로써 복잡한 요인이 관련된 문제를 여러 사람이 단시간에 해결하거나 모든 사람들이 창의적 사고의 경험을 할 수 있도록 하는 상황에서 많이 활용된다.

문제가 생겼을 때 여러 사람이 함께 풀면 그 문제의 해결이 쉬워진다. 예를 들어 세 사람이 집단을 이루면, 각자는 집단의 다른 어느 누구도 갖지 않은 경험이나 사실들을 갖고 있으며, 동시에 세 사람의 경험을 종합하여 훨씬 더 많은 새로운 아이디어를 창출해 낼 수 있다. 혼자서는 도저히 움직일 수 없는 무거운 돌도 여러 사람이 모이면 옮길 수 있는 것처럼 정신적으로 결합된 한 팀도 큰 힘을 낼 수 있다. 집단 브레인스토밍은 아이디어의 연쇄반응을 일으켜서 짧은 시간 내에 전통적인 회의보다 더 많고 우수한 아이디어를 얻는 효과적인 방법의 하나로 알려져 있다.

브레인스토밍은 일반적인 문제보다는 특정한 문제에 적용할 때 큰 효과를 볼 수 있다. 그러나 너무 세부적인 문제에는 적합하지 않다. 즉, 설계 초기 단계의 문제로서 '강의실의 냉난방에 적합한 방법' 또는 '휴대전화를 분실하지 않는 방법' 등의 문제에는 적합하지만, '이 강의실의 수용인원' 등과 같이 하나의 정답 또는 몇 개의 대체 가능한 답이 존재하는 경우에는 부적합하다.

브레인스토밍은 비교적 실시하기 쉬운 장점이 있는 반면에, 깊이 있는 아이디어를 얻기 힘들다는 문제점도 지적되고 있으나, 많은 성공사례들이 있다.

기본규칙

브레인스토밍은 어떤 특정 문제나 주제에 대하여 보다 많은 아이디어를 도출하기 위해서 사용한다. 그 과정에서 다음과 같은 4가지 기본규칙을 지켜야 한다[1].

● **평가유보**: 오스본은 비판이나 평가는 새로운 아이디어를 생산하는 데 방해가 된다고 주장하였다. 그에 따르면 자신의 것이든 타인의 것이든 도출된 아이디어는 일단 평가를 유보하여야 사고의 흐름이 원활해진다. 누구든 아이디어를 자유롭게 발표할 수 있어야 하며, 이 단계에서는 방해받지 않아야 한다. 모든 아이디어들은 좋든지 나쁘든지 간에 수용하고 평가는 차후로 미룬다. 팀장이나 팀원 모두가 스스로 자유로운 표현을 할 수 있도록 비평하거나 평가하지 않도록 분위기를 조성하고 허용해야 한다.

평가유보는 충분히 생각할 시간을 갖고 더 나은 아이디어나 최선의 방법 및 아이디어를 찾기 위함이다. 어떤 문제를 해결해야 할 상황이면 가능한 많은 아이디어나 정보를 수집하고, 이 아이디어들을 충분한 시간을 갖고 평가하기 위하여 즉각적인 평가를 유보해야 한다. 평가유보의 이점은 다음과 같다.

- 더 많은 수의 아이디어를 도출할 수 있다.
- 아이디어들을 서로 창의적으로 조합시킬 수 있는 기회를 가질 수 있다.
- 의사 결정의 내용이 더 좋아진다.
- 평가를 유보하고 충분히 생각할 여유를 갖게 되면 자신의 불충분한 아이디어나 생각을 다듬을 수 있다.

■ 평가를 유보하거나 통제할 줄 안다는 것은 자신의 감정을 통제하거나 유보한다는 것과 같은 의미이다.

◎ **자유분방한 사고 중시**: 과거의 지식, 경험, 습관, 전통 등에 구애받지 않고 사고의 폭을 넓힌다. 엉뚱하고 기발하고 비현실적이거나 터무니없는 아이디어의 상상을 허용한다. 이들은 다른 관점의 문제 상황에서는 현실적으로 타당할 수도 있다. 이상하거나 색다른 아이디어의 도출은 또 다른 아이디어를 이끌어 낼 수 있다.

◎ **양산**: 처음부터 좋은 아이디어를 얻으려고 하면 오히려 사고 활동이 억제된다. 어떤 아이디어든지 질을 따지지 말고 가능한 많은 양의 아이디어를 도출하도록 한다. 아이디어의 질을 고려하는 것은 곧 평가를 의미하며 이는 브레인스토밍 시간이 끝난 뒤에 하면 된다. 이 단계에서는 우선 아이디어의 양이 중요하다. 도출되는 아이디어가 많으면 많을수록 유용한 아이디어가 많을 가능성이 있기 때문이다. 브레인스토밍 시간이 지속될수록 아이디어들은 더욱 독창성을 갖게 된다.

◎ **결합과 개선**: 자신의 아이디어만 고집하지 말고 다른 사람의 아이디어도 결합하여 개선하고 의도적으로 발전시키려고 한다. 제안된 각각의 아이디어는 이미 제안한 사람의 전유물이 아니고 서로 공유된 아이디어로 사용한다. 이미 제안된 아이디어를 결합해 보고 조합을 해서 더 좋은 아이디어로 발전시켜 제3의 아이디어를 이끌어 낼 수 있다.

준비

브레인스토밍 효과를 극대화하기 위해서는 사회자의 진행 능력이 매우 중요하다. 참가자의 적극적인 자세도 서로의 상상력을 증대시키고 좋은 아이디어를 발생시킬 수 있다. 브레인스토밍을 시작하기 전에 준비할 사항은 다음과 같다.

◎ **주제설정**: 브레인스토밍의 성공 여부는 주제설정에 달려 있다고 해도 과언이 아니다. 주제는 여러 가지 해결책이 나올 수 있는데 범위가 넓은 것은 몇 개의 하위 주제로 분할한다. 학교 내의 문제점이든지 신제품에 대한 의견이나 불편한 점의 개선이든지, 아니면

목적이 없는 어떤 주제여도 무방하다. 가치 판단을 요구하는 문제는 브레인스토밍의 대상으로 적합하지 않다. 한 회의에 하나의 주제만 다룬다. 주제가 너무 구체적이면 아이디어가 나오기 어렵지만, 어느 정도까지는 구체적이어야 한다. 그래야 문제가 명확해져서 아이디어를 내놓기 쉽다. 가능하면 팀원들이 모두 인식하고 있는 주제로 하는 것이 효과적이다.

● **회의 장소**: 회의 장소는 전원이 서로 얼굴을 마주볼 수 있어야 하며, 아이디어를 기입할 수 있는 칠판을 준비한다. 참석자가 브레인스토밍을 가볍게 할 수 있으며, 자유롭고 편안하게 느낄 수 있는 곳이어야 한다. 때때로 학교가 아닌 레스토랑이나 음식점 등에서 하게 되면 더 좋은 결과를 기대할 수도 있다.

● **팀장 선임**: 팀장의 사회로 브레인스토밍을 시작한다. 팀장은 엉뚱한 방향으로 나가지 않도록 리드하되 다양한 아이디어가 나오도록 유도한다. 의견 제시는 가능하면 간단명료하게 해야 짧은 시간에 여러 회원이 많은 얘기를 할 수 있다. 한 팀원이 말을 너무 많이 하지 않도록 팀장이 이끌어야 한다. 때때로 분위기를 활발하게 하는 음악을 듣는다든지 문제와 관련된 흥미로운 이야기를 한다든지 참석자들끼리 자유롭게 대화를 유도하여 분위기를 전환시킨 후 회의를 진행한다.

● **진행 순서**

① 브레인스토밍의 4대 규칙을 칠판에 게시하고 유의점을 안내한다.
② 팀별로 사회자(또는 팀장)를 한 명씩 선정한다.
③ 브레인스토밍의 주제를 알려 준다.
④ 주제를 알려 주고 생각할 시간을 2분 정도 준다.
⑤ 주제에 대하여 생각한 것을 첫째 칸에 기록하고 발표하도록 한다.
⑥ 팀원들이 돌아가면서 아이디어를 하나씩 발표하고, 다른 사람이 발표 내용을 빠짐없이 기록한다. 대략 2분 발표, 30초 기록, 2분 생각을 반복한다.
⑦ 다른 팀원이 기록된 아이디어를 읽을 때 중복되는 것을 지우고 다른 팀원의 아이디어로부터 연상된 아이디어를 기록한다. 이러한 단계를 반복한다. 자기 차례에서 발

표할 것이 없으면 통과시킨다.

⑧ 팀장은 수시로 원칙 준수 여부를 확인하고, 아이디어의 생성을 독려하는 질문을 한다.

⑨ 30분 정도 실시하고 우수한 아이디어 발상을 위해 20분 정도 연장할 수 있다.

⑩ 사회자는 "열 개만 더 냅시다" 또는 "각자 한 개씩 아이디어를 더 냅시다" 등의 말로 독려하고 적당한 시간에 회의를 종결한다.

● **아이디어 평가 및 처리**: 도출된 아이디어를 간결하고 이해하기 쉽게 목록을 만들고, 논리적인 범주로 분류하고, 아이디어 평가 기준을 작성한다. 브레인스토밍은 문제 해결을 위한 집단 토의이므로 생산된 아이디어는 독창성뿐만 아니라 경제성과 실용성도 평가해야 한다. 평가는 객관성과 전문성을 가진 사람이 담당해야 하지만 가벼운 문제일 경우에는 다른 팀원이 평가할 수 있으며, 특별한 발명품의 제작이나 문제 해결을 위한 것이 아니라면 평가를 하지 않아도 된다. 아이디어에 대한 평가는 계속해서 할 수도 있지만 냉정하고 객관적으로 평가할 수 있도록 가능하면 하루쯤 있다가 실시하는 것이 좋다. 또 평가를 할 때 멤버를 바꿀 필요도 있지만, 절반 이상은 브레인스토밍을 실시한 멤버가 하도록 한다.

평가 단계에서는 독립성, 실현 가능성, 효과 등의 관점에서 검토한다. 이때 비판을 허용하여 철저하게 아이디어를 검토한다. 그러나 아이디어가 도출되고 발전되는 과정에서 판단, 비판, 평가 등은 금지된다. 브레인스토밍으로 수집된 아이디어 중에서 좋은 것을 골라내고 그것을 다시 수정하여 실행에 옮길 수 있어야 한다. 이때 다음 절에서 배우는 SCAMPER나 체크리스트 기법을 사용해서 점검할 수 있다. 일반적으로 이 단계에서 아이디어끼리 결합하면 높은 수준의 아이디어로 변모하는 경우가 많다.

회의가 끝나면 도출된 아이디어로 문제해결방안을 찾는 일이 남는다. 이제부터 중요한 것은 평가다. 정확한 평가를 해야 좋은 해결방안을 선정할 수 있다. 평가 전에 아이디어 목록을 잘 정리하고, 각 항목 사이에는 여백을 두어서 모든 참가자들에게 아이디어가 떠오르거나 보충할 것이 있으면 적어서 보내달라고 한다. 일반적으로 참가자들은 회의가 끝난 뒤 며칠 동안 그 의제에 대해 생각하며 더 좋은 아이디어들을 떠올릴 수 있다. 아이디어의 최종 선택은 보통 그 문제에 직접적으로 책임이 있는 사람이 하는 것이 좋다. 그리고 어떤 경우에도 아이디어가 어떻게 처리되었는가를 참가자에게 잘 알려야 한다. 아이디어를 선별하는 일반적인 방법은 다음과 같다.

① 전체 아이디어 중에서 가장 쓸모가 있다고 생각되는 것으로 5개를 고른다.
② 그 5개 중에서 더욱 쓸 만하다고 생각되는 것 3개를 뽑는다.
③ 3가지 아이디어를 가지고 다시 브레인스토밍을 한다.
④ 이때 나온 아이디어를 가지고 ①의 방법부터 다시 적용을 한다.

- **질문의 유형**: 상황에 따라 다른 질문으로 시작할 수도 있는데 그 예는 다음과 같다.

① 문제 확인 과정
"문제점이 무엇인가?", "어떻게 돌아가고 있는가?", "문제에 대하여 우리가 알고 있는 것은 무엇인가?"
② 문제 진술 과정
"이슈가 무엇인가?", "무엇이 문제인가?", "애로사항은 무엇인가?"
③ 문제 분석 과정
"문제의 원인이 무엇인가?", "왜 사태가 개선되지 않는가?"
④ 문제 해결 과정
"어떤 전략을 사용해야 할까?", "다른 해결책은 무엇인가?"
⑤ 의사 결정 과정
"어떤 대안이 가장 그럴듯한가?", "각 대안의 위험 부담은 어떤가?"

- **경구 리스트**: 또한 강력한 경구 리스트를 작성하여 참석자들이 숙지하도록 한다. 다음은 생각을 위축시키는 말로서 브레인스토밍 회의뿐만 아니라 다른 회의에서도 금지되어야 할 말들이다.

■ 지금까지 우리는 그런 방법으로 한 일이 없으니까 …
■ 그것은 실천으로 옮길 수 없으니까 …
■ 논리적으로 타당성이 없는데 당신은 그것을 행동으로 옮길 수 있는가?
■ 만일 그것이 참으로 좋은 일이라면 벌써 누군가 해봤을 것이다.

- 너무 시대에 뒤떨어졌다.
- 우리 회사의 규정으로는 그것을 할 수 없다.
- 회사의 운명을 좌우하는 거니까 가볍게 다룰 수 없다.

◎ **사용하지 않아야 할 표현**: 다음은 자기 스스로 아이디어를 억압하는 말들로 사용하지 않는 것이 좋다.

- 이 방법은 조금 빗나갔지만 …
- 이것을 필요로 하는지 어떤지는 분명하지 않지만 …
- 당신은 아마 웃을 것이다. 그러나 …
- 내 의견은 별로 가치 있는 것은 아니지만 …
- 이것은 내 전문 분야는 아니지만 잘못이 있으면 바로 잡아 주십시오.

◎ **진행 유의사항**: 브레인스토밍 시 특히 주의할 사항은 아래와 같다.

- 사회자는 브레인스토밍 기법을 숙달하고 있어야 하며 해결해야 할 문제에 대해 잘 알고 있어야 한다. 사회자는 문제를 되도록 간단하게 말하고, 문제가 무엇인가를 명확히 한다. 사회자는 참석자들의 아이디어 도출이 저조할 경우에 적당한 질문을 하여 회의가 활기를 띨 수 있도록 질문 목록을 다양하게 준비한다. 질문 목록을 작성할 때 SCAMPER나 체크리스트를 활용할 수 있다. 사회자는 참석자 모두가 많은 아이디어를 발표하도록 용기를 주어야 하며, 무거운 분위기가 되지 않도록 유머를 구사하는 것이 좋다. 참석자들이 브레인스토밍 방법과 원칙을 확실히 알고 임할 수 있도록 철저히 지도한다.
- 기록자는 칠판에 각 아이디어의 요점과 발언자의 이름을 써서 참석자들이 그것을 보면서 생각하도록 한다. 아이디어의 상세한 내용은 빼고 요점만을 기록한다. 기록자는 사회자의 옆자리에 앉아서 발표된 아이디어를 정확하게 기록한다.
- 참석자는 먼저 발표된 아이디어를 개선하고 보강하는 아이디어를 내도록 노력하는 것이 좋다. 참석자는 다른 사람이 내놓은 아이디어의 긍정적인 측면을 보면서 아이디어의 연결 고리를 형성함으로써 혼자서는 생각하지 못할 아이디어를 창출하는 그룹의 성과를 기대한다.

- 참석자는 머리에 떠오르는 모든 아이디어를 거리낌 없이 말하며, 모두가 기발한 아이디어를 환영해야 한다. 터무니없어 보이는 비현실적인 아이디어에 최종 문제해결안의 본질적 요소가 포함되어 있을 가능성도 있다.
- 시작할 때 약속한 시간 내에 끝내도록 한다. 30분에서 1시간 정도가 적당하다. 이 방법의 주목적은 비교적 짧은 시간에 될수록 많은 아이디어를 얻는 것임을 기억해야 한다.
- 끝나면 도출된 아이디어와 명단을 만들어 참가자에게 2~3일 내에 보내고 더 생각한 것이 있으면 첨부하도록 한다.
- 도출된 아이디어를 종합해서 적당한 제목을 붙여 정리한 후에 비판 및 평가를 받을 준비를 한다.

7.3 브레인라이팅Brain Writing, BW

개념

BW는 독일 프랑크푸르트에 있는 바텔 연구소의 홀리겔이 개발한 635법(6명이 둘러앉아 3개 아이디어를 5분 내에 기입하고 옆으로 돌리는 방법)을 개량한 것이다[2]. BW는 브레인스토밍의 변형으로서 참석자들이 내성적이거나 남들 앞에서 자신의 생각을 표현하기를 주저할 때 사용할 수 있다. 브레인스토밍과 마찬가지로 문제 해결을 위한 아이디어를 참석자들이 자유분방하게 제안한다. 다른 점이 있다면, 자기 생각을 말이 아니라 글로 표현하는 것이다. 여러 사람 앞에서 엉뚱한 아이디어를 말하는 것보다는 기록하는 것이 훨씬 쉽고 편안하기 때문이다. 참석자들 사이의 분위기가 서먹하거나 소극적인 사람, 체면을 차리는 사람, 이야기하는 것이 서투른 사람 등이 많을 때 효과를 볼 수 있는 기법이다. 여러 명이 모여 말을 하지 않고 종이에 자신의 생각을 쓰고 그것을 다른 사람과 교환하여 검토 후 다시 쓴다.

참석자 수가 상당히 많아서 집단별로 토의나 사고를 하기 힘든 경우, 그리고 다른 사람의 아이디어에 쉽게 따라서 쓰는 구조를 제공하여 많은 아이디어들을 빠르게 도출하고 싶을 때도 사용할 수 있는 사고기법이다. 브레인스토밍을 하기 전에 BW을 수행하여 사고를 유연하게 할 수도 있다. BW는 익명이 보장되므로 말로 표현하기 어려운 의견이 제시되어 활발한 토론을 할 수 있으며, 결과물이 글로 남기 때문에 자료로 활용할 수 있다. 또한 침묵 속에서 진행되므로 개인적인 사고를 살릴 수 있다는 장점이 있다.

BW기법이 유용한 경우

- 문제의 근본 원인을 찾으려 할 때
- 문제에 대한 해결책을 찾을 때
- 더욱 초점이 맞춰지고, 발전된 아이디어를 도출하고자 할 때
- 참석자 각자가 서로의 아이디어를 수정 및 개선하려고 할 때
- 쟁점이 되는 주제와 관련된 아이디어를 도출하고, 익명성을 유지하려 할 때
- 지배적인 참가자에 의해 사람들 간의 마찰이나 위협이 생기는 것을 피하려 할 때

진행 순서

① 팀 구성은 적은 수로 구성하는 것이 좋으며, 4~5명이 한 테이블에서 마주보고 하는 것이 적당하다.

② 각 참석자에게 같은 간격으로 세로로 세 개의 줄이 그어져 있는 BW 활동 용지를 한 장씩 배부한다.

③ 활동 용지의 제일 위에 해결해야 할 문제를 기록한다. 그리고 첫 번째 가로 칸(A1, B1, C1)에 문제 해결을 위하여 자기가 생각한 세 가지 아이디어를 5분 이내에 적은 후 책상 가운데로 내놓는다.

문제	문제1	문제2	문제3
1	A1	B1	C1
2	A2	B2	C2
…	…	…	…

④ 3가지 아이디어가 기록된 다른 참석자의 활동 용지를 가져온다.
⑤ 이제 두 번째 가로 칸(A2, B2, C2)에다 추가로 새로운 3개의 아이디어를 더 적는다. 새로운 아이디어를 적어도 좋고, 이미 기입되어 있는 다른 사람의 아이디어를 보고 변형한 아이디어도 좋다. 앞의 아이디어들을 조합하거나 거기에다 무엇을 추가시켜 새로운 아이디어를 도출해 가면 아이디어를 발상하는 데 도움이 된다.
⑥ 말은 하지 않고, 아이디어를 기록지에 적기만 한다.
⑦ 사회자가 멈추라는 지시를 할 때까지 계속 활동 용지를 바꾸어 가면서 아이디어를 써 넣는다.

다음 표는 4가지의 직업에 대해 생각나는 점을 찾는 BW의 예이다. 빈칸에 아이디어를 추가해 본다.

직업	선생님	아나운서	의사	엔지니어
1	칠판	뉴스	청진기	
2	교과서	방송국	주사기	
3	시험	표준말	의료보험 카드	
4	자율학습	단정함	컴퓨터	
5	넥타이	김민지	환자	
6	시간	경쟁률	약	
7				
8				
9				
10				

유의사항

① 브레인스토밍보다 참석자들의 자발성이 떨어지지 않도록 한다.
② 글을 쓰는 것 자체를 두려워하는 사람이 대다수라면 효율적이지 못하다.
③ 의견이 비슷해질 수 있으므로 최대한 다른 의견을 내려는 노력이 필요하다.
④ 어느 정도 익명성을 보장해 주어야 한다.

게시기법

브레인스토밍기법을 약간 변형시킨 것이 BW 게시기법BW Post-it이다. BW을 하다 보면 아이디어를 도출하는 속도가 빠른 사람이 있다. 그러나 아이디어 도출이 느린 사람 때문에 자신의 아이디어를 기록하기 위하여 기다리는 경우가 생긴다. BW 게시기법은 진행 흐름을 지체시키지 않고, 도출된 아이디어를 효과적으로 사용하게 하여 가치 있는 아이디어의 상실을 막을 수 있다. 포스트잇Post-it은 직선적인 사고의 흐름을 자유롭게 재배열하고, 묶거나 빼는 것이 가능하기 때문에 브레인스토밍 과정에서 사용하면 편리하다.

BW 게시기법의 장점

- 아이디어 도출 흐름을 촉진시킨다.
- 아이디어가 게시되므로 동적인 활동이 요구되어 집단의 열기가 높아진다.
- 남의 아이디어에서 서로 힌트를 받아 새로운 아이디어를 도출할 수 있다.
- 게시용 용지에 적혀 있기 때문에 분류할 때 떼어내어 소주제별로 모으기가 쉽고 평가하기에 효과적이다.

게시 절차

① 포스트잇을 준비한다. 다른 사람이 적은 내용을 볼 수 있도록 조금 큰 용지에 큰 글씨로 적으면 효과적이다.
② 1장의 포스트잇에 1개의 아이디어만 적어서 그것을 다른 팀에 방해되지 않을 정도로 소리 내어 말하고 사회자에게 넘긴다.

③ 사회자는 아이디어 중에서 유사성이 있는 것들끼리 분류한다. 어느 쪽에도 속하지 않는 포스트잇이 있다면 그대로 둔다. 분류한 포스트잇을 참석자들이 볼 수 있도록 게시한다.

④ 분류한 아이디어에 대해서 소주제를 적어서 포스트잇으로 붙인다.

⑤ 마지막으로 분류된 그룹의 라벨을 보면서 가장 이상적인 구도가 되게 큰 종이 위에 라벨을 배열하여 하나의 정리된 문장으로 만든다.

그림 7.1은 포스트잇으로 BW 과정을 표현한 것이다. 이 그림처럼 작은 칠판, 벽면 또는 큰 종이에 포스트잇을 이용하면 세부 항목, 문제점, 취약점 등을 다양하고도 창의적인 방식으로 표현할 수 있다.

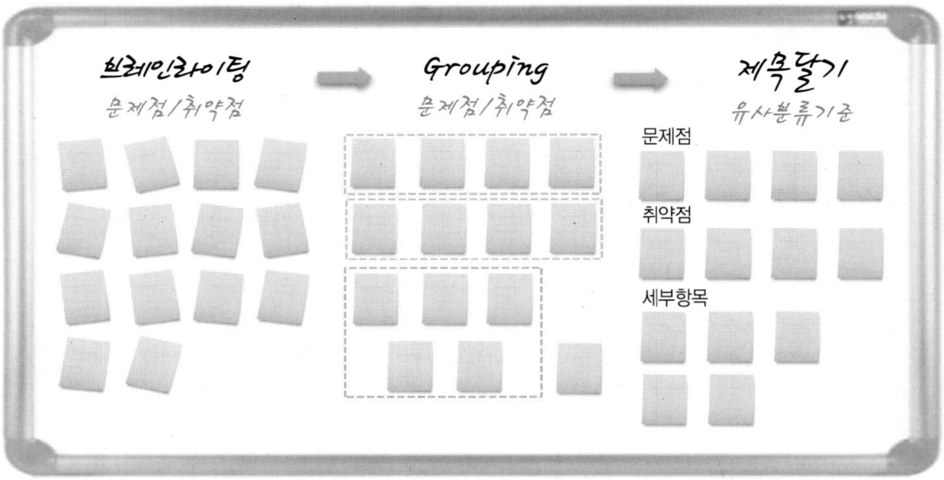

그림 7.1 포스트잇을 이용한 BW

7.4 체크리스트-SCAMPER법

체크리스트

체크리스트는 오스본에 의해서 개발된 기법으로서 새로운 아이디어를 필요로 할 때 사용된다[3]. 문제를 해결하기 위해서 다양한 영역에서 생각해 보는 것이 필요하기 때문에 사고의 기준별로 미리 질문을 만들어 빠짐없이 생각해 볼 수 있다. 이 기법은 제2차 세계대전 중 미 육군에서 처음 활용되기 시작했으나 광고회사인 BBDO Batten, Barton, Durstine, and Osborn가 이를 구체화시켜 보급하면서 오스본Osborn의 체크리스트checklist법으로 불리게 되었다.

체크리스트는 과제에서 누락되는 것이 없도록 하나씩 체크해 가기 위한 일람표를 의미하며 문제해결을 위해 각 영역의 질문을 체계적으로 만들어 빠짐없이 생각한 것을 점검해 나가는 기법이다.

아이디어 도출을 위한 체크리스트는 사고의 출발점 또는 문제 해결의 착안점을 미리 정해놓고 그에 따라 다각적인 사고를 전개함으로써 능률적으로 아이디어를 얻는다. 동일한 목적을 달성할 수 있는 또 다른 수단과 방법 등은 없을까? 하는 문제들에 대해 구체적인 방향을 제시한다. 이 방법은 발상을 넓은 각도로 점검해 나갈 수 있는 방법으로 개인적으로 아이디어를 도출하는 데 이용할 수 있다.

체크리스트법은 아이디어의 새로운 도출과 연쇄적인 파생 효과를 얻는 데 목적이 있지만 체크리스트에 너무 의지하면 스스로는 생각을 하지 않을 우려가 있다. 따라서 이와 관련한 유의사항은 새로운 아이디어에 대한 폭넓은 접근을 위해서 사용하는 것이지 아이디어를 얻는 유일한 방법은 아니라는 점이다.

표 7.2 체크리스트의 예

다른 용도는 없는가?	다른 데서 빌릴 수는 없는가?
현재 사용하고 있는 용도 외에 다른 용도는 없는가? 조금만 바꾸어 다른 용도로 사용할 수 없는가? 있는 그대로 다른 곳에 쓸 수 있는 방법은?	이것과 비슷한 것은 무엇인가? 다른 아이디어를 차용할 수는 없는가? 과거에 비슷한 것은 없었는가? 이것이 암시하는 다른 아이디어는? 기존 아이디어와 유사점은?
크게 하면 어떨까?	**바꿀 수는 없는가?**
길게 하면 어떨까? 횟수를 늘리면 어떨까? 넓게 하면 어떨까? 온도를 높게 하면 어떨까? 다른 것을 첨가하면 어떨까? 좀 더 시간을 길게 하면 어떨까? 확대하면? 덧붙여 보면? 더 강하게, 더 높게, 더 길게, 더 두껍게 하면? 두 배로 늘리면? 쪼개면?	모양을 바꾸게 되면 어떻게 될까? 색깔을 바꾸면 어떻게 될까? 소리를 바꾸면 어떻게 될까? 향기를 바꾸면 어떻게 될까? 역할을 바꾸면 어떻게 될까? 순서를 바꾸면 어떻게 될까? 새롭게 구성하면? 의미, 색광, 동작, 형식을 변화시키면?
축소하면 어떻게 될까?	**바꾸면 어떻게 될까?**
작게 하면 어떨까? 얇게 하면 어떨까? 짧게 하면 어떨까? 가볍게 하면 어떨까? 생략하면 어떨까? 제거하면 어떨까? 압축하면 어떨까? 분할하면 어떨까? 뺄 것은 더 작게 하면? 응축시키면? 단순화하면? 쪼개면? 표현을 삼가면?	재료를 바꾸면 어떻게 될까? 순서를 바꾸면? 다른 사람으로 바꾸면? 다른 물건으로 바꾸면? 또 다른 구성 요소는? 처치 방법을 바꾸면? 다른 동력은? 다른 장소, 다른 음색은? 재배열하면? 구성 요소를 상호교환하면? 다른 형식으로 배열하면? 다르게 짝지으면? 다른 순서로 놓으면? 원인과 결과를 바꾸어 놓고 보면? 속도를 바꾸면? 시간 계획을 다시 조정하면?
반대로 하면 어떻게 될까?	**결합시키면 어떻게 될까?**
긍정적인 생각과 부정적인 생각을 바꾸면 어떻게 될까? 뒤집으면 어떻게 될까? 위아래를 거꾸로 하면 어떻게 될까? 역할을 바꾸면 어떻게 될까? 서있는 것을 눕히면 어떻게 될까? 뒤바꾸면? 반대로 되는 것은? 입장을 바꾸어 보면? 다른 쪽은?	비슷한 기능끼리 결합시키면 어떻게 될까? 아주 다른 기능끼리 결합시키면 어떻게 될까? 혼합물, 합금, 분류, 조화를 이루거나 만들어 보면? 단위를 결합하면? 용도를 합치면? 아이디어를 결합하면?

SCAMPER

SCAMPER는 아이디어를 도출하기 위한 체크 목록으로 미국의 한 광고회사BBDO 사장인 오스본Alex F. Osborn이 아이디어 창출을 위해 만든 체크리스트법을 봅 에베를Bob Eberle이 재구성한 아이디어 촉진기법이다. 기존 제품을 다소 개량하여 신제품을 발명하는데 유용하게 활용되는 질문기법으로 많은 양의 아이디어를 짧은 시간에 얻을 수 있는 장점이 있다. SCAMPER의 각 내용은 외우기 쉽고 실생활에 많은 도움을 주므로 아이디어 도출에 널리 사용되고 있다.

SCAMPER의 목적은 한 문제나 상황에 대한 다양한 시각들 중에서 우선 한 영역에 대하여 집중적으로 생각해보고, 차례로 나머지 부분들도 충분히 생각한 연후에 생각한 아이디어를 서로 조합하거나 결합시켜서 가장 적합하거나 적절한 상황으로 문제를 해결하고자 하는 것이다. SCAMPER를 효과적으로 활용하는 방법 중의 하나는 백화점이나 통신 판매 카탈로그를 이용하는 것이다. 다양한 상품을 보면서 그 상품들의 특성이나 형태 등을 SCAMPER 기법에 쉽게 적용할 수 있다. SCAMPER의 각 영어철자에 해당되는 구체적인 내용은 다음과 같다.

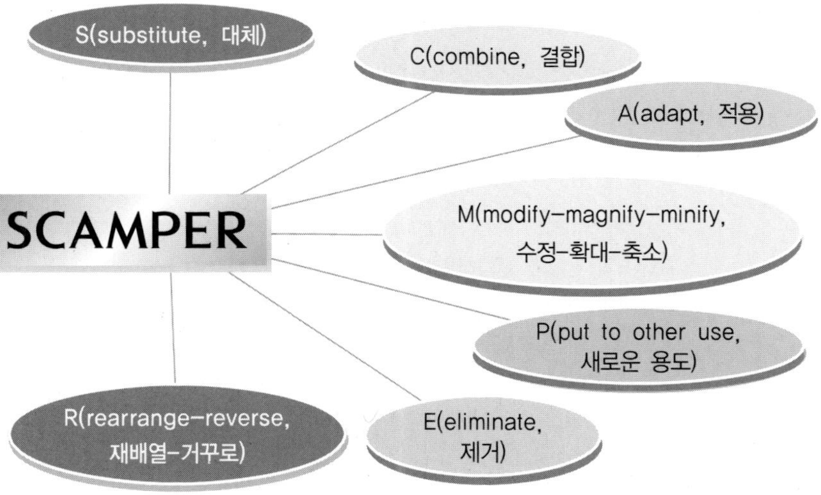

그림 7.2 SCAMPER 개념에 담긴 세부 내용

S(substitute, 대체)

기존 사물의 형태, 용도, 방법 등을 다른 것으로 대체하는 아이디어를 생각하는 방법이다. 휘발유 값이 비싸서 자동차 사기를 꺼려하는 사람들을 위해 휘발유 대신 LPG를 사용

하는 자동차의 생산이나 석유 대신 전기를 사용하는 난로의 생산이 바로 이 기법에 해당한다.

> "생산 과정을 다르게 변화시키려면 어떻게 할까?"
> "만약 장소(위치, 성분, 재료, 크기)를 바꾸면 어떻게 될까?"
> "음성을 다르게 대치시키면 어떻게 될까?"
> "이 제품과 대치할 수 있는 것은 어떤 것들이 있을까?"
> "무엇을 대신 사용할 수 있을까?"
> "다른 누구? 다른 무엇? 다른 성분? 다른 재료? 다른 에너지?"

C(combine, 결합)

SCAMPER 기법 중에서 가장 많이 활용되고 있는 기법으로서 2가지 또는 그 이상의 것들을 결합하고 혼합해서 새로운 것을 생각하는 방법이다. 기존의 훌라후프에 발포 고무나 자석을 넣은 돌기를 부착하여 재미와 지압 및 안마 효과까지 동시에 누릴 수 있도록 개발한 매직 훌라후프도 결합 기법의 한 예이다. 여러 가지 물건을 혼합한 것의 예로는 칼, 드라이버, 병따개, 송곳, 손톱 정리기 등이 결합된 등산칼이 있다.

> "A와 B의 기능을 결합하면 어떻게 될까?"
> "A와 B의 기능을 섞어서 새로운 것을 만들 수 없을까?"
> "A와 B의 단원을 재구성한다면 어떻게 해야 할까?"
> "A와 B의 아이디어를 조합시키면 어떻게 될까?"
> "무엇을 결합할 수 있을까? 혼합하면? 아이디어를 결합하면?"

A(adapt, 적용)

어떤 형태, 원리, 방법 등을 다른 분야의 조건이나 목적에 적용할 수 있을까를 생각하는 방법이다. 사진을 조각품으로 만들거나, 조각을 그림으로 나타내면 어떨까를 생각하는 것 등이다. 햄버거 모양으로 만든 전화기, 도시락 모양의 어린이용 책, 입술 모양의 루즈 케이스 등은 다른 상품의 형태만을 빌려서 새로운 영역의 상품에 적용시킨 예이다.

"이 아이디어를 응용하여 다른 곳에 활용할 수 있을까?"
"이 제품에서 활용할 수 있는 새로운 아이디어는 무엇인가?"
"이 아이디어를 ~에 활용하게 각색을 하려면 어떻게 해야 할까?"
"이 제품의 기능과 비슷한 것으로는 어떤 것들이 있는가?"
"이 제품의 아이디어와 기존 제품의 아이디어가 비슷한 것은 무엇이며, 그것을 좀 더 좋게 만들려면 어떻게 해야 할까?"
"조건이나 목적에 맞게 조절할 수 있을까?"
"맞도록 고치면? 이것과 비슷한 것은? 각색하면?"

M(modify-magnify-minify, **수정-확대-축소**)

기존 상품이나 아이디어에 색, 모양, 의미 등을 조금 수정해서 변화를 주는 방법이다. 또한 아이디어를 크게, 무겁게, 빠르게, 두껍게 확대하거나 작게, 가볍게, 느리게, 가늘게 축소해서 새로운 것을 생산하거나 변화시키는 방법이다.

"이 모양(소리, 이미지)을 좀 더 확대시키면 어떻게 될까?"
"이 제품의 모양을 좀 더 작게 축소시키면 어디에 활용할 수 있을까?"
"이 모양을 움직이기(이동하기, 들어올리기, 고정시키기 등)로 변형시키려면 어떻게 할까?"
"이 제품의 색깔(소리, 향기, 형태 등)을 바꾸면 어떻게 될까?"
"이 제품의 성능을 강하게(약하게, 가볍게, 간소하게, 무겁게) 하려면 어떻게 할까?"
"이야기의 구성을 어떻게 수정하면 재미있는 이야기가 될까?"
"색, 모양, 형태 등을 어떻게 바꿀 수 있을까?"
"변형시키면? 첨가할 것은 없는가?", "확대하면? 축소하면?"

동대문 시장에 가면 세계적으로 유명한 브랜드 상품들을 조금씩 수정해서 거의 똑같이 만든 물건들이 있다. 유행하는 옷의 색상이나 모양, 길이 등을 약간 바꾸어 생산하는 것 등이 여기에 속한다. 옷뿐만 아니라 자동차나 가요, 발레 등 모든 분야에서 기존의 것을 조금씩 변형해서 새로운 것을 만들어 내는 것이 바로 수정이다. 대부분의 기계제품들이 휴대하기 쉽도록 계속 크기가 작아지고 가벼워지고 있다. 노트북 컴퓨터, 휴대폰 등을 비롯하여 얼마 전 개발된 초미니 컴퓨터는 넓이 7cm, 높이 4.5cm이다. 부피는 보통 PC의

3000분의 1이며, 주머니 속에 넣고 다니면서 그때마다 홈페이지 서비스를 제공할 수 있다. 이것은 웹서버이기 때문에 모니터와 키보드가 필수품은 아니고, 가끔 데이터를 입력해 주면 된다. 장난감으로 나오는 미니카도 축소의 예이며, 관광지에서 팔고 있는 그 고장의 상징물을 작게 만든 것도 바로 이런 아이디어에서 나온 것이다.

P(put to other use, 새로운 용도)

사물이나 아이디어를 다른 방법으로 활용하는 방법이다. 폐타이어로 집을 짓거나, 종이 상자를 이용하여 사물함을 만들거나, 폐기된 기차를 카페로 사용하는 것들이 이에 속하는 예이다. 처음 개발되었을 때에는 접착력이 형편없어서 폐기될 것을 탈착 가능한 메모 용지로 사용하게 된 포스트잇도 새로운 용도를 찾은 경우이다.

> "이 제품을 다른 용도로 사용한다면 어떤 용도들이 있을까?"
> "기존 제품의 기능 중 일부를 수정하여 사용한다면 어떤 용도로 사용할 수 있을까?"
> "이 제품의 모양, 무게 또는 형태로 보아 사용할 수 있는 다른 용도는 어떤 것이 있을까?"
> "다른 용도로 사용할 수 없을까?"
> "수정한다면 사용이 가능한가?"

E(eliminate, 제거)

사물의 어떤 부분을 삭제해서 새로운 것이나 더 발전된 아이디어를 떠올리는 방법이다. 노천극장이나 덮개가 없는 오픈카는 삭제의 한 예이다. 삭제의 방법이 단순히 상품을 개발하는 데만 적용되는 것은 아니다. 인간관계에서도 때로는 필요하다. 예컨대 중요한 외교에서 침묵이 더 유용한 경우 말을 삼가함으로써 더 좋은 결과를 얻을 수도 있다. 삭제는 일상생활에서도 활용할 수 있다. 항상 특정한 담요를 끼고 사는 아이에게 더러워진 담요를 세탁하기 위해 인형을 주었지만 소용이 없었다. 이때 아이 설득에 성공한 것은 바로 담요를 반으로 자르는 것이었다.

"이 제품에서 ~을 없애면 어떻게 될까?"
"이 제품에서 부품 수를 줄이면 어떤 모양의 제품이 될까?"
"이 제품에서 없어도 되는 기능들은 어떤 것들인가?", "이것이 보다 작다면?"
"이것을 나눠야 할까? 분리해야 할까? 이것을 다른 부분으로 독립시켜야 할까?"
"규칙이 제거될 수 있는가?"

R(rearrange-reverse, **재배열-거꾸로**)

재배열rearrange하거나 거꾸로reverse하면 어떻게 되는지를 묻는 것이다. 즉, 형식, 순서, 구성 등을 바꾸어서 새로운 상품이나 문제해결의 아이디어를 얻는 방법이다. 앞과 뒤, 왼쪽과 오른쪽, 안과 밖, 위와 아래, 원인과 결과 등 형태, 순서, 방법, 아이디어를 거꾸로 뒤집어서 새로운 것을 떠올리는 방법이다. 또한 형식, 순서, 구성을 바꾸어서 새로운 상품이나 문제 해결의 아이디어를 얻는 방법이다.

여름에 겨울 상품을 세일하거나, 티셔츠의 앞쪽에 넣던 무늬를 등판에 넣는다든지, 옷감을 뒤집어 만들어서 새로운 느낌이 들도록 하는 것 등이 이에 속하는 예이다. 물건뿐만 아니라 매일 부르는 출석을 마지막 번호부터 부르는 방법으로도 새로운 분위기를 만들 수 있다. 그리고 오전 9시부터 오후 6시까지의 근무 시간을 오전 7시부터 4시까지로 변경해서 오후 시간을 활용하는 방안이나 매일 사무실에 출근하는 대신 집에서 사무를 보는 것 등이 재배치 방법의 예이다. 배치를 어떻게 하느냐는 세일즈와도 깊은 관계가 있다. 어느 학교 식당에서는 디저트를 음식 진열대의 맨 끝에 놓았을 때보다 제일 앞에 놓았을 때 더 많이 팔렸다고 한다.

SCAMPER를 사용하기 위해서는 문제나 주제를 분리시켜야 한다. 즉 예측 상황, 현 상태, 문제가 되는 내용, 해결 방법, 사후처리, 학습 내용, 소요 시간 등으로 나누어 생각한다. 문제나 주제의 각 단계에서 SCAMPER 질문을 하고 새로운 아이디어의 발상 내용을 점검하고 적용한다.

"~과 ~의 인물 역할을 바꾸면 어떤 현상이 일어날까?"
"이 조명 기구의 배치를 위에서 아래로 또는 아래에서 위로 바꿀 수 있는가?"
"이 제품을 좀 더 편리하게 사용하려면 ~과 ~의 위치를 어떻게 바꿔야 할까?"
"일을 좀 더 효율적으로 하려면 스케줄을 어떻게 해야 할까?"
"어떻게 형식, 모양을 바꿀 수 없을까?"
"거꾸로 하면? 반대로 하면? 역할을 바꾸면?"
"정반대는 무엇인가?"
"부정적인 면은 무엇인가?"
"긍정적인 면과 부정적인 면을 바꿀 수 있는가?"
"아래로 내리는 대신 위로 올릴 수 있는가? 위로 올리는 대신 아래로 내릴 수 있는가?"

SCAMPER 기법을 활용하면 용도 개발, 품질 개선, 실용성 증진 등의 아이디어 계발에 유용하다. 또한 주어진 질문 패턴에 따라 사고를 전개시키므로 초보자도 쉽게 활용할 수 있고, 문제의식을 습관화할 수 있다. 주변 물건에서 나타나는 불편한 점을 볼 때마다

표 7.1 SCAMPER 내용과 활용 예

약자	의미	설명	예
S	substitute(대체)	다른 요소, 원동력, 프로세스 등	연탄재 벽돌, 종이컵, 나무젓가락
C	combine(결합)	혼합, 조립, 작동, 단위, 방법, 아이디어 등의 결합	지우개 달린 연필, 필터 달린 담배, 시계 겸용 라디오, 보온 밥솥
A	adapt(적용)	다른 용도, 과거의 적용, 다른 아이디어 도용	산우엉 가시 ➡ 매직테이프(Velcro)
M	modify, magnify (변형 및 확대)	뜻, 색깔, 동작, 모양 등을 변형, 더할 수 있는 요소는? 더 크게, 높게, 강하게 두껍게, 과장되게 등	공기주입, 더 큰 비누 ➡ 아이보리비누(물에 뜨는 비누), 실패한 접착제 ➡ Post-it
P	put to other use (다른 용도)	원래의 용도를 바꾸기	톱밥 ➡ 장작, 쓰레기 ➡ 블록, 건설재료, 폐타이어 ➡ 발전소의 연료, 보도블록
E	eliminate(제거)	취소, 분리, 가볍게, 짧게, 여러 개로 나누기	트랜지스터, 노트북
R	reverse, rearrange (역방향)	방향을 바꾸기, 용도의 교환 등	벙어리장갑 ➡ 다섯 발가락 양말

'좀 더 크게 또는 좀 더 작게 하면 어떻게 될까?' 하는 식으로 질문을 던져보면 새로운 물건들을 만들어 낼 수 있다. 표 7.1은 SCAMPER가 나타내는 내용과 활용 예를 정리한 것이다[4].

SCAMPER법의 활용방법

SCAMPER의 적용은 먼저 위에서 언급한 체크리스트를 간략하게 표로 만들어 체크해 본다. 실습활동 7-2(SCAMPER 실습)는 음식, 전자제품, 의복에 대한 SCAMPER 실습을 위한 표이다. 하나씩 체크하면서 현재의 물건을 좀 더 개선하여 만들 수 있는 방법을 생각해 본다. 기존 제품에서 시작하여 일목요연한 사고 과정을 밟음으로써 보다 구체적으로 아이디어를 도출할 수 있다. 단계별 지시어가 아이디어의 흐름을 촉진시키는 역할을 한다.

7.5 마인드맵

마인드맵의 개념

마인드맵mind map은 1970년대 초 토니 부잔Tony Buzan에 의하여 창안된 좌뇌와 우뇌의 기능을 유기적으로 연결한 '사고력 중심의 두뇌 개발 프로그램'이다[5]. 읽고, 생각하고, 분석하고, 기억하는 그 모든 것들에 대해서 종이 위에다 이미지와 핵심 단어, 색과 부호를 사용하여 마음의 지도를 그려나가는 방법이다.

사람의 두뇌는 복잡한 신경 조직이 크게 두 부분으로 나뉘어져 있는데, 두 주먹을 맞대어 보면 자신의 두뇌 크기를 알 수 있다고 한다. 뇌의 두 부분을 좌뇌와 우뇌라고 하는데, 좌뇌는 학문적이고 일차적인 행동을 담당하고, 우뇌는 상상력이 필요한 행동을 담당한다. 하는 일은 다르지만 양쪽 뇌는 서로 돕는 역할을 하고 있다. 따라서 양쪽 뇌가 얼마만큼 서로 도와주느냐에 따라 우리들의 창의력은 다르게 나타난다. 두뇌의 기능을 최대한 활용하기 위한 방법으로 등장한 마인드맵은 개인의 모든 연상(聯想) 능력을 최대한 이용하여 두뇌 통신망을 연결시킴으로써 효율적으로 조직화하고, 기억력과 창의력을 향상시켜 주는 방법이다.

마인드맵은 마음에서 넘쳐흐르는 사고력과 상상력, 그리고 읽고, 생각하고, 분석하고 기억하는 모든 정보를 자기 자신만의 독특한 이미지와 핵심 단어, 색상 및 상징적 부호 등으로 자유롭게 펼쳐 보고, 독창적이고 종합적인 구조로 조직화해서 다양한 방식으로 표현한 것이다. 종합적인 두뇌 사고법을 활용하여 창의적이고 혁신적인 사고방법을 개발하고, 분석력과 종합력, 문제해결력, 의사결정력 등 자기주도적인 학습능력을 길러 짧은 시간에 쉽고 재미있게 능률적인 학습 효과를 고양할 수 있도록 고안된 학습 기법이다. 간혹 어떤 문제에 대하여 창조적으로 사고하고 있을 때, 시간이 흐르거나 연속적인 사고의 연상이 진행되면서 그 생각한 내용의 일부는 잃어버리게 되고 재생하기가 어렵게 된다. 마인드맵은 유기적으로 연결되는 일련의 생각을 훌륭하게 상기시켜 준다.

예를 들어, 우리가 '덥다'는 생각을 하게 되었다고 하자. 곧 이어 '시원한 것'이나 '아이스크림'을 생각하면 이를 파는 '가게'가 연상된다. 그러면 아이스크림을 사기 위한 '돈'이 필요하다는 식으로 무한정 이어진다. 결국 두뇌는 핵심 단어나 이미지 등으로 연결점을 찾아가는 복사 사고를 하는 것이다. 이렇게 연결점을 통해 이어진 것이 여러 번 반복되는 가운데 기억 단위pattern가 만들어진다. 우리들이 지능이라 표현하는 것이 바로 이 기억 단위의 양을 의미하는 것이다. 이런 기억 단위에는 무의식중에 만들어지는 습관과 의식중에 만들어지는 기억이 있다.

1) 방사사고radiant thinking의 표현

'중심으로부터 사방으로 뻗어나간다'는 의미를 지닌 방사사고의 표현이다. 이는 두뇌의 자연적인 기능이라 할 수 있고, 두뇌의 잠재력으로 들어 갈 수 있는 강력한 그래픽 기술이다.

2) 사고력 중심 두뇌 계발 프로그램

이미지와 핵심단어, 색과 부호를 사용하여 좌우 뇌의 기능을 유기적으로 연결함으로써 두뇌의 기능을 최대한 발휘할 수 있게 하는 두뇌 계발 프로그램이다.

3) 새로운 학습기법

마인드맵은 학습기법, 정보관리기법이라고 말할 수 있다. 구체적으로 마음속의 지도를 그리듯 글자, 기호, 그림 등을 사용하여 생각을 표현하고 인식하는 방법이다.

4) 창의력, 기억력 증진 필기법

마인드맵을 활용하는 필기는 단순히 받아 적기만 하는 것이 아니라, 머리로 생각하면서 학습하는 것을 의미한다. 마인드맵은 상상(이미지)과 언어의 연상 작용에 의한 시각적 노트 작성법이다.

마인드맵의 활용도는 무궁무진하다. 학습 방법의 본질적인 측면에서는 여러 가지 내용이 있을 수 있지만, 그 궁극적인 결과물을 만들어내는 데 있어서는 기억(정보의 저장 및 회상)이라는 매개를 거치도록 되어 있다. 두뇌에는 많은 정보가 저장되어 있는데, 그 저장된 정보를 직관적으로 회상해 내고 통합하여 창의적인 활동을 이끌어낼 수 있다. 마인드맵에서는 우뇌의 기능적인 특성(색상, 이미지, 심벌, 핵심단어)과 좌뇌의 논리 및 조직화(주가지, 부가지, 세부가지) 등을 언어로 사용한다.

마인드맵을 실시할 때 도움이 되는 키워드

- 색상: 기억을 보다 선명하게 하는 결과를 가져오고, 정보 저장에 있어서 계열성을 이용할 수 있다.
- 이미지: 강력한 기억 효과를 갖게 하고, 그 관계를 잘 회상해 내도록 한다.
- 심벌: 복잡하고 다중적인 의미를 함축할 수 있으므로 짧은 시간에 강한 느낌으로 많은 정보를 저장하게 한다.
- 핵심어: 자신에게 최선의 정보를 줄 수 있는 단어로 통상적으로 두 단어 내에서 자신의 생각을 정리하게 할 수 있다.
- 조직화: 두뇌는 기억하고 있는 모든 자료에게 주관적인 조직화를 부여한다. 자료가 완전히 무작위일지라도 주관적인 조직화는 회상하는 데 도움이 된다. 마인드맵을 만들 때 조직화는 패턴의 구조를 분명하게 해준다. 그리고 자료를 조직화하는 활동은 그 자체만으로도 기억에 도움이 된다. 어떤 정보가 전체 패턴의 어떤 부분에 적합한지 알아내려면, 직선적으로 노트를 할 때보다 더 적극적으로 개입해야 한다. 이것이 처리의 깊이를 증가시키므로 기억을 잘하게 된다.

마인드맵의 장점

- 필요한 단어를 기록하고 읽게 함으로써 시간을 절약할 수 있다.
- 마인드맵 노트를 복습하는데 소요되는 시간이 90% 이상 절약된다.
- 핵심어를 더욱 쉽게 골라 낼 수 있다. 장황하게 늘어져 있는 불필요한 단어들 중에서 핵심어를 찾으려고 헤맬 필요가 없으므로 시간이 절약된다.
- 핵심어를 강조함으로써 정신을 집중시킬 수 있다.
- 핵심어들을 같은 시간과 공간에 나란히 배열함으로써 창조력과 회상 능력을 향상시킬 수 있다.
- 핵심어들을 명료하고 적절하게 연결시킬 수 있다. 창조성과 자발성을 활발하게 함과 동시에 논리적인 순서나 세부 사항에도 관여해 정리·체계화를 가능하게 한다.
- 핵심 단어는 한 부분에 단어를 첨가하고 다른 부분으로 건너뜀으로써 새로운 아이디어를 이끌어 낼 수 있는 기회를 제공한다.
- 두뇌는 단조롭고 지루한 직선적 노트보다 여러 가지 색상과 다차원적인 입체로 시각적인 자극을 주는 마인드맵을 더 쉽게 받아들이고 기억한다.
- 두뇌에 숨어 있는 잠재적 가능성을 쉽게 이끌어 낸다. 마인드맵을 행하는 동안 끊임없이 새로운 것을 발견하고 깨닫게 된다. 이것은 연속적이고 무한한 잠재력을 지닌 사고의 흐름을 유발시킨다.
- 마인드맵은 완성과 통일성을 추구하는 두뇌의 자연적인 욕구와 조화를 이룬다.
- 뇌의 모든 기능을 지속적으로 활용함으로써 두뇌의 민첩성과 재빠른 이해력을 증진시킨다.
- 정보를 서로 연결시켜 기억할 수 있을 뿐만 아니라 강의 준비를 하거나 강의 내용 노트, 소설과 작품의 인물을 탐색할 경우 주제에 대한 생각을 쉽게 해낼 수 있고 전체적으로 조직화하는 데 유용하다(필기, 책 요약, 창작 및 논문 작성, 그룹 학습, 문제 해결, 지도안, 보고서 등).
- 프로젝트의 기본적인 구조를 짧은 시간에 조직화하고 제시할 때 유용하다.
- 개인이나 집단에서 브레인스토밍을 해낸 아이디어를 자연스러운 구조로 만들어 갈 수 있다.

- 모임의 진행을 조직화하여 시간을 보다 생산적으로 쓸 수 있다. 신속하게 시작하고, 짧은 시간 동안 많은 아이디어를 발상해 내게 한다.
- 발표할 아이디어를 자유스럽게 생성하게 할 뿐만 아니라, 청중이 이해하고 기억하기 쉽게 제시할 수 있다.
- 상세도(세부도)와 조감도(전체도)의 양쪽 특성을 가진 '마음의 길잡이'가 되어 명확한 시점을 갖는 두뇌 지도를 갖게 할 것이다.
- 색, 중심 이미지, 핵심 단어 등 마인드맵의 세 가지 중심 요소는 문장과 비교해 훨씬 머리에 쉽게 들어오게 된다.

마인드맵의 작성방법

1) 준비물

종이: 백지(수첩, B5, A4, B4, A3, 전지 등). 필기구: 다양한 색이나 굵기의 펜.

2) 1단계: 중심 이미지

자신이 나타내고자 하는 주제를 종이의 중앙에 함축적으로 나타낸다. 몇 가지 중에서 가장 중심적인 것을 선택해서 쓰도록 한다. 그 이유는 두뇌 세포마다 중심에 핵이 놓여 있는 상태를 응용하여 중심에서 시작하기 때문이다. 그리고 종이의 전 부분을 효율적으로 사용할 수 있기 때문이다. 이 주제를 그림 이미지로 표현한 것을 중심 이미지(또는 핵심 이미지)라고 한다. 중심 이미지는 가능하면 그림(만화, 일러스트, 사진, 인쇄물, 상징 기호 등)으로 표현하고, 그림으로 나타내기 어려우면 그림과 핵심 단어를 혼용해도 된다.

그림 이미지는 단어보다 100배 이상의 기억 효과를 나타내게 한다. 그림은 내용을 함축시킬 수 있고, 그릴 때 집중력과 재미를 더해준다. 중심 이미지의 크기는 마인드맵 용지의 크기에 맞추어 정한다. 너무 크게 그리면 다른 내용들을 나타낼 수 있는 공간이 부족하며, 너무 작게 그리면 기억하는 데 어려움이 있다. A4 용지의 경우 가로 3cm, 세로 2cm 정도가 적당하다. 주제를 강조하기 위해서 3~4색 정도로 채색한다. 그 이유는 우뇌 기능 중의 하나인 색상 감각을 사용하여 두뇌의 기억 효과를 높일 수 있기 때문이다. 그림을 그린 후 틀(테두리)을 만들지 않도록 한다. 왜냐 하면, 틀을 만들면 자유로움이 제한되기 때문이다.

3) 2단계: 주가지

중심 이미지로부터 연결된 가지를 주가지라 한다. 주가지 위에는 가능하면 핵심 단어(명사, 동사, 형용사, 부사 등)만 쓰도록 한다. 그 이유는 중심 이미지가 그림이므로 주가지에서 그림이 다시 나올 때에는 너무 생각의 폭이 넓어져 생각의 혼돈을 일으킬 수가 있기 때문이다. 중심 이미지 쪽 가지는 굵고, 그 반대쪽 가지는 가늘어지게 곡선을 유지하도록 한다. 마인드맵은 우리 몸에 붙어 있는 팔 모양이나 큰 나무에 붙어 있는 가지의 모양을 연상하여 만든 것이기 때문이다. 곡선을 쓰는 것은 우뇌의 기능인 리듬 감각을 활용한 것이다. 핵심 단어의 길이와 가지의 길이가 거의 동일하도록 만들고, 글씨체는 굵게 한다. 그 이유는 시야의 혼란을 주지 않고, 단정한 형태로 볼 수 있기 때문이다. 또한 사고의 연결에 여백을 남기지 않기 위함이다.

4) 3단계: 부가지

주가지에 연결된 가지를 부가지라 한다. 부가지 위에는 핵심 단어, 그림, 상징 기호, 약화 등 모두 허용된다. 그 이유는 양쪽 뇌의 기능을 사용함으로써 효과를 높이기 위함이다. 부가지를 작성할 때 주가지별로 차례를 지키면서 작성할 필요는 없고, 생각이 떠오르는 부가지부터 먼저 작성하면 된다. 그 이유는 중심 이미지와 주가지가 이미 연결성을 갖고 집중해야 할 생각을 확고하게 만들어 놓고 있으므로 부가지의 경우 아무 가지나 생각이 먼저 떠오르는 쪽을 선정하여 연결하기 시작하여도 생각의 혼돈은 일어나지 않는다. 주가지처럼 단어와 가지의 길이가 동일하게 만들고, 선과 단어는 주가지와 구별하기 위해 주가지보다 작고 가늘게 나타낸다. 부가지는 생각이 계속 이어지는 동안 가지를 그어 나간다. 두뇌 신경 세포의 연결성은 무한대이기 때문이다.

다음 그림 7.3은 마인드맵의 예이다.

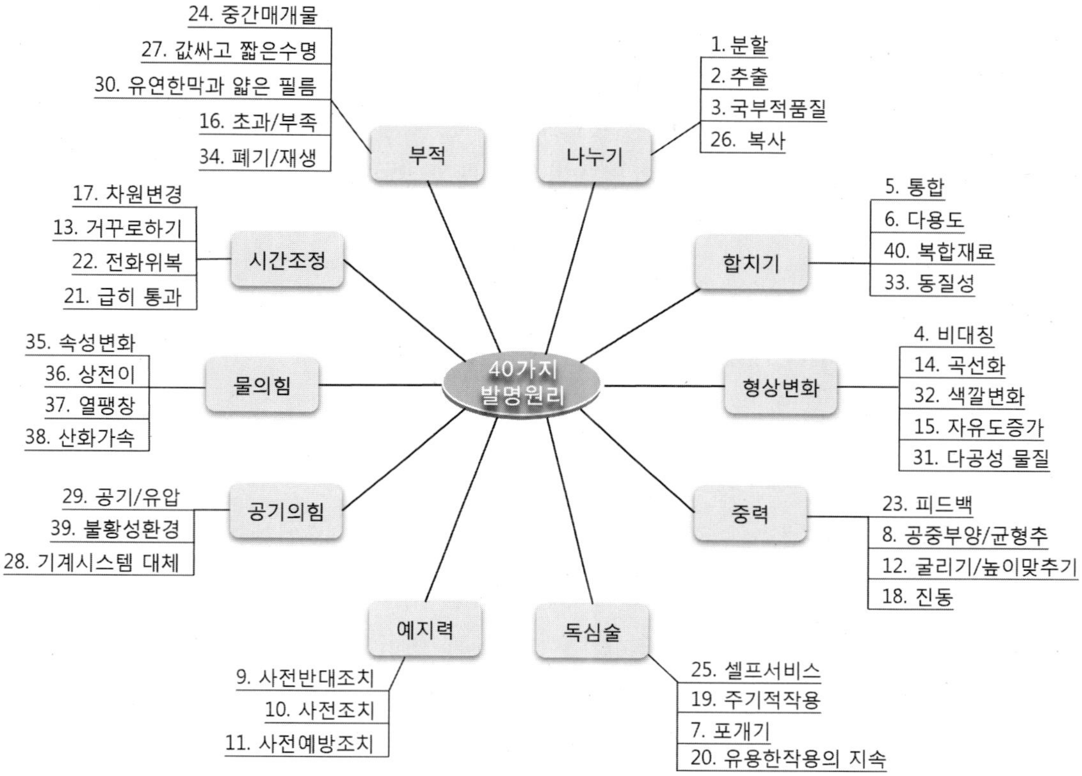

그림 7.3 마인드맵 작성 예

마인드맵에서 유의할 점

가지별로 다른 색을 사용한다. 그 이유는 우뇌 기능 중 색 기능을 활용하여 집중력과 기억력 등을 높이기 위함이다. 한 가지에 여러 가지 색을 같이 쓰게 되면 시각의 혼란을 일으키기 때문이다. 주가지가 너무 많을 경우에는 가지마다 숫자를 사용하여 구별하도록 한다. 생각을 연결해 나가다가 단절될 경우에는 먼저 빈 가지를 그어 놓고 중심 이미지로 돌아가서 생각이 연결되어 나오는 것을 점검한다. 생각이 단절되는 주원인은 중심 이미지에 집중되어 있는 생각이 잠시 연결성을 잃었기 때문이다.

두뇌는 미완성 상태를 완성하려는 성향이 있으므로 빈 가지를 보면 그 곳을 채우려고 한다. 서로 다른 가지에서 나온 핵심 단어가 관련이 있는 경우에는 화살표를 사용하여 그 부분을 연결하도록 한다. 이것은 상호간의 인과 관계를 쉽게 살펴볼 수 있게 한다. 가지를 연결하다가 어떤 부분을 문장 그 자체로 남겨두고 싶은 경우에는 그 부분을 상자 안에 넣어서 표현한다. 같은 가지에서는 핵심 단어를 반복하여 사용하지 않도록 한다. 같은 가지에서의 반복은 혼란만을 초래할 뿐이다. 이런 경우 유의어를 사용하면 된다.

7.6 육색사고모자 기법

육색사고모자 기법의 개념

육색사고모자 기법six thinking hats은 드보노de Bono가 제안한 창의적 사고 기법으로 여섯 가지 색의 모자를 바꾸어 쓰면서 자신이 쓴 모자 색이 의미하는 유형의 사고를 해보는 방법이다. 드보노는 우리가 사고하는데 어려움을 겪는 원인을 '혼돈(混沌)'에 있다고 생각하였다. 감정, 정보, 논리, 희망, 창의적 사고를 한꺼번에 같이 하려는 것은 사고를 어렵게 하기 때문에 각각 분리해서 생각하도록 한 사고 기법이다.

육색사고모자 기법은 한 모자에 한 가지 유형의 사고를 하도록 규정되어 있기 때문에 사고의 주된 어려움인 혼란을 피할 수 있으며, 그 색에 관계된 한정된 역할을 제시함으로써 자유롭게 사고하고 말할 수 있다. 또한 여섯 가지 모자를 골고루 사용함으로써 단순한 반응 수준의 사고가 아니라 여러 가지 다른 측면에 주의를 기울이게 할 수도 있다. 이 사고 방법은 사용면에서도 각각 모자 색에 따라 스스로에게 또는 다른 사람들에게 어떤 특정한 유형의 사고를 하도록 요구할 수 있는 형식과 편리성을 갖는다. 아이디어의 산출, 평가, 선택의 기능을 고르게 갖추고 있으므로 확산적, 수렴적 상황 모두에서 사용할 수 있다. 육색사고모자는 각각 다음과 같은 의미를 지닌다.

1) 흰색 모자

흰색은 무색으로 중립적이거나 객관적인 사실과 정보를 의미한다.

"우리는 어떤 정보를 필요로 하는가?", "우리는 어떻게 필요한 정보를 얻을 것인가?"

2) 빨간색 모자

빨간색은 중립적이고 객관적인 정보를 나타내는 흰색과는 반대의 개념으로 분노, 격정, 육감, 직감, 인상과 같은 감정이나 정서를 의미한다. 빨간색 모자 사고에서는 정당화시킬 필요가 없고, 이유나 근거를 제시할 필요도 없다.

"이 사람이 그 일에 적합하다는 느낌이 든다.", "이 일은 위험 부담이 있는 모험이라고 느껴진다.", "그 아이디어는 가능성이 많을 것 같다."

3) 노란색 모자

노란색은 햇빛과 밝음을 상징하며, 긍정적·낙관적·건설적인 사고를 의미한다. 태도 면에서 긍정적인 평가와 관련 있는 노란색 모자는 부정적인 평가와 관련이 있는 검은색 모자와 반대이다. 노란색 모자의 사고는 긍정적인 양상을 띠는 건설적인 사고이다.

제안이란 더 나은 방향으로 호전을 위해서 제시되는 법이다. 즉, 문제를 해결하거나 어떤 일을 개선시키는 것은 긍정적인 변화를 목적으로 한다.

"그 제안의 긍정적인 가치가 무엇인가?", "어떤 상황에서 가치가 있는가?", "그 가치를 어떻게 구체화할 수 있으며, 또 다른 유용한 가치는 없는가?"

4) 검은색 모자

검은색은 논리적이며 부정적인 측면에서 하는 사고를 의미한다. 부정적인 것에는 틀린 것, 부정확한 것, 오류인 것, 경험과 기존의 지식에 맞지 아니한 것, 위험, 모험 등이 포함된다. 부정적인 사고에 대해서도 그 이유를 논리적으로 제시해야 한다.

"우리가 이렇게 행동하면 무슨 일이 생길까?", "무엇이 잘못될 수 있을까?", "잠재적인 문제점들은 무엇인가?"

검은색 모자 사고를 할 때 유의점은 부정적인 견해를 인정하는 것이다.

"~은 심각해 보여 그렇게 되면 우리는 아주 곤란해질 것이다. 그 점을 분명히 마음에 두어야 해."

또한 부정적인 견해를 인정하되 그와 반대되는 견해를 제시해야 한다. 어떤 위험을 인정하고 그에 대처하는 방안을 제시해야 한다. 위험의 가능성을 부인하는 것이다. 다시 말하면, 검은색 모자에 대한 또 다른 검은색 모자 사고를 하는 것이다. 대안을 제시하여 그 것을 기존의 검은색 모자 견해와 나란히 놓는 것이다.

5) 초록색 모자

초록색은 풍요로움, 성장, 생명력을 가진 씨앗을 상징한다. 창의적인 아이디어를 생성하거나 대안을 탐색하도록 요구한다. 초록색 모자는 새로운 아이디어와 사물을 보는 새로운 시각과 관련되어 있으며, 더 나은 것을 위해서는 기존 아이디어에서 탈피해야 한다. 판단보다 변화가 중요하며, 한 아이디어로부터 또 다른 아이디어로 나아가도록 유도한다.

"전혀 다른 방법으로 해 볼까요?", "새로운 대안을 찾아봅시다.", "개선 방안은 무엇입니까?"

6) 파란색 모자

파란색은 전체적인 통제를 상징하고, 초연함과 냉정함을 나타낸다. 사고에 대한 사고, 사고에 대한 지시, 다른 모자를 통제할 수 있다. 이 모자를 쓰고 활동할 때는 문제를 정리하고, 토의의 초점을 설정하고, 요약하고, 결론까지 내리도록 유도한다. 회의 전체의 사고를 지도하거나 점검하기도 한다.

회의는 파란색 모자가 상황을 정의하는 것으로부터 시작한다. 파란색 모자는 회의 방향을 설정하고, 회의 목적과 결과물을 미리 정하기도 한다. 회의 진행 중에 질서를 잡고 모자를 바꿔 쓰자고 제안한다. 파란색 모자는 회의를 주재하는 의장 또는 리더이다.

모자 색과 그 연상을 떠올리면 각 모자의 기능을 쉽게 기억할 수 있다. 6개 모자는 3쌍으로 분류할 수도 있다.

① 중립적이고 객관적인 흰색과 분노와 감정을 나타내는 빨간색
② 우울하고 부정적인 이미지의 검은색과 밝고 긍정적인 노란색
③ 풀, 야채, 풍성함을 상징하는 초록색과 냉정함과 통제를 의미하는 파란색

육색사고모자 기법의 특징은 다음과 같다.

① 한정된 역할을 제시한다.

② 사고에서 주의 집중을 유도한다.

③ 사용이 간편하다. '무슨 색 모자를 써라'는 말로써 창의적 사고를 요구하거나 부정적 사고를 멈추게 하거나 감정적인 반응을 요구하게 된다.

④ 서로 다른 색의 모자들은 뇌 속의 화학적 균형을 바꾸는 조건화 과정의 자극물질을 유도하는 근거가 될 수 있다.

진행절차

1) 여섯 가지 색의 모자 또는 그것을 의미하는 이름표와 같은 형태의 표시물을 준비한다. 한 번에 하나의 모자만을 사용해 그 사고에 집중할 수 있도록 한다. 사고 모자의 사용 순서는 다음과 같이 할 수 있다.

   ① 대화나 회의 등에서 수시로 사용할 수 있고, 또는 사용할 사고 모자 순서를 미리 정해놓고 체계적으로 사용할 수도 있다.

   ② 사고 모자는 몇 번이고 사용이 가능하다.

   ③ 대체로 노란색 모자 다음에 검은색 모자를 사용한다.

   ④ 육색사고모자를 활용하는 절차는 하얀색 모자 ➡ 초록색 모자 ➡ 노란색 모자 ➡ 검은색 모자 ➡ 빨간색 모자 ➡ 파란색 모자로 가는 순서가 좋지만, 고정적인 것은 아니다. 상황에 따라 순서가 바뀔 수도 있고 생략할 수도 있다.

   ⑤ 아이디어를 판단할 때는 빨간색 모자 ➡ 노란색 모자 ➡ 검은색 모자 ➡ 초록색 모자 ➡ … ➡ 빨간색 모자 순서로 사용한다.

2) 하얀색 모자, 빨간색 모자는 공식적으로 정해진 순서에 따라 쓴다.

3) 긍정적인 사고로 다양하게 생각하게 한 후 비판적으로 평가할 수 있도록 노란색 모자를 먼저 사용한 후 검은색 모자를 사용하도록 한다. 노란색 모자(긍정적인 면)와 검은색 모자(부정적인 면)를 번갈아 쓰며, 자신의 의견을 말한다.

4) 초록색 모자를 쓰고 더 좋은 방법을 생각해 낸다.

5) 파란색 모자를 쓰고 결론을 내린다(나라면 …).

6) 사고 모자를 사용함으로써 자아(자존심)와 사고의 분리가 가능해지며, TV 채널이 바뀌면 다른 내용이 방송되듯이 모자를 바꿔 쓰면 다양한 측면들을 융통성 있게 생각

할 수 있다.

7) 팀원 간에 모자 색으로 사고 유형을 분담하고 각자의 사고를 발표할 수도 있다.
8) 학습 내용에 따라 3색 사고, 4색 사고로 필요한 색만으로 재구성하여 활용할 수 있다.
9) 빨간색 모자에서 도출되는 생각은 긍정적이거나 부정적일 수 있다. 그러나 노란색 모자와 검은색 모자의 생각은 반드시 "왜냐하면"이라는 논리적 근거를 제시해야 한다는 점에서 빨간색 모자와는 다르다.

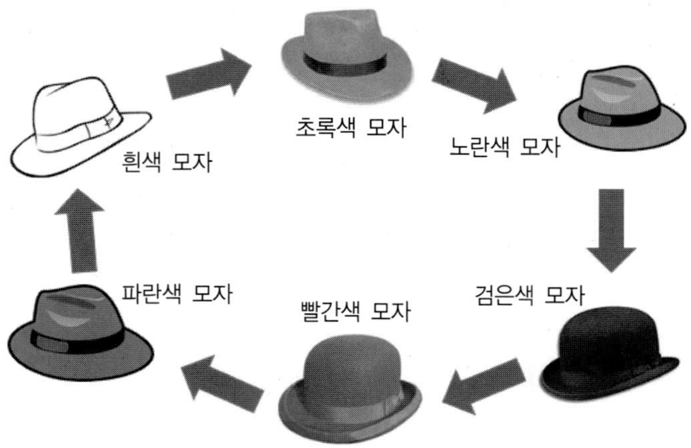

그림 7.4 육색사고모자를 활용하는 순서

7.7 연꽃기법

연꽃기법의 개념

연꽃기법은 일본의 크로바 경영연구소의 마쓰무라 야스오Matsumura Yasuo가 개발한 발상 기법으로서 MY법이라고도 하며 미래의 시나리오를 만드는 데 유용하다. 연꽃기법은 집단이나 개인이 다양한 측면에서 아이디어나 대안을 얻기 위한 것이다. 기존 기술이나 제품을 응용하는 새로운 방법을 찾거나 미래의 시나리오를 가상으로 만들고자 할 때 적용될 수 있다.

연꽃기법의 활용방법

① 가로 3줄, 세로 3칸의 표를 가로와 세로로 각각 3개씩 작성된 연꽃 도표를 준비한다.
② 주제가 되는 낱말을 가운데 표의 가장 가운데 칸에 기록한다. 예: 자동차.
③ 그 주위에 있는 8개의 칸에는 중심에 있는 문제나 주제에 관련된 응용 방법이나 해결하고자 하는 방향을 생각하여 기록한다.
④ 항목 ③에서 기재된 사항들은 그쪽 방향의 표에 중심 주제가 되어 또 다른 사고 형태의 주제가 된다.
⑤ 8개의 하위 주제에 대하여 각각 8개씩 아이디어를 생각해 내어 칸을 채워나간다. 그 표에서는 그 주제와 관련된 사항들을 생각하여 기재한다.
⑥ 각각의 하위 주제를 토의하고 평가하여 최선의 대안으로 구성해 나간다.

연꽃기법에서 유의할 점

중심 주제의 옆 8개 칸에는 다른 세부적인 사항들을 포함할 수 있는 또 다른 주제를 기록하는 것이 좋다. 너무 세부적인 사항을 처음부터 기재하면 생각이 제한되므로 색, 모양 등 비교적 포괄적인 사항을 담아 구분하는 단어를 기재하도록 유도한다.

중심 주제에 대하여 깊이 있게 생각을 하여 부주제를 선택해야 한다. 부주제에 대한 깊이 있는 생각을 통해 8개 칸을 모두 채우도록 노력해야 결과를 얻을 수 있다. 이와 같이 체계적이고 단계적으로 생각하는 훈련을 통하여 생각의 흐름을 이해할 수 있다.

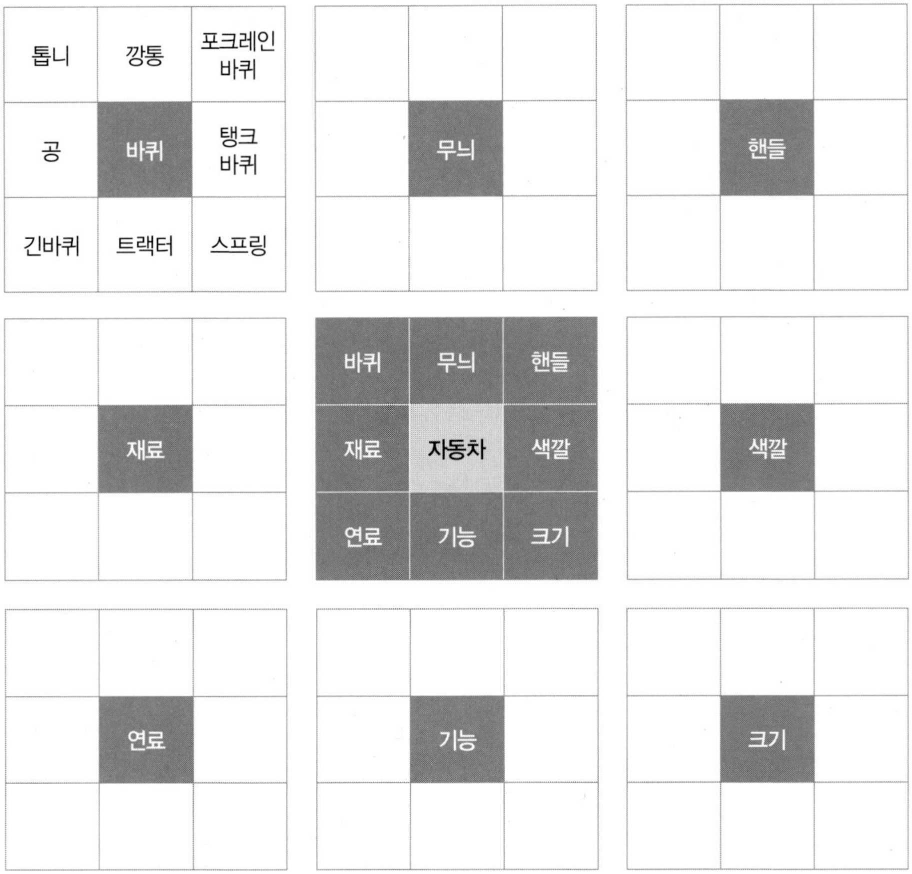

그림 7.5 자동차에 대한 연꽃기법을 활용한 예시

7.8 실습활동

제7장의 실습활동으로는 보고서제출과제(실습활동 7-2)와 다른 하나를 추가로 선택하여 진행하라.

실습활동 7-1 (브레인스토밍 실습)

다음 주제 중 하나를 선택하여 브레인스토밍의 절차에 따라 아이디어를 도출하시오.

(1) 준비(warming-up)

- 주제1: 처음 본 사람에게 자신을 잊지 않게 하는 방법.
- 주제2: 돈 없이 비싼 밥 얻어먹기.
- 팀 구분이나 기록을 하지 않고 자유롭게 손을 들어 발표한다.

(2) 팀별 브레인스토밍 주제

- 1팀: 교양서적을 많이 읽도록 하는 방법.
- 2팀: 모꼬지에서 더욱 재미있고 신나게 할 수 있는 내용.
- 3팀: 기억에 남는 청혼하기.
- 4팀: 친구 모르게 양다리 걸치는 방법.
- 5팀: 마음에 드는 사람을 꾀는 방법.
- 6팀: 마음에 없는 사람을 정떨어지게 하는 방법.
- 7팀: 돈을 벌지 않고 평생 편하게 사는 방법.

※ 30분 동안 각 팀별로 브레인스토밍을 실시하고 나서 어떤 내용이 있었는지 팀장이 발표한다. 자신이 생각한 아이디어를 아래에 순서대로 적고, 브레인스토밍이 끝나면 팀원들의 아이디어를 아래에 구분하여 적는다. 아이디어를 적을 빈칸이 부족하면 더 늘려서 기록하면 된다.

1	
2	
3	
4	
5	
6	
7	
8	
9	
10	
11	
12	
13	
14	
15	

실습활동 7-2 (SCAMPER 실습)

각 빈칸에 해당되는 것들을 예와 같이 생각하여 모두 적어보시오.

구 분		항목1: 음식	항목2: 전자제품	항목3: 의복
S	substitute 대치시키면?	탕수육 (돼지고기 ➡ 소고기) 설탕 ➡ 아스파탐	진공관 ➡ 트랜지스터	한복 ➡ 양복
C	combine 조합시키면?			
A	adapt 맞도록 고치면?			
M	modify 수정하면?			
	magnify 확대하면?			
	minify 축소하면?			
P	put to other use 다른 용도는?			
E	eliminate 제거하면?			
R	rearrange, reverse, 재배열, 거꾸로 하면?			

실습활동 7-3 (마인드맵 실습)

다음의 주제 중 하나를 선택하여 마인드맵 절차에 따라 아이디어를 도출하시오.

주제: '학교생활'을 주제로 하여 중심 이미지를 나타내고 주가지와 부가지를 표현한다.

① 학교 이미지 그리기

② 친구, 공부, 동아리 등의 생각 분류하기

③ 분류한 생각의 수만큼 주가지를 그리고 가지에 분류한 생각 쓰기

④ 주가지 별로 생각을 떠올려 부가지를 그리고 요약된 낱말 쓰기

⑤ 전체의 모습을 살피며 정리하기

⑥ 마인드맵을 보며 발표하기

실습활동 7-4 (육색사고모자 실습)

아래 글을 읽고 육색사고모자 기법에 따라 생각을 정리해 보자.

3년 전까지 대기업 전자회사 연구원이었던 K씨는 지금 후배가 운영하는 소형 입시학원의 강사로 일하고 있다.

K씨는 몇 년 전 같은 회사 후배 2명과 함께 추정 손실 수조 원대의 첨단 기술을 대만 기업에 유출하려다 적발돼 1년간 감옥생활을 했다. K씨는 "중국이나 대만으로 가면 연봉 2억 원은 거뜬히 받는다. 또 그곳에서 실력을 발휘하면 미국의 일류 기업으로도 갈 수 있다."는 브로커의 말을 듣고 잘못된 길을 갔다.

모 대기업 전자회사의 7년차 연구원이었던 K씨에게 어느 날 브로커가 접근했다. 2003년 가을 무렵이었다. 당시는 IT 부분에서 국내 연구원들의 기술력이 세계적으로 인정받기 시작하던 때로 이 분야의 웬만한 연구원들이라면 누구나 한 번쯤 브로커의 접근을 직간접적으로 받았다. K씨의 당시 연봉은 4,000만원 남짓이었다. 이왕 똑같이 고생하는 거 좀 더 많은 돈을 주는 곳에서 일하는 것이 좋지 않겠느냐는 생각에 K씨의 마음이 움직였다. K씨는 평소 친하게 알고 지내던 후배 2명도 끌어들였다. 그들은 대만으로 가서 구체적인 입사조건을 알아봤고, 결국 회사를 그만두기로 결심했다.

"처음에는 제가 산업스파이가 될 줄은 꿈에도 몰랐어요. 입사할 당시 경쟁업체로의 전직을 금지하는 약정을 회사와 맺긴 했지만, 특별히 기술을 훔쳐 가져가지 않는 이상 이직을 해도 법적으로는 문제될 게 없다고 생각했죠." 하지만 브로커의 이와 같은 제안에는 으레 조건이 붙게 마련이다. 아니나 다를까 K씨를 대만의 T회사에 소개해 준 브로커는 그에게 "빈손으로 와서는 안 된다"며 한 가지 제안을 했다. 연봉을 많이 주는 대신 '기술' 하나쯤을 손에 들고 와야 한다는 것이었다. 전 직장에서 얻은 기술을 바탕으로 사실상 산업스파이 역할을 하라는 제안이었다.

"무엇에 현혹되었는지도 모르겠습니다. 넉넉하지는 못했어도 당시 월급으로 남들 못지않게 살았었는데 왜 그랬나 모르겠어요. 한번 직장을 옮기겠다고 맘을 먹고 나니까 나도 모르게 그쪽으로만 움직여졌어요. 돌이켜보면 사람 욕망이란 게 참 무섭다는 생각이 들기도 하고요."

결국 K씨를 포함한 3명은 금전의 유혹을 뿌리치지 못하고 회사가 100억 원을 들여 개발한 첨단 PDP 제조공법 기술도면을 제공하겠다는 약속을 했다. 이들이 옮기기로 한 대만의 T사는 이 기술을 활용해 새로운 PDP제품 생산 공장 건설을 추진할 계획이었다.

하지만 K씨의 기술 유출 기도는 그가 회사를 그만두고 불과 며칠 만에 들통이 났다. 기술도면이 담긴 가방을 들고 K씨가 인천공항을 빠져나가려는 순간 출국장에서 덜미를 잡힌 것이다. K씨는 검거 이후 '부정경쟁 방지 및 영업비밀 보호에 관한 법률' 위반 혐의로 1심에서 징역 1년을 선고 받았다. 이 일로 인해 K씨는 결혼을 약속한 약혼자와도 파경에 이르렀다. 무엇보다 가장 가슴 아픈 일은 이 때문에 사랑하는 사람을 떠나보내야 했다는 점이다.

1심에서 징역 1년을 선고받고 집행유예로 풀려나오기까지 피고인 신분인 K씨는 어느 곳에도 취직하지 못했다. 물론 앞으로도 관련 업계에 종사하지 못한다. 대학 1학년부터 박사과정까지 10년 넘게 몰두해 온 연구도 이제는 아무 쓸모가 없어졌다.

현재 K씨는 후배가 운영하는 입시학원에서 과학 과목을 가르치며 생계를 유지하고 있다. 당시 K씨와 함께 사건에 연루됐던 후배 2명은 K씨보다 먼저 풀려났지만 관련 업계에 발을 들여놓지 못하기는 마찬가지다.

기술유출사범으로 낙인찍힌다는 것은 사실상 관련 업계에서의 사형선고와 다름없다. 그렇다면 K씨가 위험을 무릅쓰고 '범죄의 늪' 으로 빠져들게 된 배경은 무엇일까. K씨는 자신의 잘못을 크게 뉘우치면서도 그 배경에 대해서는 거침없이 의견을 쏟아냈다.

K씨는 명문대 전자공학과 출신이었다. 관련 학과 석·박사 과정을 마치고 97년 대기업 전자회사 연구원으로 입사했다. 당시 K씨가 받은 연봉은 3,000만 원이었다. 당시가 외환위기 시절이었던 것을 감안하면 그리 적은 액수는 아니지만 K씨가 투자한 시간을 고려할 경우 그에 걸맞은 보상이라고 보기에는 어렵다는 게 K씨의 주장이다.

"당시 금융권을 비롯한 인문계 출신 대학 졸업자의 연봉도 3,000만 원 남짓이었어요. 저희는 그들보다 짧게는 3년, 길게는 7년을 더 공부했는데 그들과 같은 대접을 받는다고 하니 상대적 박탈감이 들었던 게 사실이죠."

실제 대부분의 산업스파이는 금전적 동기에 의해 범행을 저지른다. 해외 기술유출 사건을 적발 분석한 결과, 유출 동기 가운데 70%가 금전유혹·개인영리 등 돈과 관련됐다. 이는 상대적으로 낮은 임금을 못마땅하게 여긴 연구원들이 쉽게 한눈을 팔 수 있었음을 엿보게 해주는 대목이다. K씨는 돈도 돈이었지만 무엇보다 이공계 출신을 홀대하는 회사 풍토가 더 맘에 들지 않았다고 털어놨다. 주로 비이공계 출신 인력에 의해 조직 내 의사결정권이 독점되다보니 이공계 출신은 늘 뒷전이었다는 것이다.

하얀 모자	K씨가 한 일을 사실대로 적어보자.
초록 모자	K씨에게 어떻게 해주면 좋았었는지 새로운 아이디어를 찾아서 말해 보자.
노란 모자	K씨 입장을 이해하는 측면에서 이 사건에 대해 어떤 판결을 내려야 할지 얘기해 보자.
검은 모자	K씨가 잘못한 점에 대하여 어떤 벌을 내려야 할지 재판결과와 상관없이 얘기해 보자.
빨간 모자	이 기사를 읽고 자기의 생각이나 느낌을 있는 대로 말해 보자.
파란 모자	위 다섯 가지의 내용을 참고로 K씨가 처한 상황이 합당한지 말해 보자.

팀별로 실습을 하여 실습지에 팀원들이 창출한 의견을 정리하고 다음 강의시간에 발표를 한다.

참고문헌

[1] 정동명, 창의적 발상기법 기반의 창의공학설계, 생능출판사, 2008.

[2] 다카하시 마코토지 (송수영 옮김), 브레인라이팅, 이아소, 2010.

[3] 정동명, 창의적 발상기법 기반의 창의공학설계(개정판), 생능, 2010.

[4] 김인원 옮김, 창의적 문제해결 전략, 아진, 2006.

[5] 박강, 김병재, 장혁수, 김영욱, 박용원, 창의공학 (제2판), 인터비젼, 2010.

[6] 토니 부잔, 배리 부잔, 크리스 그리피스 (권봉중, 안기순 옮김), 마인드맵북, 비즈니스맵, 2012.

CHAPTER 08

아이디어 다듬기
(수렴적 사고)

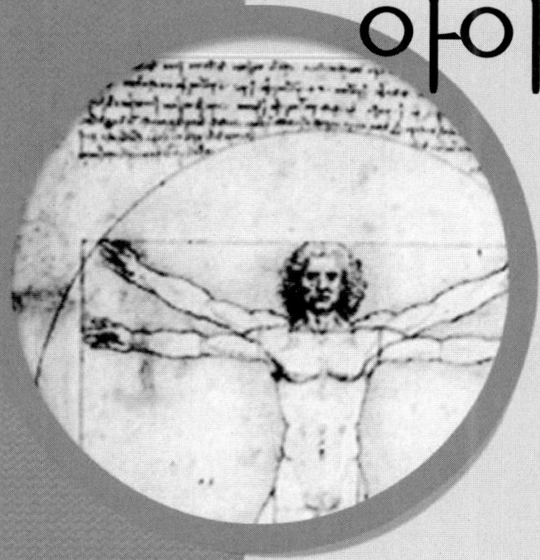

아이디어 다듬기(수렴적 사고)는 브레인스토밍에 의해 도출된 아이디어들을 보다 유용한 형태로 발전시키는 과정이다. 이 장에서는 아이디어 다듬기의 규칙, 준비, 과정, 기법에 대한 실습활동을 통해 수렴적 사고기법을 학습한다.

강의진행

1교시	교과내용, 실습활동(8-1, 8-2)
2교시	실습활동(8-3, 8-4, 프로젝트 주제), 발표, 보고서 작성활동

아이디어 다듬기와 판정은 해결방법을 결정하는 마지막 단계이다. 그러나 이번 장과 다음 장에 걸친 아이디어 다듬기와 판정과정은 접근방법이 서로 달라 통합 적용이 쉽지 않다. 이때 보다 나은 결과를 얻기 위해서는 다양한 해결기법을 모색하면서 시간을 단축시키는 지혜가 필요하다.

8.1 개요

다양하고 창의적인 아이디어 제시만으로 프로젝트 수행을 할 수 있는 것은 아니다. 그 이유는 여러 개의 아이디어(대안)들 중에서 실제 선택하고 실천하는 것은 하나 혹은 몇 개에 불과하기 때문이다. 아이디어 다듬기는 아이디어 창출 단계(확산적 사고)에서 나온 '엉뚱하고 무모한' 아이디어를 종합하고 개선하여 더 나은, 실용적 해결 방안을 찾는 단계라고 볼 수 있다. 즉, 확산적 사고로 생성된 많은 아이디어를 추가, 보완, 종합하여 보다 더 효과적인 형태로 개선, 수정해 나가게 된다. 이 과정에서는 "더 나은 아이디어를 고안하기 위해서는 어떻게 해야 하나?", "이 아이디어의 가치는 무엇이며, 어디에 사용될 수 있을까?", "이 아이디어를 어떻게 개선시킬 수 있을까?"와 같은 질문을 반복할 필요가 있다.

필요한 규칙

아이디어 다듬기 과정에서 필요한 규칙 4가지는 다음과 같다[1].

- **규칙 1 (질적으로 더 우수한 아이디어 찾기)** ; 이 과정의 목표는 아이디어의 양보다는 질을 높이는 것이다. 이 과정에 각 아이디어의 장점을 찾아 더욱 개선하려는 노력이 필요하다.

- **규칙 2 (엉뚱한 아이디어를 실용적으로 만들기)** ; 다듬어지지 않은 엉뚱한 아이디어는 더욱 실용적인 아이디어를 만들기 위한 디딤돌 또는 사고의 시발점으로 활용한다. 이때 창의적 사고와 분석적 사고를 반복적으로 적용하는 것이 필요하다.

● **규칙 3 (더 완벽한 해결방안 만들기)** ; 여러 아이디어를 종합, 융합, 끼워 맞추기를 시도하여 최적의 해결방안을 도출하도록 한다.

● **규칙 4 (비판적 판단은 계속 유보)** ; 아이디어 창출 시, 브레인스토밍과 마찬가지로 성급한 판단과 부정적 표현은 하지 않는다. 이러한 태도를 유지하면서 직관적, 혁신적 생각에 분석적, 논리적, 실용적 생각을 추가하면 창의적 아이디어를 지속적으로 창출할 수 있다.

준비 과정

진행자는 몇 가지 물품을 준비하여야 한다. 먼저 아이디어 카드를 제작한다. 이어 창출된 아이디어를 카드(또는 포스트잇)에 하나씩 굵은 펜으로 기입한다. 아이디어 내용은 카드의 윗부분에 기록하고, 아랫부분은 비워둔 상태에서 각 카드마다 고유번호를 부여한다. 새로운 아이디어가 떠오르면 바로 새 카드를 추가로 작성한다. 회의실에는 두 개 정도의 커다란 테이블과 차트를 붙일 수 있는 벽이 있어야 한다.

진행자가 준비해야 할 물품

- 아이디어를 기록할 카드 또는 포스트잇
- 여러 색깔의 펜, 형광펜
- 차트, 페이퍼 클립, 고무 밴드, 보호테이프 등

8.2 아이디어 다듬기 과정

아이디어 다듬기는 3단계를 거치면서 마무리된다[1]. 이 과정은 아이디어 창출과 마찬가지로 정답이 없는 활동이며, 체계적인 접근 방법을 따르더라도 그 결과를 예측하기 어렵다. 먼저 아이디어간의 관련성을 찾아서 몇 개의 범주로 분류한다(1단계). 이어 각 범주 내에서 아이디어를 추가하거나, 개선하면서 종합하여 양질의 아이디어(해결책)를 구성한다(2단계). 마지막으로 다른 범주의 아이디어를 억지로 끼워 맞추면서 최종적으로 효과적이고 실용적인 해결방안 몇 개를 도출한다(3단계). 이처럼 아이디어 다듬기는 많은 시간과 노력이 요구되며 차분하게 진행하여야 한다.

1단계 (몇 개의 범주로 아이디어 분류)

아이디어 카드들을 테이블 위에 늘어놓고, 팀원 각자가 몇 분간 아이디어 내용을 확인한다. 이어 유사한 아이디어가 적힌 카드끼리 모으고, 각 범주의 이름을 적절하게 붙인다. 범주가 너무 광범위하지 않도록 하되, 공통점이 크지 않은 아이디어는 따로 모은다. 각 아이디어가 어느 범주에 속하는지 짧게 논의한다. 어느 아이디어가 하나 이상의 범주에 속하는 경우 카드를 하나 더 만들어 양쪽에 넣는다. 이러한 과정 중에 새로 아이디어가 떠오르면 새 카드에 적고, 적합한 범주에 추가한다. 범주가 7개 이상이면, 2개 또는 그 이상의 범주들을 새로운 범주로 조합하는 과정을 반복하여 대략 7개 이내의 범주로 분류한다.

2단계 (범주 내 종합 - 추가, 개선, 종합)

각 범주에 속한 아이디어를 수정하고 조합하면서 실용적이고 우수한 소수의 해결방안으로 만들어 나간다. 즉, 세부 사항을 추가 또는 수정하거나, 다른 아이디어에 편승 또는 끼워 맞추기를 한다. 두 개 이상의 아이디어가 조합되면, 하나의 새로운 아이디어로 간주하며 이처럼 몇 가지의 개념 또는 아이디어를 조합하는 아이디어 종합이 특히 권장되며 적극 실행되어야 한다. 엉뚱한 또는 부적합한 아이디어라고 섣불리 버리지 말고 새로운 아이디어 창출의 계기로 활용한다. 아이디어 다듬기가 끝나면, 각 범주의 해결방안을 큰 종이에 써서 흑판이나 벽에 붙이고 다음 단계로 이행한다.

3단계 (범주 간의 종합 – 끼워 맞춤)

이 단계에서는 각 범주에서 개선된 아이디어들을 조합하여 최상의 해결방안을 도출해야 한다. 각 범주별 해결방안들을 다양한 조합으로 억지 끼워 맞추기를 하는 과정에서 완전히 새롭고 흥미로운 아이디어가 생성될 수 있다. 아이디어를 검토, 토의하는 과정을 통해 해결방안의 논리, 의미, 목적을 이해하게 되며, 문제에 대한 최선의 해결방안을 찾게 된다. 이를 통하여 더욱 개선된 아이디어를 최종적으로 게시한다. 아이디어 다듬기 과정을 그림으로 표현하면 아래와 같다.

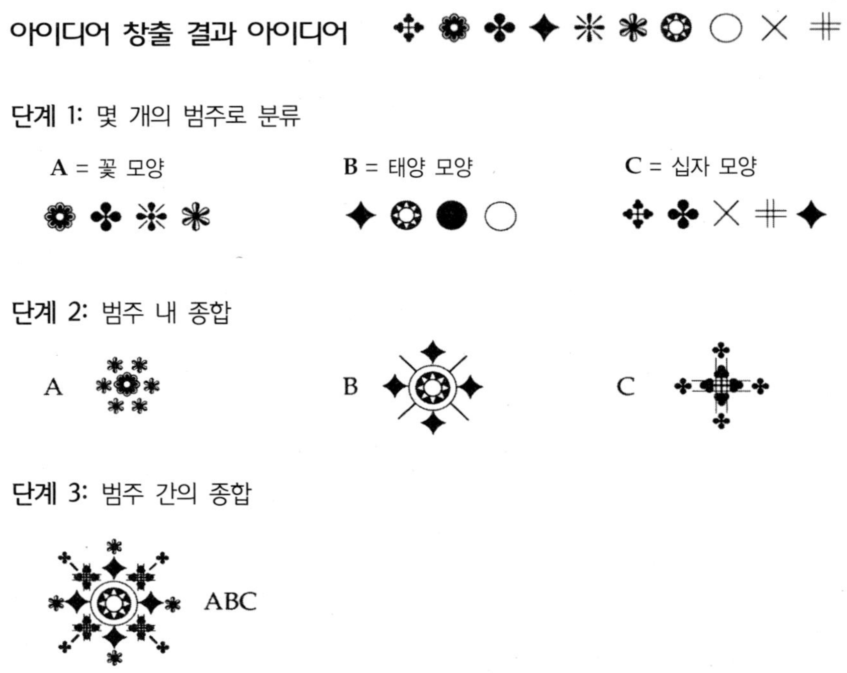

그림 8.1 아이디어 다듬기 과정[1]

8.3 아이디어 다듬기 기법

확산적 사고기법으로 생성된 아이디어 중에서 최적의 안을 도출하기 위해서는 공통점이 있는 아이디어들을 조직화하고 결집할 수 있는 수렴적 사고 기법이 필요하다. 수렴적 사고 기법은 다양하지만 이중 하나를 선택할 때 대안의 수를 고려하여야 한다.

하이라이팅Highlighting 기법

하이라이팅 기법은 여러 가지 아이디어(대안)들을 기본적인 몇 개의 범주로 압축하여 분류하는 수렴적 사고 도구이다. 이 기법에 따라 브레인스토밍, 브레인라이팅, SCAMPER 등과 같은 확산적 사고기법을 거쳐 생성된 아이디어들 중에서 괜찮다고 생각되는 아이디어들을 선택하는 과정을 '히트Hit'되었다고 표현한다. 히트된 아이디어는 공통적인 측면이나 요소에 따라 같은 그룹으로 분류되는데, 이를 '적중 영역(Hot Spots)'이라고 한다. 즉 이 기법은 적중 영역을 문제 해결에 적합한 형태로 수정하고 발전시켜서 더 나은 대안으로 만들어가는 아이디어 다듬기 방법이다.

진행 순서

① 생성된 아이디어를 나열하고 차례대로 번호를 적는다.
② 아이디어를 차례로 검토해 가면서 그럴듯한 대안들을 골라낸다. 이때 아이디어의 실현 가능성은 고려하지 않아도 된다.
③ 골라낸 대안들 중에서 서로 관련이 있어 보이는 아이디어들을 모아서 적중 영역을 만들고 골라낸 아이디어를 적중 영역별로 분류한다.
④ 각 적중 영역을 검토하여 의미가 무엇인지를 다시 생각해본다.
⑤ 문제의 요구를 가장 잘 만족시키는 것으로 판단되는 적중 영역 하나를 선택한다. 두 개 이상의 적중 영역을 조합하여 하나의 해결책을 만들어도 좋다.

적용 사례

환경오염을 줄이기 위해 우리가 할 수 있는 방법을 모색하는 과제이다. 이에 대한 해결책으로 57개 대안 중에서 괜찮다고 판단되는 히트된 아이디어 15개가 아래와 같이 선택되었다.

① 샴푸를 쓰지 말자.
⑦ 자동차를 없애자.
⑨ 재활용품을 사용하자.
⑩ 나무를 많이 심자.
⑭ 수도 요금을 올리자.
⑲ 유가를 올리자.
㉑ 스님처럼 설거지한 물을 마시자.
㉒ 공장을 없애고 옛날로 돌아가자.
㉗ 분리수거를 하자.
㉚ 담장을 자연 풍경으로 꾸미자.
㉜ 농약을 쓰지 않는 무공해 농사를 짓자.
㉝ 일회용품 사용을 자제하자.
㊶ 환경의 중요성을 반상회를 통해 알리자.
㊸ 남은 재료를 재활용하는 퓨전 요리를 활성화하자.
㊿ 한 달에 한 번씩 자기 집 앞 청소를 하자.

히트된 15개의 아이디어를 적중 영역으로 분류하면 아래 표와 같다.

표 8.1 적중 영역 분류

사회적 관계	예술/미학	경제	방어/수비	환경	교육
- 분리수거를 하자 - 재활용품을 사용하자. - 일회용품 사용을 자제하자.	- 담장을 자연 풍경으로 꾸미자. - 한 달에 한 번씩 집 앞 청소를 하자. - 남은 재료를 활용하는 퓨전요리를 활성화하자.	- 수도요금을 올리자. - 유가를 올리자.	- 공장을 없애고 옛날로 돌아가자. - 샴푸를 쓰지 말자.	- 나무를 많이 심자. - 농약을 쓰지 않는 무공해 농사를 짓자.	- 환경의 중요성을 반상회를 통해 알리자.

적중 영역을 검토하여 선택된 해결책은 다음과 같다.

"환경오염을 줄이기 위해서 사회적으로는 분리수거를 하고, 재활용품을 사용하며, 일회용품의 사용을 자제하는 한편, 예술·미학적인 면에서는 담장을 꾸미고, 자기 집 앞을 청소하며 퓨전요리를 활성화한다."

PMI^Plus, Minus, Interesting 기법

PMI 기법은 드보노de Bono(1973)가 개발한 사고 기법으로 우리가 어떤 결정을 내리거나 받아들일 때나 어떤 아이디어나 제안을 다룰 때, 열려 있는 마음과 태도를 갖고 아이디어들을 다루게 하기 위하여 의도적으로 사용하는 방법이다. 즉, 제안된 아이디어를 P(Plus, 좋은 점, 긍정적 측면), M(Minus, 나쁜 점, 부정적 측면), I(Interest, 흥미로운 측면)의 다양한 측면을 고려해 보고, 발생하는 이득과 손실을 분석한 후에, 그 반대의 결정을 내릴 때 발생하는 이득과 손실을 비교하여 최선의 선택을 하는 방법이다. 이 기법은 동시에 여러 요인들이 혼합되어 작용하는 사고 상황에서, 보다 냉철한 판단 아래 사고를 전개시킬 수 있다는 장점이 있다.

실제로 가치 있는 아이디어인데도 불구하고 좋지 않은 것으로 보여서 폐기될 수도 있다. 대부분의 판단은 아이디어 자체의 가치에 의해서가 아니라 처음 떠오르는 순간적인 감정에 의해서 판단하기 쉽다. PMI 기법은 이러한 우려를 사전에 예방하며, 판단이나 평가 이전에 다양한 관점에서 생각해 보기를 유도한다. 또한, PMI 기법은 매우 좋은 의견처럼 보이는 아이디어의 생각하지 못했던 단점을 알 수 있게도 해준다. 표 8.2는 PMI 기법의 의미를 보여주고 있다.

표 8.2 PMI 기법

구 분	설 명
P (Plus)	좋은 점, 긍정적인 측면, 더하기, 강점, 왜 그것을 좋아하는가?
M (Minus)	나쁜 점, 부정적인 측면, 빼기, 약점, 왜 그것을 좋아하지 않는가?
I (Interesting)	좋지도 나쁘지도 않지만 흥미롭다고 생각되는 점, 새로운 대안, 독특한 점

활용 방법

PMI 기법을 수행할 때는 의도적으로 먼저 'P'에 집중한다. 그 다음 'M'에, 마지막으로 그 아이디어가 가지고 있는 'I'에 주목하여 생각한다. 이것은 대단히 의도적인 것으로 대개 2~3분 내에 이루어진다. 어떤 아이디어를 단순하게 좋아한다거나 또는 좋아하지 않는다고만 말하는 대신 우리는 PMI를 사용할 수 있다. 먼저 좋은 점을, 다음으로는 나쁜 점을, 마지막으로 좋지도 나쁘지도 않지만 흥미롭다고 생각하는 점을 나열하여 아이디어 제안 및 건의를 처리하는 한 가지 방법으로써 사용할 수 있다.

◎ 적용 원리

PMI 기법의 원리는 다음과 같다.

- 처음에는 좋지 않은 의견처럼 보이지만 사실은 아주 좋은 의견일 경우가 있으므로 이를 제외시키지 않는다.
- 매우 좋은 의견처럼 보이는 것의 단점을 생각한다.
- 아이디어의 좋고 나쁜 점뿐만 아니라 흥미로운 점까지 생각한다.
- 감정에 따라 판단하는 것을 지양하고 아이디어의 장단점에 근거를 두고 판단한다.
- 미리 아이디어를 탐색한 후에 선호 여부를 판단할 수 있다.

◎ 진행 순서

PMI 기법의 진행 순서는 다음과 같다.

① PMI 기법으로 다룰 주제를 선정하고, 그것에 대해 기술한다.
② 주제가 정해지면 P, M, I 세 부분으로 나누어서 구분하고 각 부분에 대한 의견을 생각한다.
③ P에 해당하는 장점을 더욱 살릴 수 있도록 보완한다.
④ M에 해당하는 단점에 대한 원인과 대책을 제시한다.
⑤ I에 해당하는 흥미로운 점을 새로운 대안 도출의 발판으로 삼는다.

◎ 적용 사례

버스 좌석에 대한 PMI 기법의 적용 사례는 표 8.3과 같다[2].

표 8.3 PMI 기법의 적용 사례

주제	버스 안에 있는 좌석은 모두 치워 버려야 한다.
P	버스에 더 많은 사람이 탈 수 있다. 버스를 타거나 내리기가 더 쉽다. 버스를 제작하거나 수리하는 비용이 보다 싸게 될 것이다.
M	버스가 갑자기 서면 승객들이 넘어질 것이다. 노인이나 지체 장애인은 버스를 이용할 수 없을 것이다. 쇼핑백이나 아기를 데리고 다니기가 어려울 것이다.
I	한 줄은 좌석이 있고, 다른 한 줄은 좌석이 없는 두 줄 유형의 버스. 같은 버스라도 유형을 달리하면 일을 더 많이 할 수 있다. 버스에서는 편안함이 그렇게 중요하지 않을 수도 있다.

PPC Positive, Possibilities, Concerns 기법

이 기법은 동의하기 어렵거나 미심쩍은 생각이 들 때, 혹은 자신이 싫어하는 아이디어를 다룰 때 유용하다. 아이디어를 발상하는 회의에서 제안된 아이디어에 대해 너무 모질게 비판해서 제안자를 무색하게 만들어서는 안 된다. 그렇다고 상대방의 기분이나 감정을 고려한다고 모든 아이디어들을 그대로 받아들여서도 곤란하다. 상대방이 제시하는 아이디어를 효과적으로 다루는 대화요령이 필요한데, 특히 합리적일 것 같지 않은 제안을 어떻게 처리하느냐가 매우 중요하다. 대화를 어떻게 진행하느냐에 따라 다른 사람의 창의적 사고는 크게 영향을 받기 때문이다.

첫 번째 'P'는 '긍정적인 면positive'을 나타내며 그 아이디어에 대하여 좋다고 생각되는 것을 말한다. 두 번째 'P'는 '가능성possibilities'을 의미하며 그 아이디어를 어떻게 적용하거나 확대시킬 수 있는지에 대하여 언급한다. 마지막 'C'는 '염려스러운 점concerns'을 말하는데, 그것을 직설적으로 말할 수 있어야 한다. 이렇게 함으로써 너무 성급하거나 극단적으로 판단하는 것을 막을 수 있으며, 문제 해결을 위해 아이디어가 가지고 있는 모순점을 보완하여 보다 완벽한 계획을 세울 수 있게 된다. 표 8.4는 PPC 기법의 의미를 보여주고 있다.

표 8.4 PPC 기법

구 분	설 명
P (positive)	긍정적인 면, 제안된 아이디어의 훌륭한 면을 칭찬함
P (possibilities)	가능성, 아이디어가 어떤 상황에 응용될 수 있는가를 항목별로 작성
C (concerns)	염려스러운 점, 아직 불안한 점, 그것을 없애려면 어떻게 하면 좋을지에 대한 대안을 모색함

ALU Advantage, Limitation, Unique qualities 기법

확산적 사고에서 사용되는 기본적인 사고기법이 브레인스토밍이라면, 수렴적 사고에서의 기본적인 사고도구는 ALU 기법이라고 할 수 있다. ALU 기법은 PMI 기법과 유사하며, 대안이 몇 개인 경우 주의 깊게 다듬고, 향상시키고, 더 나은 것으로 개발시키고, 선택하기 위한 것이다.

이 방법은 대안의 '장점(강점)'을 고려해보고, 다음으로 '단점(제한점)'을 찾아 그것을 어떻게 극복할 수 있는지를 생각한다. 마지막으로 재미있고 매력 있어 보이는 '독특한 특성'을 찾아 그것을 보다 철저하게 건설적으로 분석하는 과정을 거친다. 이렇게 함으로써 최선의 대안을 선택하거나 보다 나은 다른 대안을 개발해 낼 수가 있다. 표 8.5는 ALU 기법을 요약해 나타내고 있다.

표 8.5 ALU 기법

구 분	설 명
A (Advantage)	새로운 아이디어가 갖는 강점, 플러스, 또는 긍정적인 측면을 확인한다.
L (Limitation)	새로운 아이디어가 갖는 약점이나 염려는 무엇인가? 이 아이디어를 더욱 발전시키기 위하여 가장 두드러진 한계를 극복할 수 있는 아이디어를 생성해 본다.
U (Unique qualities)	새로운 아이디어가 다른 아이디어가 갖고 있지 않은 어떤 가능성이나 특성을 가지고 있는가? 새롭고 흥미로운 측면에 초점을 두고 그 특성들을 확인한다.

역 브레인스토밍Reverse Brainstorming 기법

역 브레인스토밍은 브레인스토밍과 비슷하나 아이디어를 도출하는 대신 그대로 제안된 아이디어를 비판하기 위하여 사용한다. 악마의 대변인devil's advocate이란 표현은 천주교에서 유래한 것으로 교황 후보를 반대하는 역할을 맡은 사제를 가리키는데 사용된다. 악마의 입장을 대변하도록 지명된 사제는 교황 후보 논의에 있어서 찬성과 반대의 균형을 의도적으로 맞춰주는 역할을 한다. 이 기법에서도 아이디어의 약점들을 발견해 내고 그 아이디어를 실천할 때 잘못될 수 있는 점을 예측하는데 중점을 둔다. 역 브레인스토밍의 진행 순서는 다음과 같다.

① 아이디어 제안자를 포함하여 누구나 아이디어 평가에 참여할 수 있게 한다.
② 차트 용지에 아이디어 목록과 함께 목표와 문제를 기록하여 잘 보이는 곳에 고정시킨다.
③ 먼저 첫 번째 아이디어에 대하여 비판하고 그것을 차트 용지에 적는다.
④ 첫 번째 아이디어에 대한 비판이 끝나면 두 번째 아이디어를 비판하는 방법으로 모든 아이디어를 비판한다.
⑤ 아이디어들을 다시 음미해 보고 제시된 비판을 고려하여 필요하다면 수정하고 다듬어 최선의 해결책을 만들어 낸다.
⑥ 가장 약점이 적고 문제를 잘 해결해 줄 수 있을 것 같은 아이디어를 선택한다.
⑦ 실천을 위한 수행 계획을 세운다.

8.4 실습활동

다음은 제8장의 실습활동으로 제안된 아이디어 다듬기 과제이다. 팀 활동 주제는 8-1과 8-2 중에서 보고서 제출과제는 8-3이나 8-4 중에서 택일할 수 있다.

실습활동 8-1 (아이디어 다듬기)

프로젝트의 아이디어 창출 단계에서 도출된 아이디어들을 가지고 다듬기 작업을 수행하고 5분 발표를 준비하시오.

실습활동 8-2 (하이라이팅 기법 실습)

- 아이디어 히트하기: 브레인스토밍에서 생성된 아이디어 중 그럴듯해 보이는 대안에 체크한다. 아이디어의 실현 가능성은 고려하지 않아도 된다.
- 적중 영역 만들기 및 분류하기: 적중 영역을 만들고 골라낸 아이디어를 적중 영역별로 구분한다. 다시 적중 영역과 그 의미를 검토해 본다.
- 해결책 선택: 문제의 요구를 가장 잘 충족시키는 것으로 판단되는 적중 영역을 선택한다. 두 개 이상의 적중 영역을 조합하여 하나의 해결책을 만들어도 좋다.

실습활동 8-3 (PMI 기법 실습)

'1교시 강의가 오전 8시에 시작된다면 어떨까?'라는 주제로 P(바람직한 점), M(문제점), I(흥미로운 점) 등을 정리하시오.

실습활동 8-4 (PPC 기법 실습: 아래 글을 읽은 후 PPC 기법으로 제안된 아이이어를 분석하라: 보고서 제출과제)

이력서에서 학력 뺀다고 스펙경쟁 없어지겠나

좁은 취업문을 통과하려면 서류전형의 높은 문턱부터 넘어야 한다. 일부 기업은 입사지원서에 대학과 대학 성적, 어학 성적, 인턴 경험, 공모전 입상 경험은 물론이고 키, 몸무게, 자격증, 가족사항, 부모 재산 같은 세세한 개인정보까지 쓰도록 요구한다. 그렇다 보니 학벌과 외모 차별 논란이 일고 지원서를 빽빽이 채우기 위한 '스펙(취업에 필요한 각종 자격이나 점수) 경쟁'이 치열하다.

고용노동부가 그제 직무 능력 평가 중심의 '역량기반 지원서–역량 테스트–역량 면접' 모델을 공개했다. 스펙 경쟁을 없애고 능력 중심의 채용 문화를 정착시키자는 뜻이다. 역량기반 지원서에는 학력이나 어학 성적 대신 교내외 활동, 자격사항, 인턴 근무 경험 같은 직무 역량을 자세히 쓰도록 한 점이 눈에 띈다. 주민등록번호, 신체 조건, 부모의 재산, 가족사항을 적는 칸도 없다. 자격증이나 어학 점수보다 직무 능력과 리더십을 쌓기 위해 학교생활을 얼마나 충실히 했는지를 보라는 기준을 제시했다는 점에서 의미가 있다. 직접 채용 모델을 개발할 여력이 없는 중소기업에도 도움이 될 것이다.

고용부는 이 방식을 올해 공공기관이나 공기업에 권고하고 맞춤형 방식을 개발해 민간기업으로도 확대할 계획이다. 그러나 업종과 철학이 천차만별인 기업에 무리하게 정부가 만든 일률적인 채용 잣대를 강요한다면 시장의 반발을 부를 가능성이 크다. 학력과 어학 성적을 빼면 학벌주의와 스펙 경쟁이 사라질 것이라고 보는 시각도 안이하다. 학력이야말로 지원자의 잠재력과 역량을 판단할 수 있는 객관적이고 변별력이 있는 기준 중의 하나다. 수백 대 1의 경쟁률을 넘나드는 입사 전형에서 객관적 기준인 학력을 아예 빼는 것은 '깜깜이 채용'을 하라는 것과 같다. 선택은 기업에 맡겨야 한다.

어느 나라나 명문대학은 있다. 우수한 학생과 교수진이 모여 대학의 평판을 만들고, 이런 대학이 배출한 인재들이 사회 각 분야에서 활약하며 국가 경제와 사회를 진일보시킨다. 실력은 보지 않고 출신 학교만으로 차별하거나 특정 대학 출신끼리 밀어주고 당겨주며 자리와 부를 독점하는 학벌주의는 척결해야 한다. 하지만 우수 대학과 부실 대학의 구분까지 무너뜨릴 이유는 없다. 훌륭한 인재를 배출하는 대학이 지금보다 더 늘어야 일자리도 늘고 청년 취업난도 풀린다. 학력과 학벌을 혼동해서도 안 된다.

기업도 채용 편의를 위해 한꺼번에 많은 인원을 뽑는 그룹 공채 방식에서 벗어나야 한다. 서구 기업처럼 부서별로 필요한 인재를 수시로 채용하는 직무 중심의 채용을 정착시킬 필요가 있다. 그래야 '직업'보다 '직장'만 추구하는 청년들의 스펙 경쟁이 사라질 것이다.

〈동아일보, 2013. 1. 31.〉

참고문헌

[1] 에드워드 럼스데인, 모니카 럼스데인, 윌리엄 셸넛 (명지대학교 창의공학연구회 옮김), 창의적 문제해결과 공학설계(Creative Problem Solving and Engineering Design), 파워북, 2000.

[2] 이창훈, 김기수, 공학입문자를 위한 창의공학설계, 한티미디어, 2007.

CHAPTER 09

아이디어 판정 및 실행

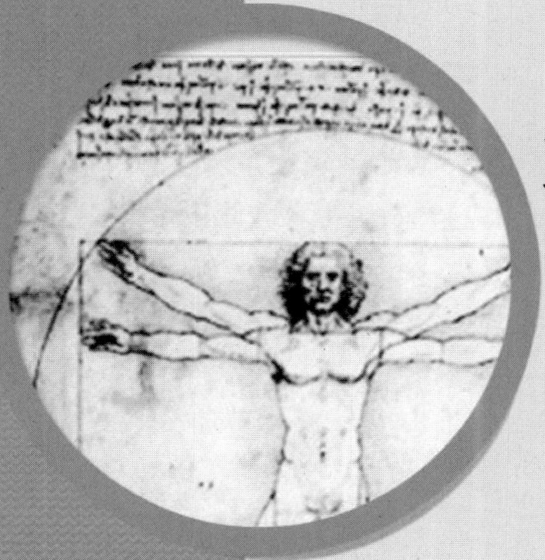

아이디어 판정에 이은 실행은 공학설계의 최종 단계에 해당한다. 이 장에서는 판정의 중요성, 판정에 필요한 사항, 판정순서, 판정기준, 판정기법, 최종 판정, 실행 등에 대해 학습한다. 또한 실습활동을 통해 판정과 실행에 대한 내용을 익힌다.

강의진행

1교시	교과내용, 실습활동(9-1, 9-2)
2교시	실습활동(9-3, 9-4, 기말 프로젝트 주제), 기말 프로젝트 점검

아이디어 판정은 '아이디어 창출'과 '아이디어 다듬기'의 결과로 얻어진 해결방안을 추가적으로 개선해 나가는 비판적 사고과정이다. 이는 판정기준을 설정하고 문제해결방안을 최종 결정하는 단계이며 그 내용이 곧바로 문제해결의 질을 좌우한다.

아이디어 판정이 이루어지면 프로듀서의 자세로 실행해야 한다. 실행은 문제해결단계 중 가장 많은 수고와 노력, 강한 의지를 필요로 하지만 결실을 거두면 가장 큰 보상이 따르는 단계이다.

9.1 아이디어 판정

훌륭한 판정은 문제해결 과정과 결과에서 발생할 수 있는 결함, 위험, 부작용, 불확실성을 미리 발견하여 제거함으로써 최상의 해결방안을 도출하는 일이다. 엔지니어는 문제해결과정 또는 설계과정에서 발생할 수 있는 결함을 발견하고 제거하는 능력, 아이디어에 내포된 위험, 결과, 불확실성 등을 평가하는 능력, 판단에 영향을 미치는 편견, 편향된 가치관, 선입견 등을 인식하고 배제하는 능력, 비판적 사고력과 윤리적 판단력 등을 갖추어야 한다.

판정에 필요한 사항

아이디어 판정은 판사의 마음가짐으로 판정기준(항목)을 설정한 후 비판적 검토, 다양한 기법 등을 사용하여 판정기준에 대한 우선순위를 결정한다. 또한, 아이디어의 부족한 점과 결함을 확인하고 예측되는 좋지 않은 결과를 극복할 수 있는 방안을 강구해야 한다. 판사는 아이디어를 언제 실행할 것인지, 위험도 및 어느 정도 편견이 개입되어 있는지도 평가해야 하고, 이 모든 것을 고려하여 최종 해결책을 결정한다.

아이디어 판정에서는 우선 긍정적 태도를 유지해야 한다. 해결책의 실행에 있어서 성공의 정도만 다를 뿐이지 실패란 없다. 창의적 문제해결과정에서 심판하는 태도를 취하면 해결책 실행은 실패하기 쉬운데, 그 이유는 '잘 안 될 것이다.'라는 부정적 심리가 무의식중에 신체 언어를 통해 주변에 전달되기 때문이다. 또한, 완전무결한 아이디어나 해결책이 순간적으로 나타날 것을 무작정 기다리지 말고, 단계를 거치면서 아이디어가 개선되는 것을 추구해야 한다. 그리고 자기가 선호하는 사고방식이 자기의 판단과 태도에 어떻게 영향을 미치고 있는지를 자문하면서, 자신의 가치관, 윤리관, 선입견, 편견 등을 검토해 보아야 한다.

인간의 선입견과 편견이 판단에 어떠한 영향을 미치는지를 알아보자. 마룻바닥에 물이 흥건하고 유리 조각이 흩어져 있으며 로미오와 줄리엣이 죽어 있다. 과연 무슨 일이 일어났을까? 일어날 가능성이 큰 사건들을 브레인스토밍하면서 사건 추정에 포함된 가정을 생각해보라. 만일 가정이 달라지면 이야기가 완전히 새로운 방향으로 진행되는 것을 이해하게 될 것이다.

판정순서

직관만으로 아이디어를 판정하기보다는 체계적이면서 검증 가능한 판정기법을 사용하는 것이 바람직하다. 일반적인 아이디어 판정순서는 다음과 같다.

● 기준설정

브레인스토밍 기법으로 판정기준을 찾아낸다. 중요도에 따라 판정기준의 순서를 정한다. 이때 쌍비교분석법을 활용할 수 있다. 상위 몇 개를 최종 판정기준으로 설정한다.

● 아이디어의 순위결정

각 판정 기준에 대해 평가척도[매우 좋다(5), 좋다(4), 보통(3), 나쁘다(2), 매우 나쁘다(1) 또는 좋음(장점, +), 나쁨(단점, 0)]에 따라 아이디어 순위를 결정한다. 우선순위에 따라 판정기준에 가중치를 부여한 후 점수화한다.

● 최종 아이디어에 대한 재검토 및 보완

최종 아이디어에 대해서는 재검토 및 보완을 하며, 단점을 보완할 방법을 찾는다. 또한, 제외된 아이디어에서 장점을 찾아내어 활용할 수 있는 방법을 모색한다.

판정기준

판정을 위한 기준설정은 매우 중요하다. 왜냐 하면, 판정기준 목록에 따라 우선순위가 바뀌거나 좋은 아이디어가 탈락할 수도 있기 때문이다. 먼저 문제의 심각성과 해결책 결정에 영향을 주는 요인을 최대한 반영한 판정기준 목록을 준비하여야 한다. 판정기준의 설정과정에 개인 혹은 그룹의 브레인스토밍으로 다수의 목록을 만든 다음 이들을 개선하여 유용하고 중요한 기준을 선정한다. 판정기준 중요도의 차이에 따라 판정기준에 가중치를 부여할 수도 있다.

판정기준을 설정할 때는 다음과 같은 사항을 고려해야 한다. 우선 사람들이 변화와 아이디어 수용을 촉진할 수 있는 동기가 무엇인지를 생각해야 한다. 해결방안 실행에 필요한 비용, 받을 수 있는 지원, 활용할 수 있는 자원 등도 고려해야 한다. 해결방안 실행이 조직, 고객, 사회적 측면에서 어떠한 가치가 있는지도 생각할 필요가 있다. 해결방안을 언제 시행해야 하며, 어느 정도 시간이 소요되는지, 장기적 또는 단기적 대책인지 여부도 고려되어야 한다. 아울러 해결방안이 환경과 생태계 등에 미치는 영향이 있는지, 일상생활, 조직 및 지역사회에 어떠한 영향을 미칠지도 생각해 본다.

판정기법

아이디어 판정단계에서 활용할 수 있는 일반적인 기법들은 표 9.1과 같다.

표 9.1 아이디어 판정기법

기법	내용
퓨Pugh 방법	판정기준에 따라 아이디어 순위평가와 개선을 반복하여 최선의 해결책을 도출하는 방법
쌍비교분석법PCA, Paired Comparison Analysis	판정기준에 따라 아이디어 2개씩 차례로 비교하고 점수를 매긴 후 순위 결정
평가행렬법	판정기준에 따라 각 아이디어를 점수(평가척도)로 평가한 후 순위 결정
장점/단점 기법	판정기준에 따라 각 대안을 '좋다(1점), 아니다(0점)'로 평가한 후 순위 결정
가중순위결정법	평가행렬법과 비슷하나 판정기준 항목에 가중치를 부여하고 점수를 집계

9.2 퓨Pugh 방법

퓨 방법은 여러 개의 해결방안과 판정기준(항목)이 들어있는 장점-단점 행렬표를 사용하여 아이디어나 해결방안을 창의적으로 평가하는 방법이다[1]. 기본적으로 각 해결방안을 판정기준별로, 비교대상과 비교하면서 확실하게 더 좋은 경우는 '+', 대체적으로 같은 경우는 'S', 분명하게 더 좋지 않은 경우나 결함이 있는 경우는 '-' 중에서 한 가지를 선택한다. 퓨 방법의 진행순서는 다음과 같다.

1단계

① 브레인스토밍을 통해 15~20개의 판정기준(항목)을 준비

② 판정기준과 대안을 적은 행렬을 넓은 벽에 부착하고, 기존 방식 중 최선의 것 또는 벤치마킹 대상을 비교대상으로 기입

③ 각각의 대안에 대해서 토론하고, 판정기준별로 대안을 비교대상과 비교하여 '+, -, S'로 평가한 후. '+' 및 '-' 개수를 집계하여 순위 파악

2단계

① 최선의 방안을 개발, 분석하고 부족한 정보를 보완하는 시간을 가진 후 종합과 새로운 아이디어 추가를 통해 장점(+)을 강화하고 결점(-)을 제거하여 2회전용 방안(해결책) 준비

② 취약한 방안은 장점을 다른 곳에 사용할 수 없는지를 판단한 후 버림

③ 판정기준의 부족한 점을 보완하여 2회전용 판정기준을 준비

④ 비교대상(직전의 최우수 대안)과 개선된 방안들을 행렬에 넣고 비교평가 실시

⑤ 가장 우수한 대안이 나타날 때까지 위 과정 반복. 모든 팀원은 최종안이 장점이 강화되고 모든 단점이 극복된 최선책임을 이해하기 때문에 쉽게 수용함

적용 사례[1]

1) 문제정의

대학 체육관에 있는 라커locker에 대하여 아래와 같은 불만사항이 있어 라커를 개선하고자 함

- 문을 열면 옆 라커에 문이 걸려 불편함
- 공간이 협소함
- 선반이 부족함
- 시끄러움
- 외관이 좋지 않음
- 작동이 어려움
- 옷에 손상을 주거나 사람 피부를 가끔 다치게 함

2) 판단기준

- 라커의 효과적 배치
- 배열 조정이 용이한 개별 라커의 형태와 크기
- 내부 공간의 구획 짓기
- 문 재설계
- 잠금 장치의 개선
- 재활용 또는 재활용 가능한 재료 사용, 제조의 용이성
- 보기 좋은 외관, 낮은 소음, 사용의 용이성

3) 1단계

- 다음과 같은 6개의 새로운 개선안이 도출됨

표 9.2 새로운 개선안 (6개)

번호	개선안
1	선반은 고무를 댄 모서리 사용, 서랍은 학생증이나 지문 잠금장치 사용
2	데스크 재설계, 별도의 소형 라커, 카드 잠금장치
3	폭을 2배로 키움, 여러 개의 서랍 + 선반, 상하 미닫이식 문, 버튼 결합형 잠금장치
4	90도로 열려서 곧바로 뒤로 밀어넣는 문, 임시 선반, 암호 잠금장치
5	라커의 수선, 문의 90도 정지 장치, 임시 선반
6	합성 고무문 패킹, 바닥 배수, 레이저 빔 문

표 9.3 1단계 평가 결과

평가 판단기준	개 선 안					
	1	2	3	4	5	6
1. 문 사용의 용이성	S	S	S	+	S	+
2. 훌륭한 외관	+	+	+	S	S	S
3. 적당한 비용	−	−	−	S	+	S
4. 관리자의 수용 여부	+	−	−	S	+	−
5. 보관이 잘됨	+	+	+	+	S	S
6. 개선된 재료	S	S	+	+	S	S
7. 라커 배열	S	+	−	S	S	S
8. 잠금장치 설계	+	+	+	+	S	+
9. 편리성	S	−	+	S	S	+
합계 +	4	4	5	4	2	3
합계 −	1	3	3	0	0	1

+가 많고 −가 적은 개선안은 개선안 4, 1 순이며 가장 평가점수가 나쁜 개선안은 개선안 2

4) 2단계

1단계 결과를 검토하여 다음과 같은 보완을 함.

- 평가기준으로 청소의 용이성과 필요한 공간 확보를 추가
- 개선안 2의 데스크 재설계는 비용도 과다하게 소요되고 평가점수가 제일 나쁘므로 제외

- 잠금장치는 최근 사용되기 시작하는 첨단 잠금장치를 도입하기로 하고 판단기준에서 제외
- 개선안 3과 4를 합쳐서 개선안 4′로 함: '라커의 수선, 문을 90도로 열어서 뒤로 밀어 넣는 문, 문의 90도 정지 장치, 임시 선반'

표 9.4 새로운 개선안에 대한 2단계 평가 결과

평가 판단기준	개선안			
	1	3	4′	6
1. 문 사용의 용이성	S	S	S	−
2. 훌륭한 외관	S	S	+	S
3. 적당한 비용	S	S	S	−
4. 관리자의 수용 여부	S	S	S	−
5. 보관이 잘됨	S	S	S	S
6. 개선된 재료	S	S	S	S
7. 라커 배열	S	S	−	S
8. 청소하기	S	S	+	−
9. 편리성	+	S	+	S
10. 안전성	S	−	+	−
11. 필요한 공간 확보	−	−	−	S
합계 +	1	0	4	0
합계 −	1	2	2	5

가장 우수한 개선안 4′를 채택

9.3 쌍비교분석법PCA, Paired Comparison Analysis

PCA 기법은 몇 개의 대안을 우선순위, 또는 순서를 매길 때 효과적이다. 상대적인 우선순위에 따라 대안을 선택하고 결정해야 할 때 사용된다. 몇 가지 문제들 가운데서 어느 것을 먼저 다룰지 결정할 때 또는 해결 대안들 가운데서 어느 것을 먼저 고려하여 분석하

고 발전시킬 것인지를 결정할 때 효과적인 기법이다.

이 기법에서는 모든 대안을 2개씩 비교하여 상대적인 중요성을 결정한다. 조합 가능한 모든 쌍을 비교해 봄으로써 대안들의 상대적인 우선순위를 결정할 수 있다. 또한 통계조사 결과처럼 정량적인 자료가 없고 단순히 선호하는 정도만 있는 경우에도 체계적으로 기준이나 대상의 우선순위를 결정할 수 있다는 장점이 있다. 다만 항목이 많을 경우 번거롭고 시간이 많이 걸리는 것이 단점이다. 쌍비교분석표에 가로, 세로에 동일한 대안을 적고 각각의 안을 비교하면서 중요한 정도를 1, 2, 3으로 평가하여 합계 점수가 가장 높은 아이디어를 선택한다. 쌍비교분석법의 기본 배열은 표 9.5와 같다.

표 9.5 쌍비교분석법: 기본 배열

OO 사항에 대한 대안 A, B, C, D				
	대안 B	대안 C	대안 D	점수 계
대안 A	①	②	③	④
	대안 B	⑤	⑥	⑦
		대안 C	⑧	⑨
			대안 D	⑩
1 조금 더 중요 2 상당히 더 중요 3 매우 더 중요				

진행 순서

1) 먼저 대안을 이용하여 표를 만든다.
2) 대안 A에 대하여 대안 B, C, D를 차례로 비교하여 상대적인 중요도에 따라서 더 중요한 쪽의 부호를 선택하고 중요한 정도에 따라 1~3을 부여한다. ①에서 대안 A와 대안 B를 비교하여 대안 A가 대안 B보다 근소하게 높으면 A1을 기재한다. 같은 방법으로 ②는 대안 C가 대안 A보다 월등하게 높으면 C3, ③은 대안 D가 대안 A보다 근소하게 높으면 D1을 기재한다. A에 대한 평가가 끝났으므로 ④에는 A에 대한 점수 합계인 1을 기재한다. 결과는 표 9.6과 같다.

표 9.6 쌍비교분석법: 대안 A 검토

OO 사항에 대한 대안 A, B, C, D				
	대안 B	대안 C	대안 D	점수 계
대안 A	A1	C3	D1	1
대안 B		⑤	⑥	⑦
대안 C			⑧	⑨
대안 D				⑩
1 조금 더 중요 2 상당히 더 중요 3 매우 더 중요				

3) 대안 B, C에 대해서도 같은 방법으로 비교하고 기재한다.

4) 점수 합계에서 중요도를 판정한다.

표 9.7에서 A는 1, B는 0, C는 8, D는 3의 점수를 획득하였다. ○○사항에 대한 여러 대안들 중에서 대안 C를 가장 중요한 대안으로 판정할 수 있다.

표 9.7 쌍비교분석법: 대안 B, C 검토

OO 사항에 대한 대안 A, B, C, D				
	대안 B	대안 C	대안 D	점수 계
대안 A	A1	C3	D1	1
대안 B		C3	D2	0
대안 C			C2	8
대안 D				3
1 조금 더 중요 2 상당히 더 중요 3 매우 더 중요				

표 9.8 쌍비교분석법 실습: 직업 선택의 고려사항

대안	내 용
A	
B	
C	
D	
E	
F	
G	

	B	C	D	E	F	G	점수 계
A							
B							
C							
D							
E							
F							
G							

1 조금 더 중요 2 상당히 더 중요 3 매우 더 중요

9.4 평가행렬법

이 기법은 하이라이팅으로 선택된 대안이나 생성된 대안 및 행위 계획을 위한 대안을 평가할 때 활용된다. 제안된 대안을 미리 정해놓은 어떤 기준에 따라 체계적으로 평가할 때 사용할 수 있다. 다수의 해결 대안을 평가하고 선택할 때뿐만 아니라 문제 해결의 어느 단계에서도 사용할 수 있다. 평가하려는 아이디어를 세로축에 나열하고 평가항목을 가로축에 적어서 행렬표를 만든 후, 각 판정기준을 기초로 모든 아이디어를 평가한다. 체

계적인 만큼 시간과 노력이 소요되는 단점이 있다.

진행 순서

1) 평가행렬표 작성: 평가해야 할 대안을 세로로 적고, 가로의 상단에는 판정기준을 기록한다. 순서는 상관없다. 판정기준은 해결하려는 문제의 성격에 따라 다르지만, 대체로 경비, 적용의 난이도, 시간적·공간적 소요 수준, 필요한 자료나 장비, 정보의 가용성 등을 바탕으로 설정할 수 있다. 브레인스토밍 방법으로 양산한 후 아이디어 하이라이팅 기법으로 몇 가지 기준으로 줄일 수 있다. 판정기준을 제시할 때는 '경제적 사정이 허락할까?', '시간은 충분할까?', '실천하기가 쉬울까?', '자료는 충분히 확보될까?'와 같이 '~할까?'를 사용하면 효과적이다.

2) 평가척도 체제 선정: 평가할 때 사용할 적절한 평가척도를 선정한다. 예를 들면, '1 = 매우 그렇지 않다, 2 = 그렇지 않다, 3 = 보통이다, 4 = 그렇다, 5 = 매우 그렇다'의 5단계 척도나 '1 = 부정적, 2 = 보통, 3 = 긍정적'의 3단계 척도 등이 있다. 이외에도 '수(10점), 우(8점), 미(6점), 양(4점), 가(2점)' 등 활용하는 목적에 따라 달라질 수 있다.

3) 평가행렬표 완성: 대안들을 각 판정기준별로 검토하여 더 좋은 의견일수록 더 큰 수를 가지도록 숫자를 기록한다. 이때 하나의 대안을 각 판정기준에 대해 평가하는 것보다는 하나의 판정기준에 대해 여러 대안을 모두 평가하고, 그 다음의 판정기준에 따라 대안을 평가하는 것이 더 효과적이다.

4) 결과 해석: 숫자로 평가된 결과의 합계를 단순히 활용하는 것은 바람직하지 않다. 평가 행렬의 합계는 단지 대안이 어느 측면에서 강하고 약한지를 확인하는 데만 사용한다. 총점이 높은 대안은 사용된 판정기준의 측면에서 좋다는 뜻이다. 점수가 낮은 대안은 나쁜 대안이 아니라 사용한 판정기준에 대하여 약하다는 것을 의미한다. 점수가 낮은 대안은 '어떻게 하면 그 대안을 보완할 수 있을까?'를 생각해 본다. 평가척도에 숫자 사용이 부적절하다고 생각되면 서술적 척도(부정적, 긍정적)를 사용할 수도 있다.

표 9.9 평가행렬표

10 = 최선의 대안, 1 = 최악의 대안

해결 대안	판정기준(~할까?)					총계
	1	2	3	4	5	
1.	7	4	10	9	5	35
2.	4	3	3	4	3	17
3.	6	10	7	5	7.5	35.5
4.	1	2	8	2	1	14
5.	9	5	4	8	4	30
6.	3	7	5	1	9	25
7.	5	1	2	6	6	20
8.	2	9	1	3	2	17
9.	10	6	6	7	7.5	36.5
10.	8	8	9	10	10	45

작성 방법

적절한 판정기준을 표의 상단에 가로로 차례대로 적고, 평가하고자 하는 대안들을 왼쪽에 세로로 차례대로 쓴다. 한 번에 한 개의 판정기준에 대해서 대안들을 순위 매긴다. 만약 10개의 대안이 있다면 10, 9, …, 2, 1 식으로 순위 매긴다. 표의 오른쪽에서 합계했을 때 최고 점수를 받은 것이 최선의 대안이다. 점수가 비슷한 대안이 있으면 다시 ALU 기법 등을 사용할 수도 있고, 동점이 있으면 또 다른 판정기준을 이용하거나 판정기준에 가중치를 달리하여 다시 계산해 볼 수도 있다.

적용 사례

학교 공부를 보다 능률적으로 할 수 있는 방법에 대하여 생각해 보자.

표 9.10 평가행렬법 적용 사례

아이디어	판정기준 항목				합계
	학습	건강	인성	환경	
점심 식사 후에 수면할 수 있도록 강의 배정을 하지 않는다.	8	10	9	6	33
남학생과 여학생, 또는 친구들과 스터디 그룹을 구성하여 공부한다.	7	8	10	9	34
학습 튜터를 배정하여 도움을 준다.	10	7	7	7	31
잘하는 학생과 못하는 학생을 짝지어 서로 가르쳐 주도록 한다.	9	6	6	8	29
수업시간을 단축하여 집중하게 만든다.	6	9	8	5	28
강의실 환경을 쾌적하게 만든다.	5	5	5	10	25

9.5 장점/단점 기법

장점/단점 기법은 아이디어가 각 판정기준의 측면에서 유리한지, 혹은 불리한지를 평가하는 단순한 기법이다. 이 기법은 퓨 방법과 유사하지만 명확한 비교기준이 없다는 점이 다르다.

절차

1) 왼쪽 열에 판정기준을 기입한다.
2) 상단 행에 평가 대상인 아이디어를 기입한다.
3) 각 아이디어에 대해 판정기준에 따라 유리(+)한지 또는 불리(0)한지를 표시한다.
4) 행렬이 완성되면 (+)와 (0)의 개수를 각각 합산한다.
5) 가장 많은 (+) 개수를 갖는 아이디어를 선정한다. 만일 높은 점수를 얻은 아이디어가 여러 개일 경우에는 판정기준에 대한 우선순위를 부여하여 판단하는 등 추가적인 분석 작업을 수행할 필요가 있다.

표 9.11 장점/단점 행렬: 직장 선택 평가

판정기준 목록		직업				
		1	2	3	4	5
월급		+	o	o	o	+
기타 혜택		+	+	o	o	+
개인적 성장		o	+	+	o	o
가족의 행복		+	+	o	+	o
독립성		o	+	+	+	o
지위		o	+	o	o	+
흥미/모험		+	+	+	o	o
동료의 수준		+	o	+	+	+
상사		+	+	o	+	o
인생목표와의 일치		+	+	o	o	+
합 계	+	7	8	4	4	5
	o	3	2	6	6	5

9.6 가중순위결정법

장점/단점 기법의 판정기준에 대하여 중요도를 고려하여 가중치를 다르게 적용하는 기법이 가중순위결정법이다. 예를 들면, 장점/단점 기법의 직장 선택에 대한 판단기준에서 월급이 중요한지, 아니면 개인적 성장이나 인생 목표와의 일치가 더 중요한지를 가중치를 다르게 적용할 수 있다.

절차

가중순위결정법은 아래의 순서대로 진행한다.

1) 판정기준을 모두 나열한다.

2) 판정기준에 대하여 쌍비교분석법으로 순위를 결정한다.

3) 상위 몇 개의 판정기준을 선택하여 가중치를 할당한다(가중치 총합 = 1).

4) 가중순위 행렬을 작성하고, 왼쪽 열에 순위가 매겨질 대안(해결 방안)을 적고 행에 판정기준과 가중치를 기입한다.

5) 각 판정기준에 대하여 각 해결 방안을 쌍비교분석법으로 평가하고 투표한다.

6) 얻은 투표수에 판정기준의 가중치를 곱하여 가중점수를 얻는다.

7) 각 해결방안에 대하여 가중점수를 다 더하여 총점을 얻는다.

8) 총점에 의거하여 최종 순위를 기록한다.

9) 최종 순위의 타당성을 검토한다(계산오류 또는 가중치오류 등).

10) 최고 점수를 받은 해결 방안의 단점을 보완한다.

적용 사례

새 차를 구매하기 전에 5 종류의 차(차 Ⅰ, 차 Ⅱ, 차 Ⅲ, 차 Ⅳ, 차 Ⅴ)에 대한 순위를 매기고자 한다.

1) 순위판정기준을 모두 나열한다. ① 신차 구입 가격, ② 차량 유지비, ③ 안전성 ④ 운전 편의성 ⑤ 차체 미관 ⑥ 승차감 ⑦ 회사의 평판

2) 쌍비교분석법을 사용하여 판정기준의 순위를 결정한다(표 9.12).

표 9.12 판정기준의 순위

판정기준	총 투표수
① 신차 구입 가격	4
② 차량 유지비	2
③ 안전성	6
④ 운전 편의성	2
⑤ 차체 미관	3
⑥ 승차감	3
⑦ 회사의 평판	1

3) 상위 몇 개의 판정기준을 선택하여 가중치의 총합이 1이 되도록 할당한다.
   - 상위 판정기준인 안전성, 가격, 차체 미관, 승차감을 판정기준으로 선택
   - 가중치 (안전성: 가격: 차체 미관: 승차감) = 0.3: 0.3: 0.2: 0.2
   - 가중치의 총합은 1이 되도록 만듦

4) 가중순위 행렬을 만들고, 왼쪽 열에 순위가 매겨질 모델을 적고, 판정기준과 가중치를 적는다(표 9.13).

표 9.13 가중순위 행렬

판정기준 / 차종	안전성	가격	차체 미관	승차감	총점	최종 순위
	가중치: 0.3	가중치: 0.3	가중치: 0.2	가중치: 0.2		
차 I						
차 II						
차 III						
차 IV						
차 V						

5) 각 판정기준(안전성, 가격, 차체 미관, 승차감)에 대하여 모델을 쌍비교분석법에 의하여 검토한다(표 9.14).

표 9.14 해결 방안 평가

판정기준 / 차종	안전성	가격	차체 미관	승차감	총점	최종 순위
	가중치: 0.3	가중치: 0.3	가중치: 0.2	가중치: 0.2		
차 I	1	3	3	1		
차 II	3	1	2	3		
차 III	4	0	0	2		
차 IV	2	3	4	3		
차 V	0	3	1	1		

6) 얻어진 점수에 판정기준의 가중치를 곱하여 가중점수를 얻는다(표 9.15).

표 9.15 가중점수

판정기준 / 차종	안전성	가격	차체 미관	승차감	총점	최종 순위
	가중치: 0.3	가중치: 0.3	가중치: 0.2	가중치: 0.2		
차 Ⅰ	1(0.3)	3(0.9)	3(0.6)	1(0.2)		
차 Ⅱ	3(0.9)	1(0.3)	2(0.4)	3(0.6)		
차 Ⅲ	4(1.2)	0(0.0)	0(0.0)	2(0.4)		
차 Ⅳ	2(0.6)	3(0.9)	4(0.8)	3(0.6)		
차 Ⅴ	0(0.0)	3(0.9)	1(0.2)	1(0.2)		

7) 각 모델에 대한 가중점수를 더하여 총점을 얻는다.

8) 총점에 따른 최종 순위를 마지막 열에 적는다(표 9.16).

표 9.16 최종 순위

판정기준 / 차종	안전성	가격	차체 미관	승차감	총점	최종 순위
	가중치: 0.3	가중치: 0.3	가중치: 0.2	가중치: 0.2		
차 Ⅰ	1(0.3)	3(0.9)	3(0.6)	1(0.2)	2.0	3
차 Ⅱ	3(0.9)	1(0.3)	2(0.4)	3(0.6)	2.2	2
차 Ⅲ	4(1.2)	0(0.0)	0(0.0)	2(0.4)	1.6	4
차 Ⅳ	2(0.6)	3(0.9)	4(0.8)	3(0.6)	2.9	1
차 Ⅴ	0(0.0)	3(0.9)	1(0.2)	1(0.2)	1.3	5

9) 최종 순위가 타당한지를 검토한다. 계산 오류 또는 가중치 오류 등이 있는지 검토한다. 만일 최종 선택된 모델이 자기가 직관적인 방법으로 선택한 모델과 차이가 있을 경우가 있는데 그 이유는 다음 중의 하나일 수가 있다. 첫째, 직관적인 판단에서 중요한 판정

기준을 제대로 고려하지 않은 경우이다. 예를 들면, 가격만 고려하고 안전성을 무시한 경우이다. 둘째, 판정기준의 가중치의 비중을 적절히 배분하지 못한 경우이다. 셋째, PCA에서 합산을 수행할 때 계산상에 실수를 한 경우이다. 따라서 결과를 무조건 받아들이지 말고 계산 오류가 있는지, 가중치를 적절히 배분했는지 검토하여야 한다.

10) 최고 점수를 받은 아이디어의 단점을 보완한다. 선택된 아이디어의 단점을 보완할 방안과 탈락한 아이디어의 장점을 활용할 방안을 모색한다.

9.7 최종 판정

최종 판정은 원하는 목적을 달성하기 위해 취해야 할 행동을 선택하는 단계이다. 최선의 해결방안을 다각적으로 검토한 후 최종 판정을 하고 문제해결법의 마지막 단계인 '아이디어 실행'으로 넘어간다.

최종 판정 시 점검해야 할 사항

- 목표: 문제의 현황은 무엇인가?, 이 아이디어로 달성하려는 것은 무엇인가?
- 긍정적 측면: 이 해결책은 어떤 가치를 실현하려고 하는가?
- 부정적 측면: 이 해결책의 결함은 무엇인가?, 발생 가능한 최악의 상황은 무엇인가?
- 성공 가능성: 성공할 가능성은 얼마인가?, 만일 실패했을 때에는 무엇을 배울 수 있겠는가?
- 시행 시기: 언제가 시행에 적절한 시기인가?, 실행에 허용된 시간은 얼마나 있는가?
- 선입견: 당초 가정은 무엇인가?, 아직도 유효한가?, 미처 보지 못한 사각지대가 있는가?
- 판정: 판정결과는 무엇인가?, 사람들에게 미치는 영향은 무엇인가?, 다음에 해야 할 일은 무엇인가?

9.8 해결방안 실행

일단 해결방안이 결정되면, 프로듀서의 자세로 실행해야 한다. 해결방안이 결정되었다고 하여도 관련자의 동의와 협조가 필요하다. 여기에서는 실행을 주도하는 프로듀서의 임무와 대략적인 실행과정에 대해 간략히 정리한다.

프로듀서의 임무

해결방안을 실행할 때는 프로듀서의 자세가 필요하다. 프로듀서란 다음과 같은 다양한 역할을 포함하는 존재이다.

프로듀서의 역할

- 생산자: 농산물을 생산하거나, 원자재로부터 생활용품을 제조하는 사람 또는 다른 유기체의 먹이로 사용되는 유기화합물을 탄산가스와 무기질소로부터 스스로 생산하는 유기체(녹색 식물)
- 가스 발생로: 백열 상태의 연료 층에 공기 또는 공기-수증기 혼합물을 순환시켜 연료로 사용될 가연 가스를 만들어내는 가열로 또는 장치(에 비유될 수 있는 사람)
- 제작자: 무대 공연, 영화, 방송물의 제작을 감독하거나 자금을 융통하는 사람

프로듀서의 임무는 첫째, 해결방안이 제대로 실행될 수 있도록 주변을 설득하는 일이다. 변화를 싫어하는 조직 구성원들에게서 해결방안을 받아들이고 적극적인 협조를 받기 위해서는 원활한 의사소통을 유지하면서 체계적이고 전략적인 설득 계획을 세우고 해결방안에 대한 설득을 진행해야 한다. 둘째, 해결방안을 실행하기 위해서는 누가, 무엇을, 언제, 왜와 같은 질문에 대답해 가면서 구체적인 진행일정에 대한 계획과 필요한 예산, 예측되는 위험평가 등과 같은 실행계획을 세우는 일이다. 세 번째 임무는 실행과정을 관찰하면서 후속 관리를 하며, 실행 과정이 마무리된 후 문제해결 모든 과정에 대해 행하는 최종평가이다.

실행 단계

해결방안 실행은 대개 2단계로 진행된다. 1단계에서는 아이디어를 판매하는 설득작업이 진행된다. 이를 위해 문제를 분석하고 설득전략을 계획해야 하며, 이득 목록을 작성한 후, 해결방안을 설명하는 자료를 발표하면서 해결방안이 수용될 수 있도록 최대한 노력해야 한다. 2단계에서는 프로젝트 도구를 사용하여 실행계획을 세운 후, 해결방안을 관찰하면서 실행하고, 실행이 끝나면 결과를 분석하고 문제해결 전 과정에 대한 최종평가를 수행한다.

1단계: 아이디어 판매

아이디어를 구성원에게 수용하게 만들려면 몇몇 판매규범이 필요하다. 우선, 대상이 누구인지를 올바르게 분석해야 하며, 대상에 따라 적절한 목표를 선택해야 한다. 적정선을 유지하되 너무 과장하여 판매해서도 안 된다. 설득은 생각했던 것보다 수월하지 않으며 시간이 오래 걸릴 수 있으므로 너무 일찍 포기하지 않도록 한다. 아이디어의 판매에도 적절한 순간이 있다. 사람들의 감정적 상태나 하루, 일주일 중에서 어느 시점이 설득에 적절한지 확인하고 그때까지 기다려야 한다. 짧은 시간에 간략하게 요점만 정확하게 설명하는 것이 필요하다. 발표 준비는 신중하게 하고 시각적 자료를 활용하여 아이디어를 기억하기 쉽도록 한다. 아이디어 실행으로 혜택을 받을 수 있음을 강조하여 아이디어를 받아들이기 쉽게 한다. 반대는 있을 수 있지만 대결과 논쟁은 가급적 피하도록 한다.

해결방안에 대해 사람들은 다양한 이유로 반대할 수 있다. 우선 아이디어를 잘 이해하지 못하거나 그 선택과정에서 규칙이 지켜지지 않는다면 해결방안을 수용하기가 어렵다. 사람들은 무의식적인 편견 때문에 무관심할 수도 있다. 사람들은 평소의 인맥과 친소 관계에 의해서도 영향을 받으며, 아이디어가 실행되었을 때 직접적 혜택이 없다면 적극적인 수용이 어려워진다. 새로운 아이디어 실행은 기존 인물과 방법이 좋지 않다는 비판으로 간주될 수도 있다. 보통 사람들은 변화에 대한 두려움을 지니고 있어 조금 불편하더라도 현상을 그대로 유지하려는 심리가 강하다. 보통 사람들이 가지고 있는 각종 심리적 장애도 반대의 이유가 될 수 있다.

해결방안 실행에 대한 반대는 변화를 두려워하는 사람들의 본성에서 비롯된다. 사람들은 익숙하지 않고 잘 모르는 것은 두려워하며 현재 상태를 유지하는 편을 선택하는 경향이 있다. 오래된 조직일수록 변화에 따르는 위험을 싫어한다. 또한, 사람들은 미래가 단순하게 지금까지 살아온 과거의 연장이라고 믿는 경우가 많으며, 변화를 감당하는 데 도움이 될 만한 사고기술을 배우지 않았다.

변화에 대한 두려움은 사람들의 두뇌선호 사분면에 따라서도 각각 다른 측면에서의 두려움을 갖게 된다. 예를 들면, A 사분면의 사람들은 변화에 따르는 느낌과 감정에 더 취약하게 반응한다. B 사분면의 사람들은 안전과 조절 능력 상실을 감지할 때 두려움이 커지며, C 사분면의 사람들은 해결방안 실행에 따르는 분석 필요성에 압도당하기가 쉽다. D 사분면의 사람들은 한정된 틀이나 공간에 갇혀 기회를 상실하는 것을 두려워한다. 따라서 프로듀서는 사람들마다 변화에 대한 두려움을 느끼는 요인이 모두 다를 수 있다는 점에 주의할 필요가 있다.

아이디어 판매 단계는 다양한 반대 의견을 무조건 밀쳐내지 말고 가급적 의견에 동의하면서 더 좋은 아이디어를 모색하는 자세가 필요하다. 무엇보다도 반대의견에 대해 마음의 상처를 받지 않도록 유의하여야 한다. 반대가 클수록 평상심을 유지하면서 차분하게 대중 특히 의견주도층을 끌어들여야 한다. 지속적인 개선 방식으로 실행을 수행하면서 그로 인한 직접적 혜택을 제시한다. 아이디어 실행에 의한 변화를 되돌리거나 필요한 변화를 한꺼번에 시도하는 것이 아니라 점진적으로 변화가 일어나도록 진행할 수도 있다. 아이디어를 수용하게 만들려면 아이디어 실행에 따른 공을 상대방에게 돌릴 필요가 있다.

2단계: 수행계획 및 해결방안 실행

아이디어에 대한 구성원들의 동의를 얻었다면 다음에는 해결방안의 수행계획을 세워야 한다. 해결방안의 성격에 따라서 다양한 수행계획을 세울 수 있으며 이러한 작업에 도움이 되는 도구들은 다음과 같다.

- 모방copycat: 아이디어가 이전에 성공적으로 실행된 적이 있는 것과 유사하다면, 약간의 수정이 있을 수도 있지만 그 절차를 그대로 모방한다면, 많은 시간과 수고를 절약할 수 있다.
- 5W 방법: '누가who, 무엇을what, 어디서where, 언제when, 왜why'라는 질문에 답을 구해본다. 즉, 이 작업은 누가 할 것인가? 그들이 무엇을 할 것인가? 어디에서 할 것인가?

언제 할 것인가? 왜 이 작업을 해야 하는가?와 같은 질문에 답해본다. '어떻게how'는 작업하는 담당자들이 직접 자율적으로 결정하도록 한다.

- 흐름도flow chart: 수행해야 할 모든 활동을 순서대로 시각화한 것이며, 흐름도를 작성해 보면 꼭 해야 할 일이 드러난다(10장 참조).
- PERTProgram Evaluation and Review Technique: 규모가 크고 복잡한 공학 프로젝트의 현황 파악뿐만 아니라 계획 도구에 사용되는 방법이다. 이 방법은 활동(실제 작업 내용)과 연결된 사건(작업 시작 또는 완료)으로 구성되어 있다.
- Gantt Chart: 프로젝트 일정관리를 위한 막대 형태의 그래프로써, 각 업무별로 일정의 시작과 끝을 그래픽으로 표시하여 각 업무의 소요 시간과 전체 일정을 한눈에 볼 수 있다.
- 비용 예산: 실행에 필요한 항목별 비용에 대해 미리 계산해 보고 어떻게 전체 예산을 확보할 것인지를 계획해 본다.
- 위험 분석: 실행에 큰 어려움이 예상되는 매우 중요한 프로젝트에 대해서는 위험 분석을 할 수 있다. 케프너-트레고Kepner-Tregoe 방법은 잠재적 문제 분석 기법으로써 가능한 어려움을 예측하고 이에 대한 대응책을 개발하는 방법이다. FMEAFailure Mode and Effects Analysis는 시스템요소의 고장이 시스템 전체에 미치는 영향을 예측하는 해석방법으로, 가장 위험하여 실패하기 쉬운 작업을 예측하고 예비적인 대응책을 수립하는 방법이다.

이러한 실행계획 수립의 목적은 해결방안을 정확하게, 적절한 시기에, 가능한 예산 범위 내에서 틀림없이 실행할 수 있도록 하자는 것이다. D 사분면 성향의 사람들은 이러한 틀에 매인 실행계획을 세우고 따르는 것이 쉽지 않다. 하지만 해결방안 실행 과정에서 발생할 수 있는 문제를 사전에 방지하기 위해서는 이러한 작업의 가치는 충분히 있다. 아울러, 해결하고자 하는 문제의 복잡도에 따라 적절한 접근 방식을 선택해야 한다.

실행계획이 완성되고 실제 해결방안이 실행되고 있는 중에는 해결방안이 제대로 실행되고 있는지, 해결방안이 또 다른 문제를 야기하지는 않는지 모니터링을 할 필요가 있다. 해결방안 실행이 완료된 후에는 프로젝트 전체 수행 과정에 대한 최종평가가 필요하다. 첫 번째 검토는 실행이 완료된 후 2주일 이내, 두 번째 검토는 6~12개월 이내가 바람직하다.

문제해결과정이 완료되고 프로젝트의 최종평가를 하는 단계에서 주어지는 질문

- 전체 과정에 걸쳐서 자신은 어떠한 일들을 수행했는가?
- 그러한 역할 수행을 통하여 무엇을 배웠는가?
- 아직 남아 있는 문제는 무엇인가?
- 다음에 무엇을 할 것인가?

9.9 실습활동

제9장의 실습활동으로서 팀 활동 주제는 9-1, 9-2, 9-3 중에서 보고서 제출과제는 9-4나 9-5 중 택일할 수 있다.

실습활동 9-1 (물품 구매 시 고려사항)

아래 항목 중에서 구매에 가장 영향을 미치는 것은 무엇인가? 또한 구매하기 위해 고려해야 할 사항들은 어떤 것들인가? 구매 항목들의 우선순위에 대해 토의하라.
(예) 스마트폰, TV, 카메라, 자동차, 화장품, 필기구 등

실습활동 9-2 (아이디어 판정)

기말 프로젝트 과제의 '아이디어 다듬기'에서 도출된 해결책들을 가지고 '아이디어 판정'을 하라.

실습활동 9-3 (중요도 평가)

직업 선택에서 고려사항을 5가지 이상 제시하고, 그 중요도를 평가하라.

실습활동 9-4 (평가행렬법 실습)

경제에 관한 지식을 효과적으로 습득하는 방법을 평가행렬법으로 판단하라(아래 표 활용).

판정기준 항목	내 용

아이디어	판정기준 항목				합계

실습활동 9-5 (졸업 후 직장 선택의 기준과 평가)

4학년 말에 5개 회사에 지원하여 모두 합격통지서를 받았다고 하자(상호 비교가 가능한 회사를 선별할 것). 어느 회사에 입사할 것인가를 결정하라.

- 이 결정에 영향을 주는 판정기준을 제안한다.
- 판정기준의 우선순위를 결정한다.
- 판정기준에 따라 여러 회사를 평가하기 위한 정보(자료)들을 확보한다.

참고문헌

[1] 에드워드 럼스데인, 모니카 럼스데인, 윌리엄 셀넛 (명지대학교 창의공학연구회 옮김), 창의적 문제해결과 공학설계(Creative Problem Solving and Engineering Design), 파워북, 2000.

CHAPTER 10

추가 보완

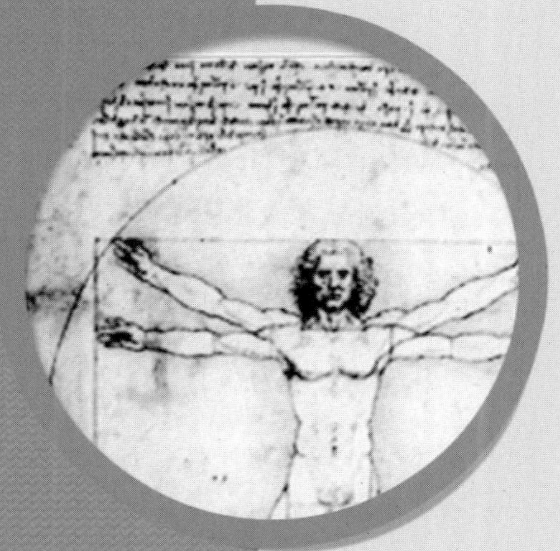

마지막 장의 목표는 설계과제의 실행결과를 돌아보고 그 수준을 제고하는 것이다. 여기서 우리는 설계결과를 큰 틀에서 재구성하거나 세부내용을 보완하는 방식을 병행하고자 한다.

강의진행

1교시	교과내용, 실습활동(10-1, 10-2)
2교시	실습활동(10-3, 10-4), 기말 프로젝트 준비(최종 점검)

우리는 추가 보완과정을 복잡한 퍼즐 맞추기에 비유할 수 있다. 복잡한 퍼즐을 맞추려면 전체 그림을 알고 있어야 하는데 원 그림을 기억한다면 어떤 조각들은 바로 맞출 수 있다. 예컨대 모서리 부분이나 색깔과 모양이 맞아떨어지는 조각들이다. 그러나 모든 퍼즐을 조합하려면 부분적인 조각들과 넓고 종합적인 그림이라는 두 가지 요소를 함께 고려해야 한다. 부분적인 조각은 세부 모양, 색깔, 그 자체가 암시하는 것으로서 설계과정의 미시적인 접근에 해당한다. 넓고 종합적인 그림은 전체 모양을 떠올리게 하며 설계과정의 거시적인 접근으로 볼 수 있다.

미시적인 접근과 거시적인 접근은 서로 상응하며 완성해가는 보완과정이다. 그렇지만 이를 기계적으로만 접근한다면 특별한 성과를 거두기 어렵다. 얻어진 설계결과를 정리하면서 구체적으로 어떻게 보완할 것인가를 생각하여야 한다. 발상을 전환하되 종합적이고 새로운 관점에서 설계주제를 바라볼 수 있어야 한다. 예컨대 포스터를 완성하고 구두 발표를 하는 단계라면, 요약, 서론, 결론 부분은 거시적인 접근, 그리고 설계방법, 결과, 검토 등은 미시적인 접근 방식이 보다 적절할 것이다.

10.1 거시적 접근

설계주제 수행 결과는 대개 지식체계의 일부로 귀속된다. 지식체계는 그 수준에 따라 새로운 데이터, 정보 혹은 지식으로 분류되며 다음과 같은 피라미드 구조로 되어있다.

(피라미드 기저) 데이터 ➡ 정보 ➡ 지식 ➡ 학문, 과학 ➡ 지혜 (파라미드 상단)

기초설계는 보통 아이디어 도출과 다듬기, 실행의 순으로 진행된다. 접근방법으로서 실험이나 연구 등 학술적인 접근도 있지만 설문이나 자료검색의 요약이 일반적이다. 따라서 기초설계는 지식체계 피라미드 기저를 이루는 데이터 제시가 보통이며 특별한 주제일 때 정보 단계에 이르기도 한다.

설계과제는 어떻게 과제를 수행하느냐에 따라 다른 결과를 얻는다. 어떤 설계과제도 인류사회의 문제와 무관하지 않다. 그러니 설계과제를 결정하고 수행하면서 유의한 성과를 거두려면 현대사회를 이루는 기술, 산업, 문화 등에 대한 깊은 이해가 전제되어야 할 것이다.

선진국을 중심으로 현대문명은 산업화 단계를 넘어 정보화 단계에 이른 것으로 평가된다. 구체적으로 추상의 시각화, 소재와 에너지, 시스템과 정보를 체계화하는 다단계 진화과정을 거쳐 지금의 모습을 띠게 되었다. 그 진화과정은 다양한 분류방식을 생각할 수 있는데 표 10.1과 같이 도구기술, 원시기술, 중세-근대기술, 시스템공학기술, 정보화기술 등으로 구분하는 것도 가능하다[1].

표 10.1 인류 기술수준의 진화

시대 구분	세부 내용	담당
도구기술	돌도끼, 칼, 덫, 괭이, 쟁기, 가래, 배, 노, 수레, 노	남자
원시기술	물레, 베틀, 관개, 도기, 야금, 펜, 종이, 화살촉, 창, 투석기, 범선, 해시계, 물시계, 유리, 풍력/수력기술	석공, 대장장이
중세기술	자기, 화약, 인쇄술, 현수교, 총, 대포, 시계, 망원경, 현미경, 자이로스코프	장인
근대기술	증기기관, 방적기, 역직기, 제강법, 기차, 재봉틀, 고무, 만년필, 유기합성, 내연기관, 자동차	발명가, 엔지니어
시스템공학기술	축음기, 전화, TV, 복사기, 송전기술, 탱크, 항공기, 원자탄, 우주선, 고분자, 알루미늄, 대량생산기술, 진공관/증폭기, 반도체, 희소/희토류 금속, 로봇, 영구기록매체, 산업표준	연구원, 기업인
정보화기술	인터넷, 스마트폰, SNS, 3D 프린팅, 친환경기술, 세계화	개인

기초설계를 보완하기 위한 점검항목으로 자료검색이 충실한지, 어떤 기술에 관련된 것인지, 설계결과가 어떻게 정리되어 있는지, 파급효과는 어떤지 등이 있다. 설계주제에 따라 점검항목은 달라지겠지만 일반적으로 다음과 같은 내용을 생각할 수 있다.

점검 항목

- 자료검색: 연구동향, 기술수준, 내용요약 등
- 관련분야: 소재기술, 에너지기술, 시스템기술, 정보기술 등
- 결과정리: 시각화, 완성도 등
- 파급효과: 발전성, 지속가능성 등

자료검색

데이터나 정보 규모가 기하급수적으로 커지면서, 설계과제 수행과 같은 지적 활동에 자료검색은 필수 코스가 되었다. 자료검색의 이점은 설계 아이디어가 지식체계 피라미드의 어느 위치에 있고 그 의미가 무엇인지를 빠르게 파악할 수 있게 한다. 모든 지식은 아이디어에서 데이터, 데이터에서 정보로의 전환을 거쳐 체계화되고 있다. 이점에서 지식체계를 점검하는 과정을 거치면 제안된 아이디어의 가치가 드러나고 선결과제를 파악하기가 용이해진다.

최근 스마트폰의 등장, 콘텐츠의 공개, 지식체계의 재편 등이 진전되면서 설계과제는 실시간으로 개선과 보완이 가능하게 되었다. 문제는 엄청난 정보 규모를 어떻게 효과적으로 압축할 수 있는가이다. 자료검색과 분석은 그 자체가 도달해야할 목표가 되었다. 그런 의미에서 자료검색과 분석역량을 높이는 것이야말로 설계과제의 질적 개선을 추구하는 일이라고 하겠다.

추상의 시각화

기초설계를 수행하면서 설계결과를 시각화하는 일은 반드시 거쳐야 할 과정으로 추천한다. 모든 아이디어는 꿈꾸는 과정을 시발점으로 한다. 꿈꾸는 단계에서 시각화에 이은 구체화 단계로 넘어가면서 실용적인 기술이 등장한다. 거리와 방향에 대한 생각을 예로 들어 보자. 인류는 생존을 위해 목표 지점까지의 거리나 방향을 알고자 하는 열망을 지니고 있었다. 이러한 열망은 처음에는 막연한 꿈이었지만 오랜 추구를 거쳐 원근법에 대한 이해, 지표면의 거리를 측정하는 원리, 근대적인 지도 출현 등이 이어졌다. 이와 관련한 기술로는 분도기, 나침반, 천체관측기, 항해기술, GPS 등을 들 수 있다.

문명은 다양한 개념이 통합된 모습이다. 각각의 개념은 대부분 인간이 원시상태에서부터 잠재해 있던 것들이며 이들이 모여 종교나 이데올로기를 구현한다. 대표적인 예로서 서양의 기독교문명은 신, 성인, 악마, 천사, 천국, 지옥, 지배, 권력, 영원 등을 공유하는 동질성을 보여준다. 이에 비해 동아시아는 한자 및 불교를 공유하는 문명권이지만 국가나 지역별로 뚜렷한 차이점이 발견된다.

소재 및 에너지

인류는 지구환경으로부터 소재와 에너지를 얻어 생명을 이어간다. 기초설계의 주제도 대개 직간접적으로 이와 관련되어 있다. 진화과정에 나무, 돌, 청동기, 철, 알루미늄, 석유 등의 소재가 널리 이용되었으며 이를 가공한 도기, 자기, 유리, 강철, 유기소재, 고분자 등은 인류의 동반자가 되었다.

소재가 에너지기술과 결합하여 풍력, 수력, 화석에너지가 얻어졌고 증기에 이어 전기, 원자력에너지를 손에 넣게 되었다. 아직은 화석과 전기에너지가 큰 비중을 점유하고 있지만 최근 지구환경을 구할 새로운 대안으로 친환경기술과 조력, 풍력, 태양에너지 등이 떠오르고 있다.

시스템 및 정보

거대도시가 등장하고 산업이 고도화하면서 이를 통제하는 시스템기술과 정보기술은 새로운 지식의 형태로 바뀌었다. 인류의 미래를 개척하는 설계주제들도 점차 시스템이나 정보기술을 다루고 있다. 새로운 세기에 접어들면서 그 경향은 점점 심화되고 있다고 하겠다.

시스템기술과 정보기술이 활용되는 사례를 금융 분야에서 찾아보자. 자본주의가 출현한 이래 현대에 이르기까지 시간은 돈이고 돈은 곧 권력이었다. 자본주의 체제하에서 돈은 무역과 생산수단에 의해 증대된다. 화폐경제를 거쳐 신용경제에 접어들면서 복식부기, 신용장, 선물거래가 출현하였고 금융기술의 혁신이 이어졌다. 이 모든 혁신에 보다 빠르게 숫자를 다루고 관리하는 능력이 요구되는데 시스템기술과 정보기술은 이를 가능하게 만든 것이다.

지속가능성

인류를 포함하는 생명체는 본능적으로 영원한 삶 또는 지속가능성을 추구한다. 그러니 지속가능성은 모든 설계과제에서 핵심 개념이라고 하겠다. 기술발전의 속도가 빨라지고 생태계 파괴에 대한 우려의 목소리가 높아지면서 지속가능성이라는 용어가 등장하였다.

현대 문명이 지속가능하려면 범지구적인 동적 균형이 요구된다고 한다. 동적 균형에 관련한 세부 인자로서 환경, 소득수준, 인구 등이 알려져 있다.

최근 대기오염, 수질오염, 사막화, 온난화가 가속되면서 지구환경은 회복하기 어려운 모습이 되어가고 있다. 즉석 식품과 육류 위주의 식생활로 인한 비만 문제도 심각하다. 쌍무적인 무역협정이 확대되면서 세계규모의 농업생산과 글로벌 생산체제로 바뀌었는데 이들 변화는 모두 소득수준 및 인구변화와 연결되어 있다. 인류문명이 지속가능하려면 자원약탈적인 생존방식을 포기하고 생태계 보전을 우선하는 범지구적인 노력이 절실한 실정이다.

10.2 미시적 접근

질적 수준을 개선하기 위해 미시적인 접근이 널리 활용된다. 그와 관련하여 설계결과에 영향을 주는 심적 장애를 해소하고, 통계처리 점검, 시각화를 활용하거나 기억법을 개선하는 것과 같은 설계과정 전반을 개선해 나가는 방식이 알려져 있다.

심적 장애

개인의 창의성은 문제해결의 각 단계에서 요구된다. 하지만, 문제해결과정에서 창의성이 제대로 발휘되지 못하는 경우가 너무도 많다. 이는 창의성에 대한 기본적인 지식을 알지 못하거나 내면에 잠재하는 창의성을 위축시키는 심적인 장애가 있기 때문이기도 하다. 여기서는 누구에게나 존재하는 창의적 사고를 저해하는 심적 장애로는 어떠한 것들이 있는지와 그것들을 극복할 수 있는 방법들을 제시하고자 한다[2]. 물론 심적 장애를 극복한 내용이 구체적으로 설계의 결과에 포함되지는 않아 드러나지 않지만 문제 해결에 기여하고 설계 수준을 제고할 것이다.

창의성을 저해하는 전형적인 사례로 잘못된 가정을 들 수 있다. 잘못된 가정을 극복하기 위해서는 창의성에 대한 올바른 지식을 갖추는 것이 필요하고, 교육에 의해 형성된 창의성을 저해하는 그릇된 습관이 무엇인지 제대로 인식해야 하며, 태도나 감정으로 인한 심적 장애를 극복해야 한다. 표 10.2는 심적 장애를 불러일으키는 내용을 요약한 것이다. 이중 몇몇 중요 장애에 대해 살펴보자.

표 10.2 창의적 사고를 저해하는 심적 장애

장애 구분	세부 항목
잘못된 가정	○ 나는 창의적이지 않다 ○ 지성은 뛰어난 사고력 ○ 놀이는 무의미하다
습관 장애	○ 유일한 정답 ○ 분리된 문제로 인식 ○ 규칙을 따라야 함
감정적 장애	○ 실패를 두려워 함 ○ 모호함에서 오는 불편 ○ 부정적, 비판적 사고
문화적 장애	○ 틀에 박힌 인식 ○ 무사안일
환경적 장애	○ 아이디어 불모지

● **나는 창의적이지 않다**: 교육을 받지 않은 어린이들은 창의성이 높은데 이는 창의적 사고를 저해하는 심적 장애요인들에 의한 제약을 받지 않았기 때문으로 보인다. 가사 일에만 전념하는 가정주부들도 매우 창의적인 것으로 드러났다. 이는 서로 다른 성격의 일을 동시다발적으로 해내는 융통성과 즉흥적 대처능력이 요구되기 때문이다. 창의성은 나이, 성별, 직업과 무관하며, 누구든지 창의적일 수 있는 두뇌와 잠재력을 가지고 있다. 또한 적절한 훈련에 의해 얼마든지 창의성을 증진시킬 수 있다고 한다.

● **지성은 곧 뛰어난 사고능력이다**: 지적인 사람이 창의성이 높을 것이라는 가정도 잘못된 것이다. 지적이지만 적절히 훈련받지 못하면 창의적이기 어렵다. 지적인 사람은 어떤 관점에 대해서도 이성적이고 설득력 있는 내용을 잘 구성한다. 그러나 특정 아이디어가 긍정적으로 받아들여지면 그 사람은 상황을 탐구하거나 대안을 찾고자 하는 필요성을 덜 느끼고 제한된 아이디어에 안주하여 더 이상의 창의성을 보이지 않게 된다.

● **놀이는 무의미하다**: 육체적 운동은 놀고 즐기는 과정 중에 우리의 마음을 안정시키고 풍요롭게 해주며 때로 무한한 상상력을 마음껏 발휘하게 해준다. 가벼운 마음으로 즐기면서 창의력을 개발할 수 있는 놀이를 중요하게 생각해야 한다. 오락성과 관련하여 창의

적 사고에 유익한 것은 유머이다. 유머는 비정상적인 것들의 조합일 수 있지만 문제해결의 실마리가 될 수도 있다.

◉ **정답은 유일하다**: 12(TWELVE, XII)를 둘로 나누면 얼마인가? 수학적으로는 6이 답이다. 그러나 숫자 12를 나누어 1과 2, 영어 단어 TWELVE를 나누어 TWE 또는 LVE, 로마숫자 XII 가운데를 수평으로 나누어 VII(7)을 얻는 방법도 생각할 수 있다. 이처럼 창의적 사고에는 정답이 유일하다는 전제에서 벗어나 여러 각도에서 문제를 들여다보는 자세가 요구된다.

◉ **분리된 문제로 인식**: 문제해결과정에서 전체 숲과 나무를 함께 보기보다는 나무의 잎이나 가지와 같은 부분에 집착하기가 쉽다. 그렇지만 단편적인 부분들이 서로 연관성을 지닐 경우 부분만을 분리해서는 전체에 적합한 문제의 해결책을 찾기가 어려워진다. 즉 주어진 문제에 대해 좁은 시야보다는 전체적인 상황을 볼 수 있는 넓은 시야와 장기적인 안목이 필요하다.

◉ **규정을 지켜라**: 규정을 준수하면서 해결하라는 문제로서 지도의 두 지점 A와 B에서 가장 가까운 경로를 찾으라는 문제가 주어졌다고 하자. 누구나 우선적으로 두 지점을 연결하는 포장도로를 생각할 수 있다. 때로는 거리가 가장 짧은 오솔길을 찾거나 아예 두 지점을 직선으로 연결하는 방안을 찾기도 한다. 그렇지만 스스로 설정하거나 암묵적인 규정에 매이면 창의적 사고와 개선의 기회들을 놓치기 쉽다.

◉ **실패에 대한 두려움**: 새로운 시도는 많은 위험과 실패의 가능성을 피하기 어렵다. 실패에 대한 두려움이 변화를 피하게 한다. 하지만, 창의적 아이디어가 결실을 맺기 위해서는 실패와 비난의 어려움을 극복할 수 있는 용기와 끈기가 필요하다. 3M사의 Art Fry라는 기술자는 교회 성가대에서 활동하면서 표시를 위해 성가집에 붙여 놓는 조그만 종이가 자꾸 떨어져 불편을 느꼈다. 그는 그의 동료가 접착력이 좋지 않아 모두가 실패작으로 생각했던 접착제를 기억해 내었다. 그 접착제를 가지고 씨름한 끝에, 현재 편하게 사용하고 있는 'Post-it'을 개발하게 되었고, 3M사의 가장 성공한 문구제품 중의 하나가 되었다.

◎ **모호함에서 오는 불편함**: 우리는 경험적으로 불명확한 상황이 심각한 오해와 마찰을 초래한다는 것을 알고 가급적 이를 피하려고 노력한다. 그렇지만 불명확한 상황과 아이디어가 창의적 사고의 원천이 될 수도 있다. 애매모호한 상황을 빨리 벗어나기 위해서 서두르기보다는 그 속에서 탐색하기를 즐겨라. 서로 다른 각도에서 문제에 접근하라. 해답을 빨리 구하기보다 잠재의식이 작용할 수 있는 충분한 시간을 주면서 계속적으로 의문을 제기하라.

◎ **부정적이거나 비판적 사고**: 부정적이거나 비판적인 사고는 개인의 창의적 사고를 저해할 뿐만 아니라, 주변 사람들에게도 좋지 않은 영향을 미친다. "상황은 좋지 않고, 이러한 상황을 바꿀 만한 능력이 없다.", 비난 대상을 찾는 "다른 사람의 잘못이다.", 책임을 회피하는 "내 문제가 아니다.", 아이디어의 좋은 측면에 대한 칭찬보다는 결점에 주목하는 태도 등이 부정적 사고의 보기이다.

설문과 통계

기초설계에서 자주 활용하는 설문은 통계처리를 거쳐 유의한 내용으로 전환된다. 설문을 통한 문제해결은 잘 구성된 설문내용, 조사대상이 되는 모집단 선정, 체계적인 통계처리가 필요하다. 조사대상인 모집단을 구성하는 개체들은 다양한 특성 혹은 속성을 갖고 있으며 통계는 모집단의 속성 발생률을 보여주는 결과라고 할 수 있다[3]. 아무튼 설문을 직접 활용하거나 통계수치를 인용하는 경우, 통계연구에 관련한 기본 개념의 이해는 설계수준을 높이기 위해 매우 중요하다.

1) 표본과 모델

통계연구에서는 조사 대상이 되는 현실 세계의 어떤 모집단population이 있다. 조사 대상인 모집단을 구성하는 개체들은 다양한 특성 혹은 속성property을 갖는다.

◎ **표본**: 모집단은 너무 커서 구성원을 모두 조사하는 일은 불가능하여 일부 개체만을 뽑아 조사하게 되는데 이 구성원들을 표본sample이라고 한다. 설문조사는 대개 전문가나 관련 기업이 담당하고 있는데 이때 표집(표본선택)sampling은 매우 중요한 과정이다.

◎ **모델**: 모집단의 속성을 이해하기 위해서는 모델model을 세울 필요가 있다. 이는 현실 세계 모집단의 통계 모델이며 실제 모집단에서 선택된 표본에 대응하는 것이 표본 모델이다.

◎ **변수**: 표본에서 변수variable는 여러 가지 특정한 형식을 나타낼 수 있는 일반적인 속성이다. 변수의 특정한 형식을 변수 값value of variable이라고 한다.

◎ **분포**: 통계분포statistical distribution는 몇 개의 값이라도 가질 수 있는 단 하나의 변수에 의해 정의된다. 변수가 가질 수 있는 개개의 값은 모집단에서 그 값에 할당된 일정한 백분율로 나타내어질 수 있다.

◎ **확률**: 확률 모델에서는 단순히 변수가 아닌 확률변수random variable를 사용한다. 이때 확률probability은 특정한 모집단을 위해 확률변수의 값과 연관된 척도이다. 어떠한 특정한 값과 연관된 확률은 모집단에서 그 값에 할당된 개체의 비율과 같은 수치를 갖는다.

2) 빈도와 편차

통계적 추리에서 중요한 확률 분포는 표집 분포sampling distribution이다. 표집분포에서 가장 확률이 높은 표본빈도는 모집단의 비율과 일치한다.

◎ **빈도**: 가장 확률이 높은 빈도를 기대빈도expected frequency, 평균빈도average frequency, 중앙빈도mean frequency 등으로 부른다.

◎ **편차**: 평균으로부터의 편차는 상대 빈도들의 차이에 해당한다. 편차를 나타내는 대표적인 개념으로 표준편차standard deviation (SD)가 있다. 모집단을 구성하는 개체의 반이 조사하려는 속성을 나타내는 경우를 생각해보자. 그 모집단에서 100번의 시행으로 표본을 선택하였을 때 기대하는 개수는 50개지만 100개 중 정확히 50개를 얻을 확률은 0.08에 불과하다. 그러나 46개에서 54개 사이에 위치하는 확률은 대략 67%(2/3)에 달한다. 이를 기준으로 0.46에서 0.54까지 모든 표본 빈도는 평균으로부터 한 표준편차 안에 있다고 정의한다. 0.4에서 0.6까지의 표본빈도를 모두 합치면 약 95%의 확률을 갖게 되

는데 이를 평균으로부터 두 표준편차 안에 있다고 한다. 같은 방식으로 세 표준편차는 99% 확률에 적용된다. 일반적으로 표본이 커지면 표본빈도는 모집단 비율에 근접할 확률이 커진다.

3) 추정과 오차 한계

확률변수의 어떤 속성 혹은 값을 A라 하면 모집단에서 A는 어떤 확률 P(A)를 갖는다. 모집단에서 임의로 선택된 표본은 A의 상대빈도relative frequency f(A)를 갖는다. 일반적인 경우 P(A) 실제 값은 알려져 있지 않지만 f(A) 수치는 알려져 있다.

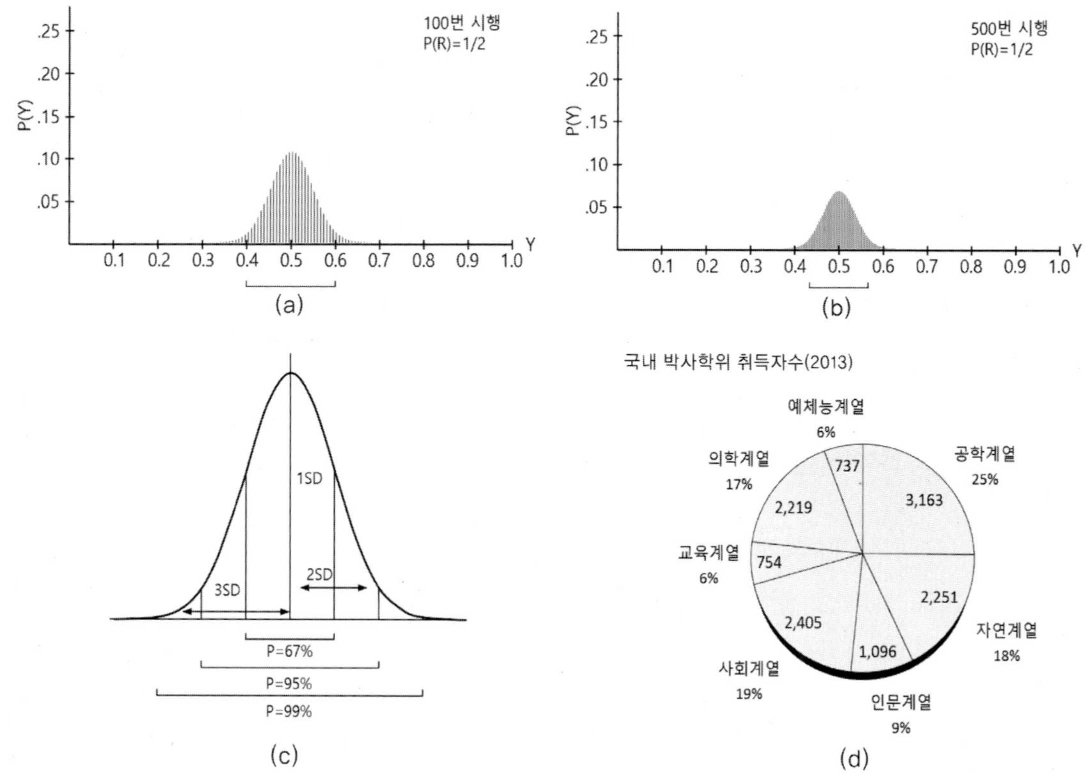

그림 10.1 통계와 확률: (a) 표집 분포(100번 시행), (b) 표집분포(500번 시행), (c) 표준편차, (d) 특성 분포

● **추정**: 추정estimation은 조사된 f(A) 값을 알려져 있지 않은 P(A) 값에 대한 증거로 이용하는 통계기법이다. 통계학자들은 95%가 좋은 증거를 갖는다고 하기에 충분한 확률이라는 규약을 채택하고 있으며 0.4에서 0.6 사이의 구간을 P(A) 값의 95% 신뢰구간confidence interval이라고 한다. 즉 조사된 f(R) 값에서 두 표준편차를 더하고 빼서 알려져 있지 않은 P(R) 값을 위한 구간을 설정한다[P(R)=f(R)±2SD]. 통계이론에 따르면 이 구간에 P(R)의 참값이 포함될 확률은 95%이다.

● **오차한계**: 추정에서 표준편차에 대응하는 개념이 오차한계margin of error (ME)이다. 조사된 상대빈도 f(A)에 대하여 P(A) 값의 95% 신뢰구간은 f(A) 값에 오차한계를 더하고 뺀 값으로 구성될 수 있다.

시각화

문제를 창의적인 사고로 해결하기 위해 관련 정보들을 체계적으로 연관시키는 시각화visualization를 활용하는 기법이 널리 사용된다. 구술적 사고, 수학적 사고, 감각적 사고, 시각적 사고 등 사고유형은 다양한데 이들은 차별적이면서 상호보완적이다. 특히 수학적 사고와 시각적 사고는 복잡한 개념을 쉽게 전달할 수 있는 장점이 있어 자연과학과 공학기술의 발전에 크게 기여한 바 있다.

● **구술적 사고**(verbal thinking, 말): 우리는 구문론에 기반을 둔 사고방식을 강조하는 문화적 배경 속에서 생활하고 있다. 이 사고 유형은 순차적이면서 논리적이지만 정량적인 문제해결에는 효과가 떨어진다.

● **수학적 사고**(mathematical thinking, 수식): 부호를 이용하여 구조와 규약에 따라 행해지며, 정량적인 문제해결에 효과적이다.

● **감각적 사고**(sensory thinking, 느낌): 우리가 해결하려는 문제에 대해 후각, 촉각, 미각, 청각, 몸의 근육운동 감각 등에 의한 입력은 직접적인 관련이 있으며 기억력과 창의적 문제해결을 위해 매우 중요하다.

시각적 사고(visual thinking, 그림): 생각과 아이디어를 도표와 그림으로 표현하는 것으로서 총체적, 공간적인 특성이 있다. 어떤 규칙에 의해서도 제약을 받지 않아 창의적 활동에 대단히 효과적이다. 시각적 사고를 활용하면 두뇌를 효과적으로 사용하여 기억의 효과를 대폭 향상시킬 수 있으며 창의적 사고력도 증진된다.

시각적 사고의 장점

- 주어진 정보들을 일목요연하게 정리하는데 효과적이다. 또한 그 연관성을 분석, 제시할 수도 있다.
- 숫자나 문자보다 그림을 사용하면 이해하기 쉽다.
- 언어적 형태의 기억보다 더 효과적이다.
- 시각화에 의해 사고능력이 더욱 강화된다.
- 목표를 구체적으로 머리에 그리면 목표의식이 생기고 성취에 도움이 되기 때문에 운동선수의 훈련에 자주 사용된다.

1) 스케치

스케치는 제품 개발의 개념 설계과정에서 아이디어와 우뇌의 직관적이고 창의적인 사고를 융합하여 아이디어를 명확히 하는 데 유용하다(그림 10.2). 이는 또한 사물이나 아이디어를 시각화하면서 흐름도나 다이어그램처럼 어떤 일의 절차나 관계까지도 포함할 수 있다.

스케치의 장점

- 시각적인 아이디어를 발전시키는 데 도움을 준다.
- 핵심에 집중하는 개념 설계를 이용하면 자세한 부분은 생략할 수 있다.
- 스케치를 하는 과정 중에 의문 사항이나 해결책을 찾는 데 도움이 된다.

그림 10.2 제품개발 과정의 스케치 사례[http://ianwongresearch.blogspot.kr/2011/06/axis-kettle-eco-icon.html]

2) 마인드맵(mind map)

7장에서도 언급한 마인드맵은 1970년대 초 영국의 토니 부잔Tony Buzan이 좌, 우뇌의 기능을 유기적으로 연결한 '사고력 중심의 두뇌계발 프로그램'으로 개발하였다[4]. 이 방법은 인간의 두뇌가 기본적으로 주요 개념들의 상호 연결 및 연관에 의해 종합적으로 작동된다는 원리에 근거를 두고 있다. 마인드맵은 읽고, 생각하고, 분석하고, 기억하는 모든 것들에 대해 이미지와 핵심 단어, 색과 부호를 사용하여 마음속 지도를 그리듯, 종이 위에 글자와 기호와 그림으로 생각을 표현하는 두뇌계발 기법이다(그림 7.2).

어떤 문제에 대하여 창의적으로 생각하고 있을 때, 시간이 흐르거나 연속적인 사고의 연상이 진행되면서, 생각한 내용의 일부는 잃어버려 재생하기가 어렵게 된다. 이럴 때 마인드맵은 유기적으로 연결되는 일련의 생각을 훌륭하게 상기시켜 줄 수 있다.

마인드맵 활용 분야

- 아이디어의 도출
- 개인의 직관력 향상
- 발표 자료의 윤곽 잡기
- 기억/학습법

3) 도면

도면 중 그래프는 모든 학문 분야에서 일반적이며 화학구조, 모형, 화학반응, 메커니즘 등은 자연과학 분야에서 주로 활용한다. 흐름도나 도형의 경우 공학 분야에서 자주 사용되는 도면이다.

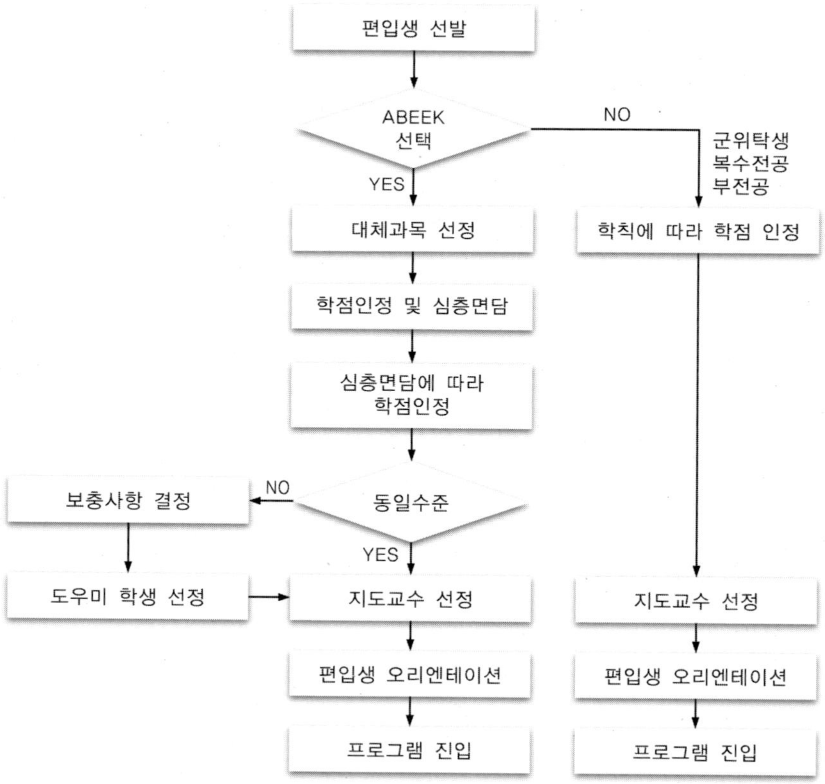

그림 10.3 시각화 표현: 흐름도

◎ **흐름도**Flow Chart: 프로그램의 논리구조, 작업 또는 제조공정, 조직도 혹은 비슷한 형식을 갖춘 구조 등을 표현하는 시각화 방식이다. 프로그래밍 및 프로젝트의 과정, 일이 처리되는 흐름을 도식화하여 전체적인 과정을 단순하고 명확하게 파악할 수 있어 공정 전반의 문제점을 찾는데 유리하다(그림 10.3).

◎ **도형**Diagram: 도형은 중요한 개념의 연결 관계를 체계화한 것이다. 아이디어의 생성부터 문제정의, 해결방안까지를 담을 수 있다. 비슷한 개념으로 얼개framework를 들 수 있다(그림 10.4).

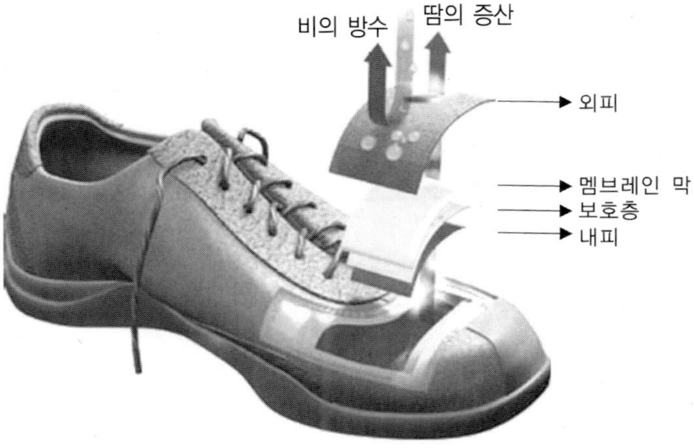

그림 10.4 시각화 표현: 구두의 얼개

◎ **그래프**: 공학적인 데이터 또는 아이디어를 이해하기 쉽게 그래프로 표현하면 수치상의 증감이나 가중치 등을 시각화하여 효율적으로 전달할 수 있다. 그래프에는 꺾은 선 그래프, 막대그래프, 파이 차트Pie Chart, 거미줄 차트 등이 있다(그림 10.5).

◎ **간트 도표**Gantt Chart: 프로젝트 일정관리를 위한 막대 형태의 그래프로서 각 업무별로 일정의 시작과 끝을 나타내어 전체 일정을 한눈에 볼 수 있다. 또한 각 업무 사이의 관계를 보여주도록 표현하는 것도 가능하다(그림 2.2).

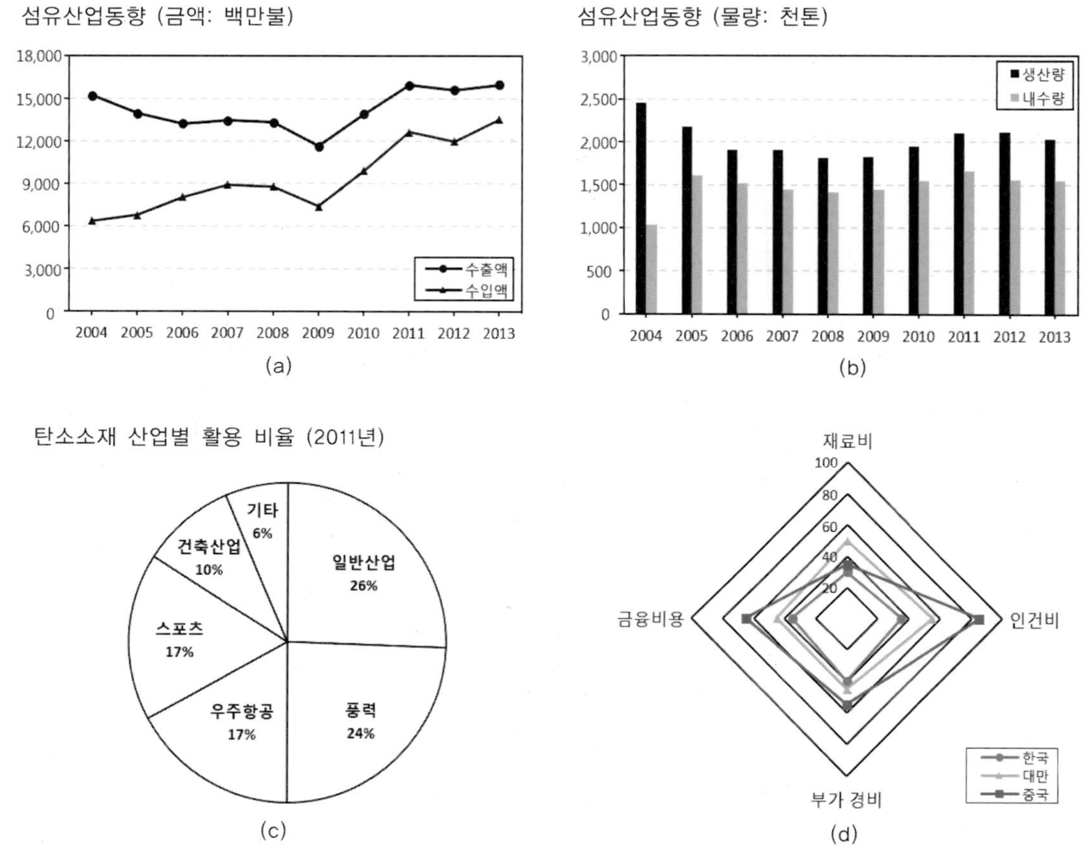

그림 10.5 시각화 표현: 각종 그래프: (a) 꺾은 선, (b) 막대, (c) 파이, (d) 거미줄

◎ **화학구조, 모형, 화학반응, 메커니즘**: 자연과학적인 사실을 간결하고 보다 명확히 전달하기 위한 수단으로 화학구조, 모형, 화학반응, 메커니즘과 같은 시각화가 사용된다. 이들은 모두 자연과학의 영역을 확장하는데 큰 기여를 하였는데 대표적인 예로써 벤젠의 화학구조, DNA 구조모형, 단백질의 가수분해, 광합성 메커니즘 등을 들 수 있다(그림 10.6).

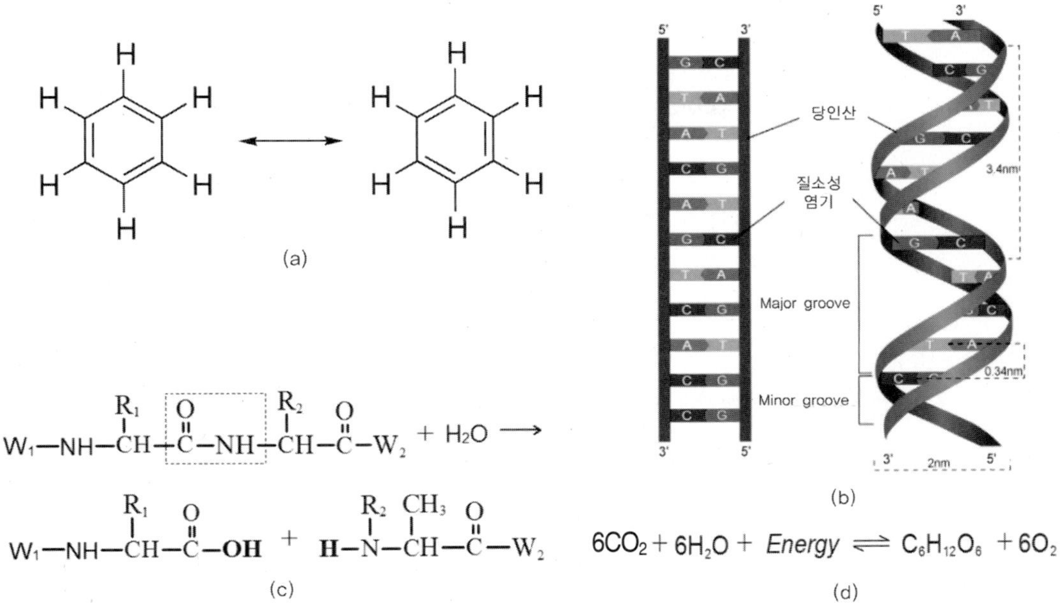

그림 10.6 시각화 표현: (a) 화학구조, (b) 모형, (c) 화학반응, (d) 메커니즘

기억법

기억법은 기억할 내용을 머릿속에 정확하게 오래 기억하고, 필요할 때 언제라도 끌어내는 방법이다. 기억해야 할 내용을 무조건 암기하는 것보다는 두뇌의 특성과 기억의 원리를 이용해서 대상을 이해하고 정리한 다음 이를 유추, 시각화하고 상상을 더하면 필요할 때 쉽게 기억해 낼 수 있다.

설계과정에 기억법을 활용하는 방식으로써 설계결과를 다듬고 압축하는 과정에 기억하기 용이한 시각화, 운율, 수식의 도입을 들 수 있겠다[2].

1) 기억기능

인간의 두뇌는 질량이 1.4kg 정도, 크기는 포도송이 정도이며, 두뇌와 신경조직에서 활동하는 세포인 뉴런neuron은 주변의 뉴런들과 시냅스synapse를 통해 연결된다. 시냅스는 배우고 경험하는 학습 과정 중에 형성되므로, 배우는 활동이 계속되면 뉴런간의 새로운 연결들이 계속된다. 과학자들은 일반인들이 두뇌 용량의 겨우 10%만 사용한다고 생각한다. 그러니 두뇌 활용의 비율을 높이기 위해서는 다음과 같은 두뇌의 특성을 숙지할 필요가 있다.

- 사고 능력을 키우기 위해서는 정보 축적이 우선되어야 한다. 새로운 것에 대한 학습은 신경 네트워크를 새로 구축하는 과정이며 이를 위해서는 많은 노력이 필요하므로 가능하면 기존 지식과 연결하는 방식이 효과적이다.

- 컴퓨터는 계산 능력이 우월하나 인간 두뇌는 정교하고 유연한 사고를 하는 장점을 지닌다. 다양한 방법으로 학습할 때 기억 내용은 강화된다. 기억 내용을 응용하고, 실험하고, 다른 사람에게 교육할수록 기억은 강화된다. 반복학습도 두뇌구조와 연결을 강하게 한다. 또한 기억 내용과 관련된 과제를 수행하면 체험이 되어 기억이 오래 유지된다.

- 기억은 통상 언어에 의존하지만 시각화는 기억을 돕는 강력한 도구가 될 수 있다. 대상을 관찰해서 이상한 점을 포착해 보면 새로운 점, 다른 점, 흥미로운 점 등은 오래 기억된다. 또한 아는 내용과 기억할 내용을 의도적으로 연관시키는 것도 기억하는데 효과적이다.

- 대상에 대하여 흥미, 강한 동기, 진한 감동, 강렬한 감각적인 자극 등이 동반되면 집중력을 높여 주고, 오랫동안 기억할 수 있다. 목록, 자명종, 노트 등과 같은 보조도구를 활용하라. 규칙적인 운동, 충분한 수면, 두뇌에 좋은 식품 섭취 등 두뇌를 건강하게 유지시킬 수 있도록 노력한다.

2) 각종 기법

다양한 기억법 중에서 연상, 단어 대체, 이야기 사슬, 숫자-모양 기억, 이름 기억, 음성글자 등에 대해서 알아본다.

- **연상**association: 연상은 기억하고자 하는 대상을 이미 잘 아는 것과 연관시키는 방법이

다. 해야 할 일과 일상적 행위를 연관 지으면 할 일을 잊어버리지 않는다. 예를 들어, 한밤중에 아침에 일어나 특정한 책을 가지고 나가야 할 것을 기억해야 한다고 하자. 평상시 아침에 항상 커피를 마신 다음에 집을 나선다면, 커피 여과지 대신에 들고 가야 할 특정한 책을 사용하여 커피를 내리는 영상을 기억한다. 다음 날, 커피를 내리면서 사용하는 여과지를 보는 순간, 전날 밤 기억했던 영상이 떠올라 잊지 않고 책을 들고 나갈 수 있게 된다.

- **단어대체**: 단어대체는 외국어 단어 등을 외울 때나, 추상적이고 형태가 없는 단어나 개념을 유형의 사물로 치환하여 기억할 때 사용할 수 있다. 예를 들면, 영어 단어 'balm'의 뜻은 향유인데 밤처럼 들리므로 밤 굽는 향기로 단어를 기억할 수 있다. 이효석의 작품 '화분'은 "이 효자 녀석이 나에게 화분을 보내주었다"처럼 연결하면 기억할 수 있다.

- **이야기사슬**: 이야기사슬은 서로 관련이 없는 긴 목록을 기억할 때 사용한다. 기억해야 할 내용과 관련된 이야기를 특이하면서 우스운 인상을 주는 이야기로 구성해야 기억하기가 쉽다. 예를 들면, '바나나, 세숫비누, 가루비누'를 기억해야 한다면, "바닥에 있는 바나나 껍질을 피하다가 세숫비누를 밟아 넘어졌다. 더러워진 바지를 세탁기에 넣고, 새로 산 가루비누를 풀었더니 가루비누 냄새가 향기로웠다."라는 이야기를 구성하여 이야기를 떠올리면 된다.

- **숫자-모양 기억**: 숫자-모양 기억법은 숫자를 기억할 때 숫자의 형상과 비슷한 이미지를 선택하여 기억의 갈고리로 사용하는 방법이다. 이는 예컨대 1은 붓이나 연필, 2는 거위나 오리, 3은 가슴이나 수갑, 4는 요트나 깃발, 5는 갈고리나 해마로 연상하는 방식이다.

- **이름기억**: 이름기억은 다음과 같이 최초에 떠오르는 느낌을 이용하여 기억하는 방법이다.

  - 이름을 듣고 천천히 반복하며 소리에 귀를 기울인다.
  - 이름의 소리를 기억하기 위하여 대체할 단어를 선택한다.

■ 그 사람의 신체에서 가장 인상적인 면을 찾아낸다.
■ 이름과 관련된 연상과 신체의 특징을 연결시킨다.

◎ **숫자-자모 변환**: 숫자-자모 변환은 전화기 자판처럼 숫자를 기억하는 대신에 숫자를 단어나 문장으로 만든 다음에 이를 이미지로 만들어 기억하는 방법이다.

10.3 실습활동

이장의 실습활동 중 보고서 제출과제로는 10-1나 10-3 중 고르고 팀 활동과 그에 이은 발표는 하나를 선택하여 수행한다.

실습활동 10-1 (프로젝트 2 결과 개선)

기말 프로젝트 수행결과를 검토, 보완하고 그 결과를 발표하라.

- 거시적인 관점
  - 자료검색
  - 관련기술 (소재기술, 에너지기술, 시스템기술, 정보기술 등)
  - 지속가능성
- 미시적인 관점
  - 통계
  - 시각화
  - 기억법

실습활동 10-2 (마인드맵 작성) 기말 프로젝트 주제를 대상으로 하여 다음과 같이 마인드맵을 작성하라.

빈 종이와 색 사인펜을 준비하고 주제에 대한 핵심 이미지를 중앙에 기입하라.

- 중심 이미지로부터 주가지(부주제의 수만큼)를 달고 주제와 관련 있는 핵심 단어를 기입한다.
- 주가지에 연결된 가지를 달고 부주제와 관련한 핵심 단어, 그림, 상징 기호, 약화 등을 기입하여 마인드맵을 완성한다.

실습활동 10-3 (이야기사슬) 인류가 이룩한 대표 기술 20가지를 이야기사슬 기법을 이용해서 기억하라.

화약, 인쇄술, 전기, 비행기, 종이, 플라스틱, 항생제, 인터넷, 가전제품, 전화, 자동차, 증기기관, 텔레비전, 신용카드, 컴퓨터, 냉동식품, 자이로스코프, 레이저, 수레바퀴, 태양전지

참고문헌

[1] 루이스 멈퍼드 (문종만 옮김), 기술과 문명, 책세상, 서울, 1962 (2013).

[2] 워드 럼스데인, 모니카 럼스데인, 윌리엄 셀넛 (명지대학교 창의공학연구회 옮김), 창의적 문제해결과 공학설계(Creative Problem Solving and Engineering Design), 파워북, 2000.

[3] 로널드 N 기어리 (남현, 이영의, 여영서 옮김), 학문의 논리 –과학적 추리의 이해, 간디서원, 2004.

[4] 토니 부잔, 배리 부잔 (권봉준 옮김), 마인드맵 북, 2010.

부록

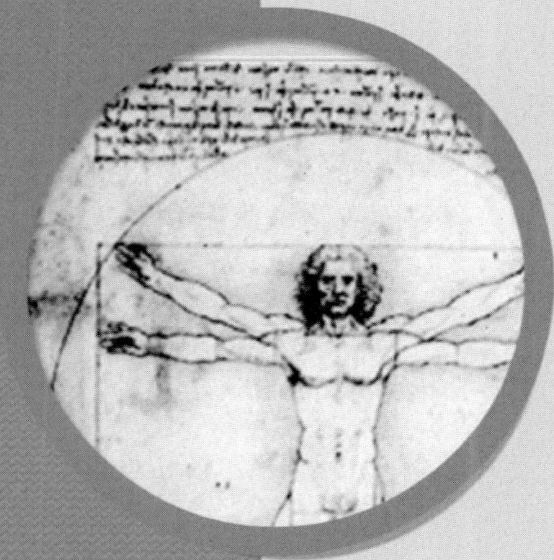

A1. 강의계획(시안)

A2. TRIZ

A3. 특허정보검색

A4. 국내외 학술단체의 윤리강령

A1 강의계획(시안)

창의설계입문은 공학설계와 관련한 이론과 실습을 포함한다. 설계이론은 크게 기초와 핵심으로 나누되 기초 부분으로 창의성, 설계기초, 의사소통, 팀워크, 공학윤리, 그리고 핵심 부분으로 문제발견, 아이디어 창출, 아이디어 다듬기, 아이디어 판정, 질적 개선 등이 있다. 실습은 학습자가 주도하는 팀 활동을 위주로 수행하도록 매주 학습과제가 주어지며 학기 전체로 2개의 프로젝트 과제를 수행하도록 구성하였다.

이 강의안은 2번의 프로젝트 발표, 중간고사, 종합평가 등을 포함하여 총 15주에 걸쳐 진행되도록 설계하였다(표 1.1). 표 1.1은 주별 주제를 뚜렷하게 구분한 표준 강의안이지만 실제 진행과정에서는 시간배분을 적절하게 가감할 수 있으며 일부 순서를 탄력적으로 조절하는 것도 가능하다. 다만 문제발견, 아이디어 창출, 아이디어 다듬기, 아이디어 판정 등은 설계과제를 수행할 때 순차적으로 다루어지는 내용이므로 그 순서를 유지할 것을 당부한다. 표 1.1에서 보는 7주차와 14주차에 배치한 프로젝트 2 수행은 분반에 따라 유연하게 조정할 수 있다는 점도 염두에 두기 바란다. 또는 공과대학에서 개최하는 '창의설계경진대회'를 준비하고 참가하는 것을 목표로 진행할 수도 있다.

기초 내용

전남대학교 공과대학은 공학적인 기초를 학습하지 않은 단계인 1학년에 이 교과목을 배치하였다. 교과목의 내용 또한 공학적인 지식이 없는 상태에서 학습이 가능하도록 정리한 것이다. 집필진은 이를 위해 첫 5주 동안 창의설계를 수행하기 위해 설계의 개념, 팀 구성을 전제로 하는 설계수행에 필요한 제반 준비를 마치도록 하였다. 표준 강의안은 1~2주에 걸쳐 자기소개에 이은 팀 구성을 담고 있는데 교수의 판단에 따라 생략하거나 축소하는 것도 가능하다. 3~4주차의 의사소통과 팀워크는 팀의 운영과정에서 반드시 고려하여야 할 요소로서 최근의 설계입문교과는 대개 이를 포함하고 있다. 5주차 공학윤리는 설계수행에 관련한 윤리적인 측면을 다룬다. 이와 별도로 지식재산권의 이해를 포함한 특허정보검색은 교육일정을 유연하게 조절하여 활용할 수 있도록 부록으로 구분하였다.

- Orientation: 교과내용, 창의성 (자기소개)
- 설계기초: 정의, 방법 (자기소개, 팀 구성)
- 의사소통: 유형, 장애, 효과적인 소통기법, 발표방법, 발표자료 (발표 실습, 프로젝트 1 주제 탐색)
- 팀워크: 팀 운영규칙, 운영기법 (발표 실습, 프로젝트 1 주제 결정)
- 공학윤리: 설계과정에 대한 윤리적 고려사항 (프로젝트 1/2 수행)
- 특허정보검색 (부록 3): 지식재산권, 정보검색 (프로젝트 2 수행)

표 A1. 주별 강의안 구성 (예시)

장(주)	주제	내용	주요 실습활동
1 (1)	창의성	교과내용 소개, 창의성, (자기소개)	자기소개
2 (2)	설계기초	설계정의, 설계과정, 설계방법, (자기소개, 팀 구성)	자기소개
3 (3)	의사소통	발표, 토론, 문서작성	프로젝트 1 주제 탐색
4 (4)	팀워크	팀 운영규칙, 운영기법	프로젝트 1 주제 결정
5 (5)	공학윤리	윤리적 고려사항	프로젝트 1 과제 준비
6 (6)	문제발견	문제발견과정	프로젝트 1 과제 마무리
프로젝트 1 (7~8)	과제 발표	프로젝트 1	발표/평가
(7~8)	(중간고사)	보고서 작성	평가기준 정리
7 (9)	아이디어 창출	확산적 사고	프로젝트 2 주제 탐색
8 (10)	아이디어 다듬기	수렴적 사고	프로젝트 2 주제 결정
9 (11)	아이디어 판정	판정기준, 의사결정	프로젝트 2 과제 수행
10 (12)	추가 보완	거시적 관점, 미시적 관점 (통계, 심적 장애, 시각화, 기억법, 성격유형)	프로젝트 과제 완성
선택 (부록 2)	특허정보검색	지식재산권, 정보검색기법	프로젝트 (1/2) 과제 수행
프로젝트 2 (14)	과제발표	프로젝트 2	발표/평가
(15)	종합평가	Portfolio-보고서 제출, 팀/개인 수행내용 평가	평가기준 적용

핵심 내용

각종 설계입문 저술들은 설계과정을 문제발견, 아이디어 창출, 아이디어 다듬기, 아이디어 판정, 설계수행 등으로 세분하여 다루고 있다. 이 강의안은 아이디어 다듬기와 판정의 과정을 분리하였지만 때로는 이를 통합하여 전달하고 문제해결을 위한 자율적인 팀 활동을 위한 시간으로 활용할 수도 있다. 질적 개선을 포함한 설계수준을 높이는데 필요한 여러 요건들을 효과적으로 이해하도록 구성하였다. 문제해결, 분석, 결과검증 등 설계수행에 대한 세부 사례학습은 부록으로 정리한 TRIZ에서 적절히 고르도록 하였다.

- 문제발견: 문제발견과정, 문제정의, 문제해결, 장애요인분석 (원인분석실습, 프로젝트 1 주제 발표준비)
- 아이디어 창출: 확산적 사고 (프로젝트 2 주제 탐색)
- 아이디어 다듬기: 수렴적 사고 (프로젝트 2 주제 결정)
- 아이디어 판정: 판정기준, 의사결정 (가중순위결정, 프로젝트 2 주제 수행)
- 추가 보완: 거시적 접근, 미시적 접근 (확률과 통계, 심적 장애, 시각화, 기억법, 성격유형) (프로젝트 2 주제 발표준비)
- TRIZ(부록 2): TRIZ 기법 (프로젝트 2 주제 수행)

팀 활동과제 수행: 주별 실습-프로젝트과제

이 강의안은 매주 30분 이내의 강의와 함께 팀 활동에 기초한 실습으로 구성되었다. 대부분의 주별 실습과제는 30분 내외의 시간에 완수할 수 있으며 학기 전반과 후반에 각각 1회 수행하는 프로젝트 과제는 4~5주에 걸쳐 발표 준비를 하게 된다. 프로젝트 과제는 분반에 따라 자율적인 선정을 원칙으로 하지만 '창의설계경진대회'를 주관하는 공과대학(혁신센터)이 주관하여 공통 주제를 택할 수도 있다.

창의공학설계 과목을 담당하는 교수로 구성된 위원회가 도출한 프로젝트과제 중 하나를 공과대학 공통으로 하고 나머지 하나를 분반 단위로 선택하는 것이다. 공통의 과제는 창의설계경진대회의 주제로 삼아 분반(학과 혹은 학부)에서 자율적으로 운영하되 각 분반에서 선발된 팀을 대상으로 하는 공과대학 차원의 경진대회를 실시할 수 있다. 지금까지 공과대학(혁신센터)이 주관하여 수행한 프로젝트 과제목록은 아래 표와 같다.

성적평가

현재까지 개발된 이 교과에 관련한 평가수단은 출석 및 참여, 팀 활동 보고서, 프로젝트 발표, 설계노트, 자체평가(기여도) 등이다. 평가비중은 분반에 따라 자율적으로 선택할 수 있는데 다음과 같은 시안을 예로 들 수 있다. 이때 팀 단위 평가항목으로 실습 보고서와 프로젝트 발표가 선택된다.

- 출석(태도) 10%
- 실습 보고서 (이해도, 독창성, 완성도) 30%
- 프로젝트 (2회) 발표 (독창성, 완성도) 20%
- 개인 설계노트 (성실성, 독창성, 내용-체계) 20%
- 자체평가 (팀 기여도) 10%
- 기여도 (성실성) 10%

표 A2. 혁신센터 주관 창의설계 프로젝트 과제(공통)

년도-학기	주제
10-02	생활 속의 과학: 일상에서 관찰할 수 있는 현상이나 사실에 대하여 과학적 원리를 적용하여 새로운 아이디어로 개선을 도모
11-02	기존 주방용품(기기)의 기능 개선 또는 신제품 개발
12-02	자유주제 (창의성과 실현가능성을 지닌 아이디어)
13-01	기존 아웃도어 용품의 기능 개선 또는 신제품 개발
13-02	놀이용품 (완구, 게임기구, 관련 소프트웨어)의 기능개선 또는 신제품 개발: 유아~노인까지 모든 연령층을 총망라하여 광범위하게 적용하되 실용성 고려
14-01	학교환경개선

A2 TRIZ

발명원리

발명하는 방법인 트리즈TRIZ는 소련의 알트슐러Genrich Saulovich Altshuller에 의해 최초로 개발되어 사용되다가 소련이 1990년대에 붕괴되면서 그 내용이 전 세계에 알려지게 되었다. 어릴 때부터 발명에 소질이 있던 그는 성인이 되어 발명하는 방법을 찾고자 20만 편의 특허를 검토하였으며 그중 4만 편의 특허를 깊게 검토하여 발명하는 방법을 개발하였다. 그 후 100만 편 가량의 특허를 검토하였다고 한다.

TRIZ는 대단히 혁신적인 방법이나 이를 효과적으로 사용하는 것은 쉬운 일이 아니다. TRIZ는 상당한 교육과 훈련을 통하여 익숙해질 수 있다. 국내 삼성, LG, 하이닉스와 같은 대기업에서 TRIZ 교육을 위한 별도의 부서가 있으며 많은 직원들을 교육하여 업무에 적용하도록 독려하고 있다. 이처럼 TRIZ는 창의성이 강조되는 시대에 공부해 볼만한 대상이다. 알트슐러는 기존의 발명에 적용되었으며 새로운 발명에 적용될 것으로 보는 40가지 발명원리를 제안한 바 있다(표 A3).

표 A3. 40가지 발명원리

번호	항목	내용	세부 예
1	분할	독립적인 부분으로 나누어 분해가 용이하도록 설계	모듈 형태의 부품, 조립 가능한 구조
2	분리 또는 추출	필요한 부분만 뽑아내거나 방해되는 부분 제거	X선의 응용으로 유해한 파장을 제거한 장치
3	국소적 성질	장소나 상황에 따라 대상물의 구조나 환경을 변화시킴	다양한 환경에서 사용 가능한 공구
4	대칭변환 또는 비대칭	모양을 대칭에서 비대칭으로 변환하거나 그 정도를 증가시킴	마모절감을 위해 타이어의 바깥쪽을 안쪽보다 강하게 제작

번호	항목	내용	세부 예
5	통합	유사하거나 연관된 기능을 고려하여 동작을 통합	여러 개의 샘플링을 동시에 수행하는 분취장치
6	다기능성	여러 가지 서로 다른 기능을 수행할 수 있도록 설계	맥가이버 칼
7	포개기	대상물을 다른 것 속에 넣음	카메라의 줌렌즈
8	무게 보상	물체의 무게를 상쇄시키기 위해 환경과 상호작용하게 함	비행기나 배의 유선형 구조
9	선행 반대 조치	작업응력을 보정하기 위해 대응하는 응력을 미리 만들어줌	한랭한 환경에서 적용되는 자동차 엔진의 예열
10	선행 조치	필요한 변화를 미리 시행함	미리 절단해 둔 목조 건물에 사용하는 자재
11	사전 보상	신뢰도 저하를 방지하기 위한 예방 조치	자동차 에어백
12	높이 맞추기	상하 이동하는 작업환경에 맞도록 동작조건의 조절	갑문식 운하
13	반대로 하기	문제해결에 사용되는 작용을 반대로 적용	러닝머신
14	곡률 증가	곡선이나 둥근 형태를 이용하고 직선운동을 회전운동으로 전환	칼날을 대신한 드릴
15	동적 부품	물체를 움직일 수 있게 하거나 변경이 가능하도록 설계	자동 복원 선박
16	과부족 조치	초과시키거나 부족하게 함	모서리 부분을 미리 잘라둔 봉함 편지
17	차원 바꾸기	물체의 배치나 운동을 1차원에서 2차원 또는 3차원으로 변환	홀로그램, IMAX 영화
18	기계적 진동	고유 진동수, 공진을 이용하거나 진동 주파수를 증가시킴	초음파 세척기
19	주기적 진동	연속적인 작동을 주기적 작동으로 변경, 주기의 크기 또는 주파수 변경	광고나 경보에 사용되는 섬광
20	유익한 작용의 지속	작용 사이의 시간 터울을 잘 활용	전-후진 양방향 절삭이 가능한 이중구조 톱날
21	고속 처리	위험한 상황을 빨리 벗어나도록 속도를 증가시킴	저온 살균 우유
22	전화위복	유해한 인자를 활용하여 긍정적 효과를 이끌어냄	폐기물을 이용한 열병합 발전

번호	항목	내용	세부 예
23	피드백	공정이나 작동을 개선하기 위해 피드백을 도입	통계적 공정관리
24	매개체	중간매개 전달자 또는 공정 사용	냄비 받침
25	셀프 서비스	스스로 보완 작용과 유지보수를 수행하도록 함	엔진의 열을 이용한 난방 시스템
26	복제	간단하고 값싼 복제물 사용	모의실험, 화상회의, 가상현실
27	값싼 일회용품	값싼 물건으로 고가의 물건을 대체	종이컵, 일회용 주사기
28	기계적 상호 작용의 대체	기계적 장치를 광학, 음향, 맛, 냄새와 같은 시스템으로 바꿈	열과 전자기장에 의해 제어되는 잉크젯프린터
29	공기압과 수압	고체 부품 대신 기체 또는 액체 사용	공기쿠션, 고속 수류를 이용한 절단
30	유연한 막과 얇은 필름	통상적인 구조물을 유연한 막이나 얇은 필름으로 대체	테플론 필름으로 코팅된 안전 전구, 과일 포장에 사용되는 PE 필름
31	다공질 재료	다공질 구조로 만들거나 다공질 재료 첨가	폐수정화에 사용되는 다공질 세라믹
32	광학특성 변경	색깔 등 광학적 성질을 변화시킴	식품의 불순물을 찾는데 이용하는 빛을 발생하는 효소
33	동질성	비슷한 특성을 갖는 재료 사용	전등을 대신하여 광섬유로 이송한 자연광 사용
34	폐기 및 재생	일부를 폐기하거나 복구 또는 변경	생분해성 재료를 사용하여 제조된 수술용 봉합사
35	속성 변경	물리적 상태, 농도, 밀도, 유연성, 온도 등을 바꿈	질소, 산소, 천연 가스의 수송에 액체 상태를 사용
36	상전이	부피, 열, 자성 등에 관련한 상전이 현상 이용	온도조절용 열 파이프
37	열팽창	온도변화에 의한 열팽창(수축)이나 열팽창계수가 다른 재료 선택	바이메탈을 이용한 자동 온도 조절기
38	강 산화제	일반 공기를 산소가 풍부한 공기로 대체	활성 가스 금속 용접
39	불활성 환경	중성 물질이나 불활성 첨가제를 추가, 진공상태에서 작업	진공 상태에서 실리콘 웨이퍼 처리
40	복합재료	균일재료를 복합(다층)재료로 대체	벌집모양 구조, 스펀지, 강화 콘크리트, FRP

기본 용어

● **기술적 파리미터와 모순 매트릭스**: 새로운 발명에서 고려되는 기술적 파라미터를 39개로 정리하였다. 기술적 파라미터 사이에 모순이 발생할 때 TRIZ에서는 어떤 발명원리를 적용하면 좋을 것이라는 힌트를 제공하는데 이를 모순 매트릭스라 한다.

● **표준해**: 모든 발명은 물질 사이에 일어나는 것이며 장field의 영향 하에서 일어난다. 알트슐러는 물질과 장의 영향에 대한 표현을 76가지로 정리하였으며 이에 대한 각각의 표준해를 제시한다.

● **ARIZ**: 알트슐러가 가장 심혈을 기울였던 내용인 ARIZ는 창의적으로 문제를 해결하는 알고리즘으로서 러시아어 첫 글자를 따서 만들어진 것이다. TRIZ에서 상당히 난해한 부분에 속한다.

● **기술진화 법칙**: 다양한 발명에 의해 기술이 진화되어가는 과정을 일반화하여 어떤 형태로 기술이 진화되어 갈 것이라는 법칙으로서 하나의 기술이 발전을 해나가는 최소문제mini-problem와 전혀 새로운 기술이 대체되어 발전되어 나가는 최대문제maxi-problem에 대해 정리되었다.

● **모순**contradiction: 양립할 수 없는 상황

● **기술 모순**technical contradiction: 하나의 기술적 변수가 향상되는 경우 다른 기술적 변수가 나빠지는 경우

● **물리 모순**physical contradiction: 어떤 기술적 변수가 증가되기도 해야 하고 감소해야 되기도 해야 하는 상황

● **이상적 최종결과**ideal final result, IFR: 모순이 사라져 가장 이상적인 결과를 얻은 상태

● **최소문제**mini-problem: 근본적인 틀을 유지한 상태에서 개선이 되는 문제

● **최대문제**maxi-problem: 전혀 새로운 기술로 향상되는 상태

● **기술 시스템**technical system: 기술적 임무를 수행하는 것으로 모든 기술 시스템은 engine, transmission, tool, control unit으로 이루어져 있다.

● **기능**function: 모든 물건에는 매우 다양한 특성이 있는데 그 특성들 중에 특정 상황에 관심을 갖는 특성을 그 물건의 기능이라 한다.

온라인 강의

창의공학설계입문 강의를 수강하면서 TRIZ에 관한 기초적인 내용을 온라인 강의를 통해 학습할 수 있다. 아래 사이트에서 TRIZ의 역사 및 기본원리와 TRIZ의 기본원리를 활용하여 문제를 도출하고 해결할 수 있는 기초적인 능력을 습득할 수 있다.

http://chonnam_triz.ipacademy.net/

사이트의 강좌화면으로 들어가 온라인 강의를 수강신청하고 수강한다. 수강이 정상적으로 이루어져 일정 요건이 충족되면 수료증이 발급된다. 모든 학생들은 수료증을 인쇄하여 개인 포트폴리오에 보관한다.

(1) 사이버국제특허아카데미 홈페이지(http://chonnam_triz.ipacademy.net/)에 접속하여 안내에 따라 회원가입을 한다. 회원가입 후 로그인을 한다. 회원 가입시 ID는 학번으로 한다(전남대학교의 인증코드 11111).

(2) 수강신청은 사이트 상단의 '교육과정' ➡ '대학과정'을 클릭하면 수강할 수 있는 온라인 강좌 리스트를 볼 수 있다. 해당강좌의 오른쪽에 있는 '수강신청' 버튼을 클릭하면 수강신청이 이루어진다.

(3) 수강신청이 된 강의를 수강하기 위해 '나의강의실' ➡ 나의 수강강의 리스트를 클릭하면 강의실에 입장한 후 교육과정을 이수할 수 있다.

(4) 수강과목 리스트를 클릭하여 마지막 학습 이후 부분부터 수강한다.

A3 특허정보검색

특허정보는 특허권, 실용신안권, 의장권 및 상표권에 대한 권리정보와 최신기술 정보가 수록된 기술개발과 기업경영에 필요한 매우 중요한 정보자료이다. 다른 기술자료에 비해 그 공개가 신속하고, 전 산업에 걸쳐 모든 분야에 대한 정보가 망라되어 있으며, 세계적으로 통일된 형태와 체계를 갖추고 있어 접근 및 검색이 용이하다.

이와 같은 특허 정보자료를 조사하면 세계의 기술동향, 국내외 경쟁기업의 기술개발 방향 및 개발 과제의 추정이 가능할 뿐만 아니라 기술적 애로사항을 해결할 수도 있고, 최신기술 정보와 자사의 기술개발 방향 및 힌트를 얻을 수 있어 이를 잘 활용하면 마케팅, R&D, 기술도입 및 타사와의 경쟁과 수출입에 있어 큰 도움이 될 뿐만 아니라 중복연구 및 투자를 방지할 수 있다.

최근 기술개발 경쟁의 심화와 기술패권주의 강화 등의 세계적 추세에서 기업이 생존하기 위해서는 매년 수백만 건씩 발생하는 특허정보를 효과적으로 조사. 분석함으로써 슬기롭게 활용하는 지혜를 함양하여야 할 것이다.

특허정보는 최신 기술정보의 원천으로서 다른 기술자료에 비하여 앞선 기술 정보자료일 뿐만 아니라 기술의 배경, 문제점 및 해결방법이 구체적으로 기술되어 있다. 모든 기술분야가 수록되어 있으며, 학회지나 전문지 등에 수록되지 않는 분야의 기술정보도 있다. 그리고 국제특허분류IPC와 같은 세계적으로 통일된 방식으로 분류되어 있어 검색이 용이하며, 세계지식재산권기구WIPO에서 제정한 특허문헌의 종류, 서지적사항, 식별코드 등을 적용하고 있고 기재 양식이 표준화되어 있다. 또한 공개제도를 채택하는 국가의 공개공보를 조사함으로써 기술수준이나 기술 개발의 방향을 신속하게 파악할 수 있으며, 연간 발행량을 파악할 수 있으므로 특허정보관리가 편리하다.

특허정보는 특허제도에 의해 생성된다. 특허출원일로부터 18개월이 경과한 때에 특허공보에 출원공개를 하도록 되어있다. 우리나라와 일본, 영국, 독일 및 EP, PCT 등 주요 국가에서는 공개제도를 채택하고 있기 때문에 출원일로부터 18개월이 경과되면 출원된 내용이 공개된다. 이때 발생되는 특허정보는 18개월 전 이미 이러한 기술이 고안되었다는 것을 의미하며, 이를 출원공개라 한다. 공개특허정보는 18개월 전에 어떠한 신기술이 개발되었는가를 알려주는 것으로써 기술정보의 하나이다.

정보의 특징

특허에는 여러 가지 정보, 즉 발명자, 출원인, 출원일, 공고일, 발명의 명칭, 발명의 상세한 설명, 특허청구의 범위 등과 같은 정보를 담고 있다. 여기에는 최신 기술정보가 게재되어 있어 문제해결을 위한 매우 중요한 정보자료이다. 특허정보는 다른 기술자료에 비하여 앞선 기술정보자료일 뿐만 아니라 다른 곳에서는 전혀 찾을 수 없는 경우도 많이 있는 최신 기술정보자료이다. 특허정보의 특징과 문헌정보와 비교하면 다음과 같다.

표 A4. 특허정보의 특징

장점	단점
– 빠른 정보 공개 – 통일된 기재양식 – 기재 내용이 구체적임 – 분류번호 부여로 조사가 편리함 – 학회지 등에서는 취급하지 않는 기술(응용) 분야 등 전 기술 분야가 망라됨 – 비교적 상세하게 서술된 기술내용 – 입수가 용이 – 기술의 공개가 신속	– 정보량이 많음 – 중복정보가 많음 – 권리자의 변동가능성이 있음 – 권리존속 여부 파악이 어려움 – 권리보호의 범위파악이 어려움 – Error data 존재 – 거짓정보인지 파악하기 어려움 – 내용이 체계적이지 않음

표 A5. 특허정보와 문헌정보 비교

특허정보	문헌정보
– 기술의 공개가 신속 – 실시 가능하도록 비밀이 없이 정확하고 상세 – 경제성 – 통상의 지식을 가진 자가 알 수 있도록 이론 및 구체적인 실시 예를 설명 – 실시에 대한 목적, 구성 및 효과 설명 – 각 건마다 분류 – 출원된 것은 모두 공개 – 권리가 되지 못하는 것을 포함	– 원고제출 후에는 신속하나 원고제출 전에 우선 특허 출원 – 총설적인 것도 존재 – 경제성 설명이 부족 – 특정인의 개인적 견해인 경우도 존재 – 학술적 내용 – 잡지의 분류에 그침 – 일정심사를 거친 것에 한해 공개 – 선전 또는 과장을 포함할 가능성이 있음

정보의 활용

특허정보는 장기간에 걸친 광범위한 정보가 축적되어 있다. 새로운 프로젝트를 시작하면서 아이디어 탐색이나 프로젝트 수행 도중에 아이디어 획득이나 아이디어의 특허출원 가능성 확인 등에 유용하며, 비교적 새로운 정보이다. 그리고 출원발명은 18개월 후에 공개되므로 특정분야에 대한 기술 동향, 기술수준의 파악이 가능하고, 프로젝트의 해결방향 모색이나 방향 수정이 가능하다.

특허정보를 잘 활용하면 특허면에서 본 문제해결 방향이나 현재기술의 문제점 파악이 가능하고, 새로운 기술개발이 요청되고 있는 분야 등을 예측할 수 있다.

특허정보는 특허청에서 최초로 발행한 자료로서 서지사항, 명세서, 도면 등이 수록되어 있어 발명 등을 상세하게 파악할 수 있는 1차 자료와 1차 자료를 가공한 자료로서 서지사항, 명세서 및 도면 등에서 일부를 발췌하거나 요약한 초록 등 2차 자료가 있다. 즉, 한국특허영문초록, 미국특허초록, 일본공개특허초록, Derwent사 발행 각국 특허초록, Chemical Abstracts Service사 발행 화학초록, 내용별 초록종류 등이 있다. 또한 1차 또는 2차 자료에의 접근을 쉽게 하기 위하여 주로 서지사항을 가공하여 수록한 목차류, 색인류, 대조표 등 3차 자료가 있다.

특허정보는 누구나 쉽게 파악할 수 있도록 하기 위해서 세계 각국의 특허 정보를 표준화했다. 이를 서지사항 식별코드라 하며 출원일, 출원인, 출원번호 등을 각국의 언어 및 법제도 차이 등을 초월하여 식별할 수 있도록 번호로 표시하고 있다. 특허에 표시된 번호의 의미는 다음과 같다.

표 A6. 특허에 표시된 번호의 의미

번호	의미	번호	의미
10	문헌의 식별	11	문헌의 번호
13	문헌코드의 종류	19	문헌발행국의 국명코드 또는 타의 식별
20	국내출원의 Data	21	출원 번호
22	출원일	23	박람회에 출품한 날, 가명세서 제출후의 완전명세서 제출일을 포함, 출원에 관한 기타일

번호	의미	번호	의미
24	산업재산권의 효력이 발생한 날	25	공개된 출원이 최초에 제출되었을 때의 언어
26	출원이 공개되었을 때의 언어		
30	우선권 Data	31	우선권주장 출원번호
32	우선권주장일	33	우선권주장 국명코드
34	우선권의 기초가 된 지역 또는 국제출원의 파리조약국명		
40	일반인이 이용할 수 있도록 공표한 날	41	심사되지 않은 문헌이 청구에 의해 복제 또는 열람에 의해 일반인이 이용 할 수 있도록 공표한 날(단, 그날까지 권리부여가 되지 않은 문헌에 대해서)
42	심사된 문헌이 청구에 의해 복제 또는 열람에 의해 일반인이 이용될 수 있도록 공표한 날 (단, 그날까지 권리부여가 되지 않은 문헌에 대해서)	43	심사되지 않은 문헌이 인쇄 또는 유사한 방법에 의해 발행된 날 (단, 그날까지 권리부여가 되지 않은 문헌에 대해서)
44	심사된 문헌이 인쇄 또는 유사한 방법에 의해 발행된 날(단, 그날까지 권리부여가 되지 않은 문헌에 대해서)	45	문헌이 인쇄 또는 유사한 방법에 의해
50	기술적 정보	51	국제특허분류
52	국내분류	53	국내 10진 분류
54	발명의 명칭	55	Key Word
56	본문과는 별도로 기재된 선행기술 문헌 목록	57	요약 또는 청구범위
58	검색 분야		
60	법률상의 관련되는 다른 국내 특허문헌의 표시	61	추가에 의한 관계
62	분할에 의한 관계	63	계속에 의한 관계
64	재발행에 의한 관계	65	같은 출원에 관해 이전에 공표된 문헌의 관계
66	선출원의 포기로 현재의 출원이 인정받게 된 선출원의 번호와 출원일		
70	문헌에 관계되는 사람의 표시	71	출원인
72	발명자	73	권리자
74	대리인	75	출원인이기도 한 발명자
76	출원인 및 권리자이기도 한 발명자		
80	파리조약이외의 국제조약에 관한 데이터 식별	81	PCT 지정국

번호	의미	번호	의미
83	부다페스트조약 등에 의한 미생물 기탁에 관한 정보	84	아주 특허조약에 의한 지정체약국
85	국내절차를 개시하기 위한 PCT 제22조와 제39조의 요구를 충족한 날	86	지역 또는 PCT 출원 데이터(출원번호, 공개된 출원일 최초로 제출되었을 때의 언어, 출원일)
87	지역 또는 PCT 출원의 공개 데이터 (즉 공개번호 출원이 공개되었을 때의 언어, 공개일)	88	Search Report의 지연공개일
89	발명자 등의 상호 승인에 관한 CMEA 협정에 의한 최초 출원일, 문헌번호 및 국가	91	국내 또는 지역단계 진입에 실패한 것으로 결정된 날짜 또는 국내 또는 지역단계 진입 실패로 인하여 효력을 상실한 날짜

검색방법

특허정보검색은 검색하는 사람의 검색능력이나 기술적인 지식도 검색결과에 큰 영향을 미치므로 인터넷이나 전공서적 등에서 기초적인 지식을 습득하여야 보다 좋은 결과를 얻을 수 있다. 인터넷상의 정보를 검색하는 것과는 달리 특허정보는 데이터베이스로부터 필요한 정보를 검색하는 것이기 때문에 정확한 검색어가 필요하다. 필요한 정보의 주제, 기술내용, 검색어, 출원인명, 조사대상국, 미리 파악된 특허번호나 문헌 등을 알고 있으면 쉽다.

특허검색 결과 데이터베이스에 수록된 내용이 찾고자 하는 검색사항 모두를 포함하고 있지 않는 경우가 대부분이다. 이는 특허초록 작성자의 개인적 특성, 동의어의 존재, 분류의 주관적 부여 등 각 초록이 객관적이고 통일적으로 작성되어 있지 않기 때문이다. 이렇게 검색결과에는 불필요한 자료가 많이 포함되어 있다. 일반적으로 화학 화공분야는 비교적 적지만, 기타 분야는 불필요한 자료가 많아 검토하는데 많은 시간이 걸릴 수 있다. 이는 한정된 검색항목으로 작성된 제한적 검색식 때문이다. 그렇다고 너무 검색식을 복잡하게 구성하면 중요 정보가 누락될 수 있다.

특허정보에는 검색항목으로 사용하기 위한 특허분류번호가 부여되고 있으며, 대부분 국제공통의 국제특허분류번호를 사용하고 있다. 특허분류번호는 특허청내 전문가가 기준에 따라 부여하고 있기 때문에 신뢰도가 높지만, 약 6만여종의 분류가 있기 때문에 간혹 분류착오가 있을 수 있다. 동일 특허가 여러 나라에 동시 출원되었을 경우에는 각 나라의 분류기준이 다르기 때문에 동일특허라도 국가마다 다른 분류번호가 부여될 수 있다. 즉 특허분류에 있어서 기본적으로는 각국 특허청 기준에 따라 부여되기 때문에 국가마다 차이가 있다. 미국은 IPC와 함께 독자적인 미국특허분류 UPC를 겸용하고 있다.

검색어를 사용한 특허검색에서는 연산자 등을 사용하여 검색 효율을 높일 수 있지만, 반드시 해당특허에 해당 검색어가 있어야 검색이 가능하다. 만일 초록작성자가 같은 내용을 다른 검색어로 표현하고 있다면 그 자료는 검색이 안 될 수도 있다. 따라서 검색어에 의한 것이 편리하다고 하여 완벽한 검색까지 보장하고 있지 않음을 항상 유의해야 한다. 따라서 특허조사를 위한 검색식 작성에 있어서 검색어는 동의어-동음이의어-상위어-하위어 순으로 작성하는 것이 좋다. 특허문헌은 그 내용을 정확히 표현하기 위한 신규기술용어가 확립되어 있지 않아 생소한 용어나 동의어가 많이 나오고, 또한 권리청구 범위를 넓히기 위해 상위어를 사용하는 경우도 많기 때문이다.

청구범위는 특허구성요건을 전부 기재하도록 정해져 있으나, 용도 등을 기재하면 권리범위가 축소되기 때문에 용도에 관한 것은 거의 표현하지 않는다. 예를 들면 고무에 관한 특허에서 청구범위에 자동차 타이어 제진용이라고 제한을 두면 이 특허는 같은 고무를 사용하는 자전거타이어에 권리주장을 할 수 없다. 그러므로 권리초록으로 구성된 데이터베이스를 사용할 때 용도측면의 검색어를 사용하면 검색누락이 많이 발생할 수도 있다.

영문검색어 사용 시 철자spelling에 유의해야 한다. 같은 색인어라도 철자법은 미국식이나 영국식을 사용할 수 있다. 예를 들면 colour, color 또는 center, centre 등이 이에 해당된다. 또한 국가에 따라 다른 검색어를 사용할 수 있다. 비정질금속의 뜻으로 Amorphous metal, Glassy metal 또는 Deformable metal이라고 다르게 사용할 수 있다. 그리스문자(α, β, γ 등), 수식, 분자식 등의 입력도 데이터베이스별로 다르므로 입력방법에 주의해야 한다(데이터베이스 설명 자료 참고). 특허 관련 제반 사항은 특허청 산하 한국특허정보원KIPRIS, Korea Intellectual Property Rights Information Service에서 무료로 제공하는 국내산업재산권(특허, 실용신안, 디자인, 상표) 정보 및 미국, 일본, 유럽, 중국 등 국제특허정보를 이용하기 바란다.

제공 기관

한국특허정보원 외에 특허정보를 획득하기 위해서 인터넷을 통해 국내·외 특허청의 웹사이트를 이용하여 유용한 정보를 확보할 수 있다.

- **미국특허청(http://www.uspto.gov/)**: 미국의 특허, 상표, 의장 및 생명공학에 관한 정보와 각종 법령 및 판례를 제공하고 있으며 선행기술자료도 검색이 가능하다.
- **일본특허청(http://www.jpo.go.jp/)**: 일본산업재산권, 각종 통계, 정책동향 등을 제공하고 있으며 선행 기술자료도 검색이 가능하다.
- **유럽특허청(http://www.epo.org/)**: 유럽특허에 관한 특허정보센터로 교육 및 세미나에 관한 정보가 제공되고, 유럽특허청 회원국 중 63개국의 특허공보에 대한 서지적 사항을 제공하며, 미국, 일본 등의 특허공보에 관한 영문초록도 제공하고 있다. 영어, 독일어 그리고 프랑스어로 선행 기술 자료도 검색이 가능하다.
- **영국특허청(http://www.ipo.gov.uk/)**: 영국의 특허, 의장, 상표, 저작권법에 관한 정보를 제공하며 선행 기술 자료도 검색이 가능하다.
- **세계지식재산권기구(http://www.wipo.int/)**: 지식재산권제도에 관한 정보와 국제조약(PCT, 마드리드, 헤이그조약 등) 등에 관한 정보를 제공하고 있다.

온라인 강의

특허청과 한국발명진흥회는 '사이버국제특허아카데미'를 구축, 지식재산권 교육뿐만 아니라 지식재산권 뉴스, 발명, 특허정보 등 다양한 서비스를 제공하고 있다.

창의공학설계입문 강의를 수강하면서 프로젝트를 수행하는 데 필요한 특허정보를 얻기 위한 방법은 다음 사이트에서 온라인 강의를 통해 이루어진다.

http://chonnam.ipacademy.net/

강좌화면으로 들어가 온라인 강의 내용을 수강신청하고 특허정보의 가치, 활용, 검색

의 순서대로 수강한다. 수강이 정상적으로 이루어져 일정 요건이 충족되면 수료증이 각 과정별로 발급된다. 모든 학생들은 수료증을 인쇄하여 개인 포트폴리오에 보관한다. 프로젝트를 수행하기 전에 수강을 마무리하여 프로젝트를 수행하는데 필요한 특허정보 수집에 활용하도록 한다.

1) 사이버국제특허아카데미 홈페이지(http://chonnam.ipacademy.net/)에 접속하여 안내에 따라 회원가입을 한다. 회원가입 후 로그인을 한다. 회원 가입시 ID는 학번으로 한다(전남대학교의 인증코드 11111).
2) 수강신청은 사이트 상단의 '교육과정' ➡ '대학과정'을 클릭하면 수강할 수 있는 온라인 강좌 리스트를 볼 수 있다. 해당강좌의 오른쪽에 있는 '수강신청' 버튼을 클릭하면 수강신청이 이루어진다.
3) 수강신청이 된 강의를 수강하기 위해 '나의강의실' ➡ '나의 수강강의 리스트'를 클릭하면 강의실에 입장한 후 교육과정을 이수할 수 있다.
4) 수강과목 리스트를 클릭하여 마지막 학습 이후 부분부터 수강한다.

강의내용

1) 특허정보의 가치

이 과정은 특허정보의 개념과 중요성, 연구기획 및 개발 절차의 단계별 특허정보 활용방법, 산업재산권 및 직무발명 관련 제도, 학술논문과 특허문헌정보의 차이점 및 각국의 특허공보의 특징에 관한 내용이다. 이 과정을 마치면 특허정보의 개념과 중요성과 연구기획 및 개발과정에서 단계별로 특허정보 활용방법 및 산업재산권 및 직무발명 관련 제도에 대해서 이해할 수 있다. 또한 학술논문과 특허문헌정보의 차이점 및 각국의 특허공보의 특징을 이해하는데 도움이 된다.

2) 특허정보 활용

이 과정은 특허정보를 활용하는 방법, 특허맵의 개요 및 종류별 작성법과 분석법, 특허정보를 조사하는 방법 및 각국의 특허정보 데이터베이스 활용법에 관한 내용이다. 이 과정을 마치면 특허정보를 활용하는 방법을 이해할 수 있고, 특허맵의 개요, 종류별 작성법과 분석법 및 특허정보를 조사하는 방법을 알 수 있다. 그리고 각국의 특허정보 데이터베이스를 활용하여 특허정보를 검색할 수 있다.

3) 특허정보 검색

이 과정은 여러 특허정보 데이터베이스의 활용법을 예제를 통해 익히는 것이다. 이 과정을 마치면 실제 특허정보검색을 할 수 있다.

※ 온라인 강의에 대한 문의: 02) 3459-2807(한국발명진흥회)

A4 국내외 학술단체의 윤리강령

미국 전기전자공학협회IEEE의 윤리강령(1990년) (www.ieee.org)

IEEE 회원인 우리는 우리의 기술이 전 세계의 삶의 질에 영향을 미치고 있다는 중요성을 인지하고 있고, 우리의 직업과 회원, 그리고 우리가 봉사하는 공동체에 대한 개인적인 의무를 인정하고 있으며, 다음과 같이 가장 높은 수준의 윤리적이면서 전문적인 행위를 할 것을 인정한다.

1) 공공의 안전, 건강, 복리에 관련된 공학적 결정을 하는 경우, 인간이나 환경을 위협할지도 모르는 요인들을 즉시 알린다.
2) 실제적이거나 예상되는 이해충돌은 가능한 한 언제든지 피하고, 그러한 충돌이 있을 때에는 당사자들에게 이를 알린다.
3) 청구 또는 평가에 대한 진술은 타당한 자료에 근거해야 하며 정직하고 현실적 이어야 한다.
4) 어떤 형태이든 뇌물을 거절한다.
5) 기술과 그 적절한 응용 그리고 잠정적 결과에 대한 이해를 향상시킨다.
6) 우리의 기술적 역량을 유지하고 향상시키며, 오직 훈련이나 경험에 의해 자격이 부여될 때만, 혹은 관련된 한계점이 완전히 밝혀진 다음에 타인을 위한 기술적 과제를 맡는다.
7) 기술적인 일에 대하여 진솔한 비판을 추구하며, 수용하고, 제공한 다. 또 잘못을 범했을 때에는 이를 인정하고 바로 잡으며 다른 사람들이 기여한 바를 올바르게 인정한다.
8) 인종, 종교, 성별, 장애, 나이, 출신 국가에 관계없이 모든 사람들을 공평하게 대한다.
9) 다른 사람들의 신체, 재산, 명성이나 직업을 거짓되고 악의적 행동으로 상해하는 것을 피한다.
10) 동료나 동업자가 전문가적인 발전이 있도록 돕고, 이 윤리강령을 준수하도록 조력한다.

대한전기학회 윤리강령 (www.kiee.or.kr)

대한전기학회 회원은 전기공학기술이 삶의 질을 향상시키고, 생활환경에 큰 영향을 주는 것을 인식하고, 우리의 이웃 및 자연과 더불어 사는 조화로운 삶을 중요하게 보는 한국의 문화 전통을 소중히 여긴다. 전문인으로서 높은 윤리 의식을 가지고 권위, 명예, 위엄을 지킬 수 있도록 정직하고 공정하게 행동하며 고용주, 고객 및 대중을 신의로 대한다. 이를 위해 아래와 같이 다짐한다.

1) 사회적 책임

우리는 전문적 지식으로 사회 발전과 세계 평화에 이바지하고, 공공의 안전과 안녕에 부합하도록 의사 결정을 내리며, 이 결정에 대한 사회적 책임을 진다.

2) 신의의 원칙

공익에 해가 되지 않는 한, 사업이나 직업상 취득한 정보에 대하여 비밀을 지켜 자신이 속한 단체나 고용주에게 신의를 지킨다.

3) 이해상충에 대한 대처

업무를 수행하는 데 이해상충이 발생할 때는 업무적 판단에 영향을 줄 수 있는 모든 이해관계를 공개하고 이를 객관적으로 다룬다.

4) 정직한 자료 사용

공학적 자료에 근거하여 정직하고 성실하게 결론을 도출하거나 주장을 제시하고 허위자료를 사용하거나 표절을 하지 않는다.

5) 법령 준수

업무와 관련된 법령, 규약, 계약 및 표준 등을 철저히 지키고 어떤 형태의 뇌물도 거부한다.

6) 지식재산권 존중

저작권 및 특허권 등 타인의 지식재산권을 존중하고 타인의 업적을 공정하게 밝힌다.

7) 공정성의 원칙

자신의 기술적 성과에 대한 공정한 평가를 수용하고 잘못이 발견되면 바로 고친다. 타인의 기술적 성과를 공정히 평가한다.

8) 공평성의 원칙

업무를 수행하는데 성별, 인종, 나이, 지역 및 교육 배경, 신체 또는 정신 장애에 대한 편견과 차별을 거부한다.

9) 전문분야 발전에 기여

자신의 직업적인 지식, 기술 및 전문성을 개발하여 자신이 속한 전문 분야를 발전시키는 데 기여한다.

10) 친환경기술 및 지속가능기술을 확산하는 노력

친환경기술과 지속가능기술의 필요성을 충분히 인식하고 지구의 생산력을 보존하고 회복시키기 위해 필요한 노력을 기울인다.

한국전기전자재료학회 윤리강령 (www.kieeme.or.kr)

한국전기전자재료학회 모든 회원은 전기전자재료분야 발전이 과학 및 사회발전에 이바지하고 있다는 것을 인식하고, 인간의 존엄과 가치를 침해하거나 사회 일반의 이익과 윤리를 손상하지 않도록 행동하여야 한다. 회원은 사회의 일원으로서 사회에 대한 영향이 지대하다는 것을 인식하여, 높은 윤리 의식을 가지고 전기전자재료분야의 전문가로서 아래와 같이 윤리강령을 제정하여 준수함으로써 회원 스스로 위상과 긍지를 높이고자 한다.

1) 사회적 책임

한국전기전자재료학회 회원은 과학기술이 사회에 미치는 영향이 지대하므로, 전문가로서 책임 있는 연구 활동을 하여야 하며, 그 결과로 생산된 지식과 기술이 전기전자재료분야의 산업 발전과 공익 증진에 기여하도록 노력하여야 한다.

2) 연구윤리

회원은 연구 활동에서 정직성, 진실성과 정확성이 연구 결과의 신뢰성 확보를 위한 필수 사항임을 인식하고 연구의 제안, 계획, 수행과 결과보고 등 모든 연구 활동을 수행함에 있어 윤리성과 학문적 양심에 충실하여야 한다.

3) 보편성의 원칙

회원은 인종, 성, 종교, 교육 배경 등으로 차별받을 수 없으며, 평등한 권리와 의무를 갖는다.

4) 전문가로서의 품위유지

회원은 새로운 지식창출과 기술개발로 인류복지 증진에 기여하는 전문가로서의 긍지와 품위를 유지한다.

5) 법령의 준수

회원은 연구 및 지적활동의 전 과정에서 관련법령이 정한 규정과 윤리강령에 적시된 규범 및 국제적으로 통용되는 원칙을 성실히 준수한다.

6) 연구 자료의 기록·보존

회원은 연구 과정에서 사용하거나 생성된 데이터, 샘플 등의 자료를 처음단계에서 최종 단계에 이르기까지 성실히 기록하고, 정한 기간 동안 보존한다.

7) 저자표시와 지식재산권

저자표시는 연구의 아이디어 제시, 설계, 수행, 해석 등 연구에 직접 참여한 자로 제한하고 발표논문에는 연구과정에서 참고·인용한 타인의 연구업적을 밝힘으로써 원저자의 권리와 지식재산권을 존중한다. 표시된 저자는 논문에 대한 공동책임을 진다.

8) 사회에 대한 권리와 의무

회원은 새로운 발견이나 연구 및 지적활동의 업적을 사회에 공표함으로써 발생되는 이득을 취할 권리가 있으며, 한편 사회가 요구하는 사항에 성실히 응할 의무가 있다.

9) 이해상충conflicts of interest에 대한 대처

회원은 연구 및 지적활동 과정에서 발생했거나 발생 가능성이 있는 이해상충에 대해서는 이를 미리 공표하고 자신의 이익보다 공익을 우선하며, 타인의 연구 및 개발실적을 존중하여야 한다.

10) 연구환경 조성

회원은 책임 있는 연구와 지적활동을 수행할 수 있도록 지적자유, 공평성, 개방성과 상호존중의 환경을 조성하는 데 적극 참여한다.

11) 윤리 교육의 실천 의무

연구와 지적활동의 책임자는 참여자들이 이 윤리강령의 제 규범을 성실히 실천할 수 있도록 교육할 의무가 있다.

한국재료학회 윤리헌장 (www.mrs-k.or.kr)

한국재료학회 회원은 재료과학과 기술 발전이 산업발전에 이바지하고, 나아가 국민의 삶의 질을 향상시키는 것을 인식하고, 미래에 대응하는 연구 활동을 하여 사회발전에 공헌하는 것을 책무로 한다. 회원은 자신의 책무의 중요성과 사회에 대한 영향이 막대하다는 것을 인식하여 높은 윤리 의식을 가지고 재료분야 전문가인 동시에 책임 있는 개인으로서 아래와 같이 다짐한다. (본 윤리 헌장은 2007년 4월 20일 한국과학기술총연합회에서 선포한 과학기술인 윤리강령을 기초로 한다)

1) 사회적 책임

한국재료학회 회원은 재료분야의 전문 지식과 경험을 이용하여 국민의 삶의 질을 향상시키고, 연구결과가 공공의 안전과 안녕에 부합되도록 사회적 책임을 다한다.

2) 기본 연구윤리

회원은 연구 활동에서 연구의 정직성, 진실성, 정확성이 연구 결과의 신뢰성 확보를 위한 필수 사항임을 인식하며, 날조, 변조 및 표절 등과 같은 부정행위를 배격한다.

3) 보편성의 원칙

회원은 인종, 성, 종교, 교육 배경 등으로 차별 받을 수 없으며, 평등한 권리와 의무를 갖는다.

4) 품위유지

회원은 새로운 지식창출과 기술개발로 인류복지 증진에 기여하는 전문직 종사자로서의 긍지와 품위를 유지한다.

5) 법령유지

회원은 연구 및 지적활동이 전 과정에서 관련법령이 정한 규정과 윤리강령에 적시된 규범 및 국제적으로 통용되는 원칙을 준수한다.

6) 연구대상의 존중

과학적 연구대상이 인간인 경우 인권을 존중함으로써 생명윤리에 부합해야하며, 동물인 겨우 생명의 존엄성에 유의한다. 자연환경을 다룰 때에는 생물다양성의 본존과 환경보호의 중요성을 의식함으로써 인류복지증진에 기여하도록 한다.

7) 연구 자료의 기록·보존

회원은 연구과정에서 사용하거나 생성된 데이터, 샘플 등의 자료를 처음단계에서 최종단계에 이르기 까지 성실히 기록하고, 정한 동안 보존한다.

8) 저자표시와 지식재산권

연구결과 발표 시, 저자표시는 연구의 아이디어 제시, 설계, 수행, 해석 등 연구에 직접 참여한 자로 제한하고 발표논문에는 연구과정에서 참고·인용한 타인의 연구업적을 밝힘으로써 원저자의 권리와 지식재산권을 존중한다. 또한, 표시된 저자는 논문에 대한 공동책임을 진다.

9) 사회에 대한 권리와 의무

회원은 새로운 발견이나 연구 및 지적활동의 업적을 사회에 공표함으로써 발생되는 이득을 취할 권리가 있으며, 한편 사회가 요구하는 사항에 성실히 응할 의무가 있다.

10) 연구환경의 조성

회원은 책임 있는 연구와 지적활동을 수행할 수 있도록 지적자유, 공평성, 개방성과 상호존중의 환경을 조성하는데 적극 참여한다.

11) 윤리교육 실시의 의무

연구와 지적활동의 책임자는 이 윤리강령의 제 규범을 성실히 실천할 수 있도록 연구자들을 교육할 의무가 있다.

한국청정기술학회 윤리규정 (www.cleantec.or.kr)

본회 회원은 진리의 탐구에 의해 기술혁신을 이룩함으로써 사회와 인류에 공헌하고 산업과 문명의 발전을 위해 노력한다. 또한 과학기술이 인류의 환경과 생존에 중대한 영향을 미친다는 점을 인식하여 아래의 윤리강령 및 청정기술 전문가로서의 양심과 양식에 따른 직무수행을 함으로써 사회로부터 신뢰와 존경을 받을 수 있도록 하며, 인류의 안전, 건강, 복지의 증진과 지속가능한 사회를 위해 자신의 전문적 능력을 최대한 발휘한다.

1) (청정기술자로서의 사회적 책임) 회원은 청정기술 전문가로서의 지식과 경험을 이용하여 환경문제의 해결 및 인류의 복지향상을 추구하기 위하여 최선을 다한다.

2) (기술안전 확보) 회원은 자신이 개발하는 기술이 지구환경 및 인류의 삶에 부정적 영향을 미칠 수 있으므로 기술의 안정성과 신뢰성을 확보하도록 노력한다.

3) (사회활동 윤리) 회원은 교육, 연구, 생산 등의 사회활동에서 정직하고 공정하게 처신하며 윤리성과 학자적 양심에 충실히 한다. 또한 자신의 능력을 과도하게 초과하는 업무를 무리하게 추진하여 사회에 위해를 가하지 않는다.

4) (기본 연구윤리) 모든 논문, 보고서, 잡지 기사 등에는 객관적인 사실과 이에 근거한 주장만을 담으며, 다른 사람 또는 기관과 협력하여 이루어낸 결과물에는 모든 관련자 및 기관을 언급한다. 연구 결과의 위조와 변조 등의 행위는 동 학문 분야 종사자 전체의 사회적 신뢰도를 떨어뜨리므로 엄격히 다루어져야 한다.

5) (타인의 연구결과 존중) 회원은 타인의 연구결과나 저술의 내용을 자신의 것인 양 논문이나 저술에 제시하여서는 안 된다. 항상 타인의 연구 및 기술개발 결과를 정당한 방법으로 인용함으로써 존중한다.

6) (심사 및 자문의 공정성 유지) 논문 및 연구관련 심사와 자문을 하는 회원은 오로지 자신의 양심과 양식에 따라 공정하게 심사함으로써 사회적 신뢰를 확보한다.

7) (기밀유지 및 계약준수) 회원은 연구수행과 관련하여 취득한 정보를 이용하여 부당하거나 부적절한 이득을 추구하지 않는다. 특히 직무상 고용자, 의뢰인, 혹은 수탁자로서의 계약을 준수해야 하며, 직무상 알게 된 정보에 대하여는 비밀을 유지한다.

8) (보편성 유지) 회원은 국제적인 문화의 다양성을 인지하여 타 문화를 존중하고, 인종, 종교, 성, 연령 등에 의한 차별을 하지 않으며, 개인의 자유와 인격을 존중한다.

한국공업화학회 연구윤리강령 (www.ksiec.or.kr)

한국공업화학회 회원은 인간이 보다 풍요로운 삶을 살아가도록 화학기반 기술을 개발하고 자연과 더불어 조화로운 삶을 살 수 있도록 노력한다. 또한 교육 및 학술 연구의 원활한 발전과 회원 상호간의 정보 교환 및 유대를 강화하는데 있어 전문인으로서의 높은 윤리 의식과 신의를 가지고 정직하고 공정하게 행동한다. 이를 위해 아래와 같이 다짐하고자 한다.

1) 우리는 전문 지식인으로서 우리나라의 발전과 세계 평화에 이바지하고, 자신이 속한 전문분야를 발전시키는 데 기여한다.

2) 우리는 공익에 위배되지 않는 한, 사업이나 직업상 취득한 정보에 대하여 비밀을 지켜 자신이 속한 단체나 사회에 신의를 지킨다.

3) 우리는 과학적 자료에 근거하여 정직하고 성실하게 결론을 제시하고 허위자료를 사용하거나 표절을 하지 않는다.

4) 우리는 타인의 지적재산권을 존중하고 타인의 업적을 공정하게 밝힌다.

5) 우리는 자신의 업적에 대한 공정한 평가를 수용하고 잘못이 발견되면 바로 정정한다. 자신이나 자신이 속한 집단의 이익을 앞세우지 않고 타인의 업적을 공정하게 평가한다.

6) 우리는 친환경기술과 지속발전가능기술의 개발을 통하여 생태계를 보존하고 회복시키기 위해 노력을 기울인다.

찾아보기

ㅈ

ㅊ

ㅋ

ㅌ

ㅍ

ㅎ

기타

저자약력 (가나다순)

강보선 | bskang@jnu.ac.kr
공학박사 (University of Illinois, Chicago, USA)
기계공학부 교수

김영철 | youngck@jnu.ac.kr
공학박사 (동경공업대학교, 일본)
응용화학공학부 교수

류동일 | diyoo@jnu.ac.kr
공학박사 (서울대학교, 한국)
고분자융합소재공학부 교수

창의설계입문

인쇄 | 2014년 8월 25일
발행 | 2014년 8월 30일

펴낸곳 | 창의설계교육연구회
저 자 | 강보선·김영철·류동일 (가나다순)
발행인 | 지병문
발행처 | 전남대학교출판부

등록 | 1981. 5. 21. 제53호
주소 | 500-757 광주광역시 북구 용봉로 77
전화 | (062) 530-0571~2 **마케팅** 530-0573
팩스 | (062) 530-0579
홈페이지 | http://www.cnup.co.kr
이메일 | cnup0571@hanmail.net

값 16,000원

ISBN 978-89-6849-139-9 (93550)

이 도서의 국립중앙도서관 출판예정도서목록(CIP)은 서지정보유통지원시스템 홈페이지(http://seoji.nl.go.kr)와 국가자료공동목록시스템(http://www.nl.go.kr/kolisnet)에서 이용하실 수 있습니다.
(CIP제어번호 : CIP2014025646)